ABHANDLUNGEN DER DEUTSCHEN AKADEMIE
DER WISSENSCHAFTEN ZU BERLIN

Klasse für Chemie, Geologie und Biologie
Jahrgang 1957, Nr. 6

SIEGFRIED DANERT

DIE VERZWEIGUNG DER SOLANACEEN IM REPRODUKTIVEN BEREICH

THEORIA CUM PRAXI

AKADEMIE-VERLAG · BERLIN

1958

HABILITATIONSSCHRIFT DER NATURWISSENSCHAFTLICHEN FAKULTÄT
AN DER UNIVERSITÄT HALLE-WITTENBERG

Vorgelegt von Hrn. STUBBE in der Klassensitzung vom 6. Juni 1957
Zum Druck genehmigt am gleichen Tage, ausgegeben am 3. März 1958

Erschienen im Akademie-Verlag GmbH, Berlin W 8, Mohrenstraße 39
Lizenz-Nr. 202 · 100/475/58
Gesamtherstellung: VEB Druckerei „Thomas Müntzer“ Bad Langensalza
Bestell- und Verlagsnummer: 2001/57/II/6
Preis: DM 21,—
Printed in Germany

INHALTSÜBERSICHT

VORWORT

In verschiedenen Disziplinen der Biologie werden Solanaceen als Untersuchungsobjekte benutzt. Für viele Fragestellungen dürfte es nicht gleichgültig sein, in welcher Weise die Ramifikation einer bestimmten Art abläuft. Mit vorliegenden Ausführungen soll ein Überblick über die Verzweigungsverhältnisse in dieser Familie gegeben werden. Die letzte zusammenfassende Darstellung liegt mehr als 80 Jahre zurück. Hauptaufgabe unserer Arbeit soll es aber sein, aufzuzeigen, wie die Sproßentwicklung sinnvoll erfaßt werden kann. Unser Ziel ist es, unter Zugrundelegung der Ergebnisse der Systematik, Probleme der Morphologie auf ontogenetischem Wege einer Klärung zuzuführen. Daß eine solche Behandlung auch zur Lösung systematischer Fragen von Wert ist, liegt auf der Hand.

Unsere Untersuchungen wurden in den Jahren 1953—1956 im Institut für Kulturpflanzenforschung Gatersleben der Deutschen Akademie der Wissenschaften (Direktor: Prof. Dr. Dr. h. c. H. Stubbe, Abteilungsleiter: Prof. Dr. R. Mansfeld) durchgeführt. Ergänzende Studien konnten in der Botanischen Staatssammlung München (Leiter: Priv. Doz. Dr. H. Merxmüller) gemacht werden. Diese Reise wurde mir durch Vermittlung der Institutsleitung von der Deutschen Akademie der Wissenschaften zu Berlin ermöglicht. Die weitaus meisten Zeichnungen fertigte die wissenschaftliche Zeichnerin Frl. R. Kilian mit großem Verständnis gewissenhaft an. Die photographischen Pflanzenaufnahmen führte, soweit es sich nicht um Exsiccate handelt, Frl. B. Fouquet aus. Allen Genannten sei an dieser Stelle für ihre Unterstützung wärmstens gedankt.

EINLEITUNG

In der Mannigfaltigkeit der Anordnung reproduktiver Organe werden die Solanaceen wohl kaum von einer anderen Pflanzenfamilie übertroffen. Überschauen wir das umfangreiche Schrifttum, so ist festzustellen, daß man schon sehr frühzeitig auf einzelne Besonderheiten in der Verzweigung aufmerksam wurde.

Die ersten Hinweise findet man in älteren Diagnosen. Allerdings werden hier die morphologischen Eigentümlichkeiten rein deskriptiv behandelt, dienten diese Beschreibungen doch lediglich zur Unterscheidung und Umgrenzung einer Pflanzengruppe.

Mit zunehmender Kenntnis der Artenzahl und der Einzelstrukturen ergab sich allmählich das Bedürfnis, gleichgestaltete Erscheinungsformen begrifflich zu erfassen. Diese erläuternden terminologischen Abhandlungen hatten die Gesamtheit der höheren Pflanzen als Basis und waren als solche ein wertvolles Hilfsmittel der beschreibenden Systematik. Eine grundlegende Übersicht der Infloreszenzformen verdanken wir den Gebrüdern BRAVAIS (1837/38). Sie fußen dabei auf DE CANDOLLE (1827). Da sich viele Solanaceen abnorm verzweigen, ist es nicht verwunderlich, daß eine Anzahl Beispiele aus unserer Familie angeführt werden. Diese zusammenfassend, ergänzte NAUDIN (1842) in einigen Punkten die Angaben der Gebrüder BRAVAIS.

Andererseits wird durch diese Untersuchungen die Ramifikation der höheren Pflanzen zu einem wissenschaftlichen Problem erhoben. Die Morphologie wird so allmählich zu einem selbständigen Zweig der Botanik. In der Folgezeit ist eine immer stärker werdende Spezialisation in der Aufgabenstellung zu beobachten.

Man ging jetzt daran, die verschiedenen Verzweigungsformen anhand eingehender Analysen ausführlich darzustellen. Besonders hervorzuheben sind hier die Arbeiten von WYDLER (1843, 1844, 1851, 1857, 1859, 1861, 1866, 1871). Seine Ausführungen stehen ganz unter dem Eindruck der Blattstellungslehre. WYDLER erkennt, daß bei den Solanaceen die spitzenwärtigen Seitensprosse sehr häufig die kräftigeren sind. Im gleichen Zeitraum, in dem WYDLER seine Untersuchungsergebnisse publizierte sowie auch später, sind eine Reihe weiterer Veröffentlichungen erschienen (HOCHSTETTER 1850, NAEGELI und SCHWENDENER 1866, WARMING 1869, VITO 1895, WITASEK 1931). In all diesen Aufsätzen werden nur bekanntere Arten berücksichtigt.

Unter den Abhandlungen, in denen die Analyse im Mittelpunkt der Betrachtung steht, verdienen die von SENDTNER (1846) und von CAUVET (1864) besonders erwähnt zu werden. SENDTNER (1846) bearbeitete die Solanaceen in der von MARTIUS herausgegebenen „Flora Brasiliensis“. In einem Anhang werden hier eine Reihe von Verzweigungsformen aufgezeigt; dabei wird angegeben, bei welchen Arten sie verwirklicht sind. CAUVET geht insofern über das Stadium einer bloßen Analyse hinaus, als er vergleichende Betrachtungen stärker als vorgenannte Autoren in den Vordergrund stellt.

Es ist das Verdienst EICHLERS (1875), alle bis dahin bekannten Einzelbeobachtungen zusammengefaßt zu haben, wobei er besonders auf WYDLER zurückgreift. Durch diese Synthese wird die Periode der rein differenzierenden Darstellung bis zu einem gewissen Grade abgeschlossen. In seinen „Blütendiagrammen“ versucht EICHLER, die einzelnen Typen der

Sproßverzweigung in Beziehung zu setzen und komplizierte Formen auf einfachere zurückzuführen. Er bediente sich dazu eines Schemas (Abb. 1), das Eingang in eine Reihe Handbücher gefunden hat. Hier wird aufgezeigt, in welcher Weise die monochasiale Verzweigung aus der dichasialen hergeleitet werden kann (Figg. A—D). Dabei kam es EICHLER darauf an, die Verwachsung der Vorblätter mit ihren Achselsprossen zu demonstrieren. In Abb. 1 (nach EICHLER) sind alle Vorblätter (α und β), die demselben Sproßglied entwicklungsgeschichtlich angehören, mit gleichen Signaturen versehen. In einem weiteren Schema (Fig. E) wird zum Ausdruck gebracht, daß Infloreszenzen die Stelle von Einzelblüten einnehmen können. Dabei wird auf die Möglichkeit der konkauleszenten Verwachsung aufmerksam gemacht. Diese Überschau EICHLERS ist wiederholt kopiert worden. Neuere Zusammenfassungen, die auf selbständige Untersuchungen zurückgehen, sind uns nicht bekannt geworden.

Auch der Vorgang der Verzweigung ist seit jeher von Interesse gewesen. CLOS (1855) macht darauf aufmerksam, daß in unserer Familie eine echte Dichotomie vorkäme. Diese Auffassung wird für einige Arten von KRAUS (1871) und WARMING (1872) bestätigt, von PEDERSEN (1873) negiert. Auch späterhin ist die Frage nach der Art der Ramifikation unter Berücksichtigung von Einzelbeispielen aus der Gruppe der Solanaceen erörtert worden. Für unsere Betrachtung ist wesentlich, daß damit verschiedentlich Ansätze gemacht wurden, den Sproßaufbau auch entwicklungsgeschichtlich zu erfassen.

Die Kenntnis der Verzweigung der Solanaceen wurde wesentlich gefördert durch die Entwicklung der Betrachtungsweise selbst. Die Periode der rein analytischen Forschung, in der das unterscheidende Moment im Vordergrund stand, wurde abgelöst durch eine Zeit, in der man sich bemühte, gemeinsame Züge in der Verzweigung zu erfassen. Eine solche Synthese wird um so klarer ausfallen, je besser sie begründet werden kann. Wir sehen einen Weg hierzu im Studium der Entwicklungsgeschichte.

Problemstellung

Sehr häufig wird die Meinung vertreten, daß alle bei den Solanaceen vorkommenden Verzweigungsformen sich auf die von EICHLER (1875) entwickelten Schemata (Abb. 1) zurückführen ließen. Bei genauerer Betrachtung ergeben sich aber einige nicht unerhebliche Schwierigkeiten. Zunächst sei vermerkt, daß die in Figg. A—C dargestellten „Typen“ nicht selten innerhalb einer Art ausgeprägt sind, ja sogar an gleicher Pflanze im Verlauf der Entwicklung auftreten können. Für Figg. A und B wird diese Möglichkeit übrigens auch von EICHLER angedeutet. Fig. E unterscheidet sich von Fig. C, wenn wir von der konkauleszenten Verwachsung einmal absehen, darin, daß hier Infloreszenzen an die Stelle von Einzelblüten getreten sind.

Es ergibt sich die Frage, in welcher Weise wir uns die Entstehung der Blütenstände vorzustellen haben. Bekannt ist allgemein, daß die Blüten innerhalb einer Infloreszenz (Fig. E) tragblattlos entstehen. Man neigt zu der Annahme, daß hier ursprünglich Stützorgane ausgebildet wurden.

Seit langem weiß man (BRAVAIS 1837/38), daß die Blütenstände in unserer Familie wickeligen Charakter besitzen. Streng genommen endet daher eine Sproßachse stets mit einer Blüte. Es ist deshalb zweifelhaft, ob in den Figg. C und E jene Sprosse, die die vegetative Fortsetzung übernehmen, auch einander homolog sind. Möglicherweise entspricht der vegetative Fortsetzungstrieb in Fig. C jenem, der in Fig. E unmittelbar die reproduktive Region fortsetzt.

Zu einer Beantwortung dieser Fragen können nur entwicklungsgeschichtliche Untersuchungen auf möglichst breiter Basis führen.

Zur Darstellung der Verzweigungsformen hat man verschiedene Möglichkeiten. Einmal kann man die einzelnen Ramifikationstypen in den Mittelpunkt der Betrachtung stellen und durch ontogenetische Studien prüfen, ob all die Arten, die der Erscheinung nach übereinstimmen, sich auch in gleicher Weise entwickeln. Dies ist der Weg, der im allgemeinen von einem Morphologen eingeschlagen wird, um Homologien von Analogien zu sondern. Zum anderen ist die Möglichkeit offen, von den auf Grund morphologischer Eigenschaften konstruierten phylogenetischen Gruppen auszugehen. Je tiefer die Rangstufe dieser Gruppen ist, um so leichter werden sich gemeinsame und unterscheidende Züge in der Entwicklung herausarbeiten lassen. Auf diese Weise hat man auch die Möglichkeit, solche niederen Einheiten zu beleuchten, deren Stellung strittig ist.

Wir wollen unserer Betrachtung die Gattungen zugrunde legen, wie sie in den „Natürlichen Pflanzenfamilien" (Bearbeiter: R. v. WETTSTEIN, 1891) abgehandelt sind. Die Zusammenfassung von Arten zu einer Gattung erfolgt auf Grund einer Übereinstimmung in möglichst vielen Merkmalen. Auf diese Weise ist man bemüht, Abstammungsgemeinschaften zu erfassen. Wenn wir diese Gattungen als Ausgangspunkt wählen, setzen wir also eine natürliche Verwandtschaft voraus.

Von besonderem Interesse werden solche Genera sein, in denen die Verzweigung nicht einförmig ist. Durch vergleichende Betrachtungen haben wir die Möglichkeit, unter Berücksichtigung der Entwicklungsgeschichte, zu erkennen, in welcher Weise wir uns die Entstehung dieser Variationsbreite vorzustellen haben. Daneben wird sich die Sonderstellung einer Art oder Artengruppe deutlich herausarbeiten lassen.

Rückschauend soll dann versucht werden, die einzelnen Verzweigungsformen untereinander in Beziehung zu setzen, wobei einige allgemeine Züge in der Entwicklung aufgezeigt werden sollen.

Beim Studium des Schrifttums über die Systematik der Solanaceen fällt auf, daß die Verzweigung als Gruppenmerkmal bisher kaum beachtet worden ist. Lediglich GOODSPEED (1954) und FRIES (1911) widmen in ihren monographischen Bearbeitungen der Ramifikation im reproduktiven Bereich etwas mehr Aufmerksamkeit. Nicht selten kann man auch feststellen, daß die eigentümliche Sproßentwicklung gar nicht oder nicht richtig erkannt worden ist. Dies legt nahe, zu prüfen, inwieweit der Aufbau der Sproßachse zur Charakterisierung einzelner Sippen herangezogen werden kann.

Entwicklungsgeschichtliche Untersuchungen sind in hohem Maße von Frischmaterial abhängig. Nur selten wird die Möglichkeit bestehen, in genügendem Umfang Sproßknospen getrockneter Pflanzen zur Präparation zu erhalten. Dies ist als Hauptgrund zu nennen, wenn wir uns fragen, weshalb ontogenetische Untersuchungsergebnisse in der Systematik kaum verwertet worden sind. Sie sind, bezogen auf den gesamten Verwandtschaftskreis, meist so fragmentarisch, daß nur selten daraus allgemeine Schlüsse gezogen werden können.

Auch uns war es in sehr vielen Fällen leider nicht möglich, alle Arten einer Gattung zu untersuchen. Doch glauben wir, wenigstens so weit eine gewisse Vollständigkeit erreicht zu haben, daß wir in der Lage sind, einige allgemeine Thesen, die die Entwicklung betreffen, begründen zu können.

An den Anfang unserer Betrachtung soll die Gattung *Lycopersicon* Mill. gestellt werden. Da der Sproßaufbau hier verhältnismäßig kompliziert ist, andererseits aber gerade über *Lycopersicon esculentum* Mill. eine Reihe morphologischer Arbeiten vorliegen, eignet sich dieser Verwandtschaftskreis gut zur Klärung einiger Begriffe. — In der Anordnung aller weiteren Genera folgen wir WETTSTEIN (1891).

HAUPTTEIL

Lycopersicon Mill.

Der Sproßaufbau der Tomate ist Gegenstand zahlreicher Untersuchungen gewesen. Überschaut man deren Ergebnisse, so kann man drei Grundauffassungen auseinanderhalten. COOPER (1927), BOUQUET (1932) und MULLER (1940) stehen auf dem Standpunkt, die vegetative Sproßachse sein ein Monopodium. VENNING (1949) vertritt die Meinung, daß der Sproßaufbau auf Dichotomie zurückzuführen sei, wobei ein Gabelast zur Infloreszenz werde, der zweite die Hauptachse fortsetze. Für einen sympodialen Sproßaufbau sind vor allem HAYWARD (1938), HONTSCHICK (1944), WENT (1944) und HELM (1951) eingetreten und haben diese Ansicht durch entwicklungsgeschichtliche Befunde belegt. Mit diesen drei Meinungen sind alle Möglichkeiten der Verzweigung, die bei höheren Pflanzen überhaupt in Frage kommen können, erschöpft. Diese Hinweise zeigen, wie notwendig das Studium der Entwicklungsgeschichte einer Pflanze ist, zumal es bei vielen Fragestellungen, nicht gleichgültig sein dürfte, ob ein monopodialer, sympodialer oder dichotomer Sproßaufbau zugrunde liegt.

Nach MULLER (1940) besteht die Gattung *Lycopersicon* aus 6 Arten, die in zwei Untergattungen zusammengefaßt werden können. Zum *Subgenus Eulycopersicon* C. H. Mull. gehören *L. esculentum* Mill. und *L. pimpinellifolium* (Jusl.) Mill. Sie zeichnen sich gegenüber der Untergattung *Eriopersicon* C. H. Mull. u. a. durch ihre unbehaarten Früchte aus. Letztgenannte Untergattung enthält dagegen Arten, deren Früchte behaart sind. Hierbei sind *L. peruvianum* (L.) Mill., *L. cheesmanii* Riley, *L. hirsutum* Humb. et Bonpl. und *L. glandulosum* C. H. Mull.[1]) zu stellen. Alle Arten sind Spreizklimmer, in ihrem Sproßaufbau stimmen sie grundsätzlich überein.

Wie HAYWARD (1938), HONTSCHICK (1944), WENT (1944) und HELM (1951) nachgewiesen haben, schließt die Entwicklung der Hauptachse mit der Ausbildung einer Infloreszenz ab (Abb. 2, I_1). Die Sproßfortsetzung übernimmt der Achselsproß des letzten zum Primärsproß gehörenden Laubblattes. Dabei findet eine rekauleszente Verwachsung statt[2]). Das Tragblatt (L) des Fortsetzungstriebes wird von diesem mit hochgeführt und entfaltet sich erst in einiger Entfernung von der Hauptachse, der es entwicklungsgeschichtlich angehört. Nach Ausbildung von meist drei Laubblättern (L_{n-2}, L_{n-1}, L_n) schreitet dieser Seitensproß terminal zur Blütenstandsbildung (I_2). Wie an der Hauptachse entwickelt auch hier das letzte Laubblatt (L_n) den die sympodiale Hauptachse fortsetzenden Seitentrieb und wird bei der Streckung der Sproßachse wiederum emporgehoben. Dieser Vorgang spielt sich mehrmals innerhalb einer Vegetationsperiode ab. Somit ergibt sich an der erwachsenen Tomaten-

[1]) *L. cheesmanii* Riley und *L. glandulosum* C. H. Mull. konnten nicht untersucht werden, lediglich Abbildungen (MULLER 1940) standen uns zur Verfügung.

[2]) Als Rekauleszenz bezeichnet man einen kongenitalen Prozeß, bei dem ein Seitensproß mit dem dazugehörigen Tragblatt eine Verwachsung eingeht. Sie tritt überall dort deutlich in Erscheinung, wo an der erwachsenen Pflanze eine monopodiale Hauptachse entwickelt ist, und die seitenständige Stellung der Achselsprosse durch deren mesotrope Lage sofort erkennbar ist (z. B. *Thesium*). Anders in solchen Fällen, in denen die Hauptachse sympodial ist, und die Rekauleszenz den Fortsetzungstrieb betrifft. — Von einer Konkauleszenz sprechen wir dann, wenn ein Seitensproß mit seiner Mutterachse eine Verwachsung eingeht.

pflanze schließlich folgendes Bild: Zwischen zwei Blütenständen (I_1 und I_2) sind meist drei Laubblätter eingeschaltet (L, L_{n-2}, L_{n-1}), von denen jeweils das untere (L, L_n) entwicklungsgeschichtlich dem vorausgegangenen Trieb angehört; nur die beiden nächsten (L_{n-2}, L_{n-1}) kommen also am gleichen Sympodialglied[1]) zur Entfaltung, an dem sie gebildet wurden.

Demgegenüber beschreibt MULLER (1940) in seiner Revision der Gattung die Infloreszenzen als typisch seitlich, wobei er aber hinzufügt, daß sie im allgemeinen gegenüber einer Blattansatzstelle zur Ausbildung gelangten. Nähere Erläuterungen werden nicht gegeben.

Nach VENNING (1949) geht die Sproßfortsetzung bei der Tomate auf eine echte Dichotomie zurück. Der Autor schließt dabei an eine Veröffentlichung CALDWELLS (1930) an, der als Anomalie eine dem Erscheinungsbild nach dichotome Verzweigung im vegetativen Bereich beschreibt. Ähnliche Beobachtungen hat auch WENT (1944) gemacht. Die beiden Gabeläste sind annähernd gleichstark.

Eine dichotome Teilung des Vegetationspunktes im Laubblattbereich ist zwar nicht ausgeschlossen, doch liegt hier kein zwingender Grund vor, diese Abweichung auf eine Bifurkation zurückzuführen. Aus beigegebenen Abbildungen geht hervor (Abb. 1 bei CALDWELL, Abb. 14 und 16 bei WENT), daß an beiden Gabelästen das erste Laubblatt außen, abaxial, zur Entwicklung gelangen kann, d. h. beide Blätter liegen einander $\pm$ opponiert. Eines derselben könnte als Tragblatt gedeutet werden, das rekauleszent von dem dazugehörigen Seitensproß hochgeführt wird. Möglicherweise sind auch beide Triebe als Seitensprosse zu werten. Es gibt also mehrere Deutungsmöglichkeiten für diese Erscheinung.

Dem Argument CALDWELLS und WENTS, daß diese Blätter Achselknospen besäßen und daher als Tragblätter nicht in Frage kämen, kann man entgegenhalten, daß es Beiknospen sein könnten, wie sie sich auch in den Achseln jener Tragblätter vorfinden, die unterhalb einer Infloreszenz die Fortsetzungstriebe hervorbringen.

VENNING (1949) belegte seine Auffassung mit einem Sproßquerschnitt durch die Stelle, an der eine Infloreszenz sich von der Achse absetzt (Abb. 3). Darin ist MF die Infloreszenzachse, MV die vegetative Achse, P das Laubblatt, das der Infloreszenz gegenüber liegt, A dessen Achselsproß. Das Vorhandensein des Seitensprosses A schließe, nach VENNING, von vorne herein eine axilläre Fortsetzung der Hauptachse aus. Allein auf Grund der Anordnung der Xylemringe wird eine echte Dichotomie angenommen. Dieser Schluß ist aber durchaus nicht zwingend. Zum Zeitpunkt der Anlegung des die relative Hauptachse fortsetzenden Seitentriebes ist nämlich die Ausbildung sekundärer Gewebe noch nicht eingeleitet. Sie entwickeln sich erst in einiger Entfernung vom Vegetationskegel, zu einer Zeit also, in der die endständige Infloreszenzanlage bereits $\pm$ seitlich verdrängt worden ist. Der Achselsproß A in Abb. 3 ist übrigens eine Beiknospe. Leider wird der Fehler, aus der Anordnung der Leitbündel auf die Art der Verzweigung Rückschlüsse zu ziehen, immer wieder gemacht (man vergleiche hierzu auch die Ausführungen bei THIELKE 1948).

Ganz anders hat BOUQUET (1952) die Sproßachse der Tomate beurteilt. Er ist zu der Auffassung gelangt, daß die erste Blüte einer Infloreszenz seitliche Stellung besäße. Danach wäre die Sproßachse der Tomatenpflanze also als Monopodium aufzufassen.

Abbildungen von HONTSCHICK (1944) und HELM (1951) lassen erkennen, daß bei *L. esculentum* Mill. der vegetative Fortsetzungstrieb unterhalb einer Infloreszenzanlage entsteht. In den Zeichnungen ist der Vegetationskegel stets zu einem Zeitpunkt festgehalten, in dem sich der vegetative Seitensproß schon deutlich abhebt. Um die Meinungen von VENNING und BOUQUET völlig zu entkräften ist dieses Entwicklungsstadium etwas weit vorgeschritten. Bei Annahme der Ansicht VENNINGS (dichotome Teilung) müßten zu Beginn der Bifurkation beide Gabelastanlagen sich in gleicher Ebene vorfinden. Die Meinung BOUQUETS (Mono-

[1]) Mit dem Ausdruck „Sympodialglied“ bezeichnen wir hier und im folgenden den Abschnitt der sympodialen Hauptachse zwischen zwei Infloreszenzen.

podium) setzt voraus, daß die erste Blütenanlage als seitliche Auszweigung eines Vegetationskegels erscheint. Im folgenden sollen daher einige Entwicklungsstadien beschrieben werden, die den von Hontschick und Helm dargestellten vorausgehen.

Abb. 4 Fig. I zeigt den Vegetationskegel eines Fortsetzungstriebes mit zwei Laubblattprimordien (L_{n-2}, L_{n-1}). In Fig. II ist auch das dritte Laubblatt (L_n) zur Anlage gelangt. Eine Dichotomie des Vegetationspunktes ist nicht zu beobachten, auch Seitensproßanlagen fehlen auf diesem Stadium. In der Folgezeit schwillt der Vegetationspunkt zunächst $\pm$ kopfig an; dicht unterhalb des freien Endes wölbt sich jetzt tragblattlos eine Seitensproßanlage hervor (Fig. III, B). Erst jetzt wird in der Achsel der obersten Laubblattanlage (Fig. IV, L_n) der Fortsetzungstrieb sichtbar (F). Abb. 4 bezieht sich auf *L. hirsutum* Humb. et Bonpl.; bei der Kulturtomate liegen die gleichen Verhältnisse vor. Das freie Ende des Vegetationskegels entwickelt sich später meist direkt zu einer Blütenanlage. Der darunterliegende tragblattlos angelegte Seitenzweig gibt einen Tochtersproß ab und entwickelt sich ebenfalls zu einer Blüte.

Ein wesentlich älteres Entwicklungsstadium zeigt Abb. 5. L ist das letzte Laubblatt einer Primärachse, die mit der Ausbildung der Infloreszenz I′ ihr Wachstum beschließt. E′ ist die Endblüte, B′ die zuerst angelegte Seitenknospe, die nach weiterer Verzweigung ebenfalls zu einer Blüte wird. Der Blütenstand wird durch den kräftig heranwachsenden Fortsetzungstrieb allmählich zur Seite gedrängt. L_{n-2}, L_{n-1} und L_n sind die Laubblätter dieser Knospe. Man erkennt ferner die Endblüte (E) und in der Achsel von L_n den folgenden Fortsetzungssproß. Nach Abschluß des Streckungswachstums ergibt sich schließlich ein Bild, wie es uns aus Abb. 2 bereits bekannt ist.

Bezüglich der vegetativen Sproßfortsetzung bestätigen wir damit die Untersuchungsergebnisse von Hayward (1938), Hontschick (1944), Went (1944) und Helm (1951): Die vegetative Sproßachse in der Gattung *Lycopersicon* Mill. ist ein Monochasium.

Die Gliederung in Nodien und Internodien

An einer erwachsenen Tomatenpflanze fällt auf, daß sich die monochasiale Hauptachse nicht gradlinig entwickelt. Jedes Internodium weicht von einer angenommenen Geraden in Richtung des darauf folgenden Blattes ab. Dieser besondere Wuchs steht offenbar in enger Beziehung zur Blattausbildung. Hier, wie auch bei vielen anderen Solanaceen berinden die Blattorgane mit ihren Basen die Hauptachse. Besonders auffallend tritt dieses Merkmal dort in Erscheinung, wo die Sproßachse geflügelt ist (z. B. bei *Solanum tuberosum* L.).

Nach Troll (1937) ist eine Gliederung in Nodien und Internodien bereits am Vegetationskegel in der Anlage vorhanden. Diese Regel muß hier eine Einschränkung erfahren. Die Teile der jungen Sproßachse, die von den Ansatzstellen der Blattprimordien eingenommen werden, sind im allgemeinen die Nodienanlagen. Zwischen diesen liegen die Anlagen der Internodien. Eine Sproßberindung kommt aber dadurch zustande, daß nicht nur die Abschnitte der Sproßachse zwischen zwei Blattprimordien sich verlängern, sondern außerdem jede Blattansatzstelle in diese Streckung mit einbezogen wird. Daraus ergibt sich, daß in der Gattung *Lycopersicon* eine Internodiumanlage am Vegetationskegel nicht ganz mit einem Internodium an der entwickelten Pflanze identisch zu sein braucht.

Den Solanaceen ist disperse Blattstellung eigen. Bei der Tomate, aber auch bei anderen Familienangehörigen fällt auf, daß eine Blattbasis nicht nur den Teil der Sproßachse berindet, der zwischen zwei aufeinanderfolgenden Insertionsstellen liegt, sondern die Berindung zieht sich über mehrere Nodien und Internodien hin. So setzt bei $^2/_5$-Divergenz, die auch für die Gattung *Lycopersicon* charakteristisch ist, dicht oberhalb eines Blattes bereits die Berindung des sechsten der darauffolgenden Blattorgane ein. Das Streckungswachstum der Sproßachse scheint demnach völlig gleichmäßig zu verlaufen und wird durch die Insertionsstellen der Blattorgane nicht beeinflußt.

Die Sproßberindung in Verbindung mit dem Streckungswachstum gewinnt besonders dann an Interesse, wenn wir sie im Zusammenhang mit der sympodialen Fortsetzung betrachten. Am Vegetationskegel erscheint das letzte Laubblatt unterhalb der endständigen Infloreszenz. Es bildet den vegetativen Fortsetzungstrieb aus und entfaltet sich erst nach dessen Streckung am Tochtersproß (Abb. 2, L_n, L; Abb. 4, L_n). Auch hier handelt es sich im Grunde um eine normale Sproßberindung. Da es aber ein Tragblatt ist, das mit seinem Achselsproß auf diese Weise vereinigt ist, müssen wir richtiger von einer rekauleszenten Verwachsung sprechen. Diese qualitativen Unterschiede werden indessen durch die besondere Wuchsrichtung des Achselsprosses völlig verwischt.

Streng genommen ist die obere Begrenzung des Internodiums zwischen den beiden letzten Laubblättern der Hauptachse durch die Stelle gekennzeichnet, an der die endständige Infloreszenz zur Seite gedrängt worden ist (Abb. 2, I_1, I_2 Abb. 4). Durch die Berindung des Fortsetzungstriebes wird aber ein Teil desselben an den eigentlichen Hauptsproß direkt angeschlossen. Andererseits ist das Tragblatt, das entwicklungsgeschichtlich der Hauptachse angehört, zu einem Teil des Fortsetzungstriebes geworden, da es an ihm zur Entfaltung gelangt.

Im Gegensatz zum Fortsetzungstrieb unterbleibt an allen anderen Seitensprossen die rekauleszente Verwachsung. Das basale Internodium dieser Achsen streckt sich also ohne Beteiligung des Tragblattes. Letzteres kommt hier an dem Sproß zur Entfaltung, der es als seitliche Ausgliederung hervorgebracht hat. Der Unterschied in der Entwicklung des Fortsetzungstriebes gegenüber anderen Seitensprossen liegt also darin, daß ersterer das Streckungswachstum der Mutterachse nahezu ohne Unterbrechung fortsetzt. Dabei berindet das Mutterblatt den Tochtersproß ebenso wie die anderen Laubblätter ihre Abstammungsachse.

Die Seitensproßentwicklung

Im folgenden sollen die Seitensprossen, die an einem monochasialen Abschnitt entstehen, etwas näher charakterisiert werden. Im allgemeinen werden drei Laubblätter an jedem Fortsetzungstrieb hervorgebracht. An der erwachsenen Pflanze (Abb. 2) ist der Achselsproß des obersten Laubblattes (L), der die Wuchsrichtung der Mutterachse beibehält, am kräftigsten. Der Seitensproß des mittleren Laubblattes (L_{n-1}) bleibt demgegenüber wesentlich an Größe zurück. Das Achselprodukt des ältesten Laubblattes (L_{n-2}) ist auf allen Entwicklungsstadien gegenüber den beiden anderen gleicher Ordnung am wenigsten differenziert. In der Größe der Seitensprosse ergibt sich somit an der erwachsenen Pflanze eine akrotone Förderung.

Was ihre Anlegung betrifft, so ist zunächst aus Abb. 4 (Figg. II u. IV) ersichtlich, daß die beiden unteren Laubblätter (L_{n-2}, L_{n-1}) z. Zt. der Anlegung des Fortsetzungstriebes ohne Achselsproßanlage sind. Erst auf einem etwas späteren Stadium wird zunächst an der Basis des mittleren Laubblattes (L_{n-1}) und schließlich auch in der Achsel des ältesten Blattorgans (L_{n-2}) eine Seitenknospe hervorgebracht. Die Anlegung[1]) erfolgt also basipetal.

Went (1944) weist nachdrücklich darauf hin, daß das Tragblatt des Fortsetzungstriebes an der erwachsenen Pflanze schon dadurch kenntlich wäre, daß es keine Achselknospe besäße. Diese Beobachtung fand ich nicht bestätigt. Vielmehr konnte festgestellt werden, daß in der Achsel des Laubblattes, das entwicklungsgeschichtlich dem vorausgegangenen Sympodialglied angehört (L_n), sich ebenfalls eine Knospe befindet. Sie ist aber in den weitaus meisten

[1]) Wir verwenden den Ausdruck „Anlegung" im Sinne von „Vorwölbung". Streng genommen dürften darunter nur die ersten histogenetischen Vorgänge verstanden werden, die zur Knospenbildung führen.

Fällen gestaucht und bleibt an Größe stets hinter den Achselprodukten der folgenden Blätter zurück. Sie ist als eine seriale Beiknospe des Fortsetzungstriebes aufzufassen. Ihre Vorwölbung erfolgt erst, nachdem die Seitensprosse der drei darüber liegenden Blattorgane bereits zur Entwicklung gelangt sind. Was den Zeitpunkt der Anlegung betrifft, ordnet sich demnach diese Knospe in die basipetale Anlegungsfolge der Seitensprosse am Fortsetzungstrieb ein. Damit ist das Tragblatt, in dessen Achsel der Fortsetzungstrieb angelegt wurde, zum ersten Blatt desselben geworden; dabei fungiert der eigentliche Achselsproß als Abstammungsachse. Die Beiknospe fügt sich also sowohl in der basipetalen Anlegungsfolge, als auch in der akrotonen Förderung der Seitensprosse den Gesetzmäßigkeiten, die an einem Fortsetzungstrieb beobachtet werden können, ein. Während der die sympodiale Hauptachse fortsetzende Seitentriebe eine extrem starke Entwicklung erfährt, bleibt der aus gleicher Blattachsel hervorgehende Beisproß am weitesten unentwickelt.

Noch eindeutiger treten diese Verhältnisse bei zwei mit *L. esculentum* Mill. verwandten Arten auf, nämlich *L. hirsutum* Humb. et Bonpl. (Abb. 2) und *L. peruvianum* (L.) Mill. Beide Arten zeichnen sich gegenüber *L. esculentum* Mill. dadurch aus, daß sie sowohl an der Basis der Laubblätter, als auch an der Basis des Infloreszenzschaftes (I_1) zwei sich gegenüberliegende Blättchen hervorbringen, die als „Pseudostipulae“ in der Literatur geführt werden. Es handelt sich hier um Vorblätter. Sie sind entwicklungsgeschichtlich der Terminalfieder eines Laubblattes homolog.

Die Blätter am Grunde des Infloreszenzschaftes unterscheiden sich in der Form auffällig von den Vorblättern der Seitensprosse. Erstere sind annähernd symmetrisch, letztere zeichnen sich dagegen durch starke Asymmetrie aus (Abb. 2). Die adaxiale Blatthälfte ist nämlich weitgehend reduziert, die abaxiale dagegen kräftig entwickelt, so daß die Blätter die relative Hauptachse umgreifen. Vorerst sollen uns nur diese interessieren. Solche Vorblätter treten auch bei der Kartoffel auf (Troll 1954)[1]). Derartige Blattorgane sind bei *L. hirsutum* Humb. et Bonpl. und *L. peruvianum* (L.) Mill. in der Regel an allen seitenständigen Sprossen[2]) zu beobachten. Dagegen fehlen sie stets den in der Entwicklung vorauseilenden Fortsetzungstrieben. Bisweilen vermißt man sie auch an dem Seitensproß in der Achsel des Laubblattes, das dem Tragblatt des Fortsetzungstriebes vorausgeht. Sie sind aber der oben näher charakterisierten Beiknospe eigen. Hierin stimmt also die Beiknospe mit den anderen basalen seitenständigen Trieben überein.

In diesem Zusammenhang wäre es wohl verkehrt, das Ausbleiben der Vorblätter am Fortsetzungstrieb als eine Unterdrückung aufzufassen. Wenigstens nicht im Sinne einer leicht damit in Verbindung zu bringenden Reduktionsstufe. Es scheint angebrachter, diesen Vorgang dadurch zu kennzeichnen, daß hier die Entwicklung nicht auf dem Stadium, das zur Vorblattbildung führt, halt macht, sondern die Ausdifferenzierung der Blattorgane weitergeht, so daß schließlich ein Laubblatt entsteht. Werden bei *L. hirsutum* Humb. et Bonpl. und *L. peruvianum* (L.) Mill. die Vorblätter nur am Fortsetzungstrieb übergangen, ist die Entwicklung von *L. esculentum* Mill. und *L. pimpinellifolium* (Jusl.) Mill. dadurch ausgezeichnet, daß sie hier an der gesamten Pflanze nicht zur Ausbildung kommen.

Jeder Fortsetzungstrieb bringt nur drei Blattprimordien hervor, ehe die Blütenbildung erfolgt. An allen seitenständigen Sprossen — auch die mehrfach erwähnte Beiknospe macht hiervon keine Ausnahme — werden dagegen etwa 5—8 Blattorgane angelegt, ehe die Triebe in die reproduktive Phase eintreten.

[1]) Die Unterdrückung des Hypopodiums bedingt, daß die Vorblätter in der Nähe der Laubblattansatzstellen zur Entfaltung gelangen. Dies hat zum Vergleich mit Stipeln geführt.

[2]) Als „seitenständige“ Sprosse sollen solche Triebe bezeichnet werden, die nicht an der monochasialen Fortsetzung beteiligt sind.

Der sympodiale Aufbau der Tomatenpflanze wird demnach einmal durch die Rekauleszenz des Tragblattes mit dem Fortsetzungstrieb verwischt, zum anderen durch die Form der Anlegung und Ausbildung der seitenständigen Achselsprosse. Das Tragblatt des monochasialen Fortsetzungstriebes wird durch dessen vorauseilende Entwicklung zunächst zu einem achselsproßlosen basalen Blatt, das erst im Zusammenhang mit den in basipetaler Folge sich anlegenden Seitensprossen eine Knospe hervorbringt; entwicklungsgeschichtlich ist letztere ein Beisproß des Fortsetzungstriebes.

Die Blattstellung

Bei allen untersuchten *Lycopersicon*-Arten ist $^2/_5$-Blattstellung die Regel, wenigstens im Bereich des Vegetationskegels. An der gestreckten Sproßachse wird diese Divergenz durch Torsionen bisweilen etwas verwischt, was bei Spreizklimmern sehr häufig vorkommt. Dies begründet auch die Meinung Hontschicks, wonach „ein in üblicher Weise festzustellendes Blattstellungsgesetz zu fehlen scheint". Ihre hierauf bezüglichen zahlreichen Untersuchungen wurden möglicherweise an Pflanzen gemacht, deren Laubblätter bereits entfaltet waren.

Hontschick macht darauf aufmerksam, daß „die Spirale der Seitensprosse nicht an eine bestimmte Richtung gebunden ist und unabhängig von der Richtung der Hauptsprosse" verlaufe. Diese Beobachtung fand ich bestätigt, wenn auch mit einer nicht unbedeutenden Einschränkung. Hontschick bemerkt nämlich, daß es „beim sympodialen Aufbau der Tomatenpflanze häufig zu einem Wechsel der Spiralrichtung kommt". Nach unseren Beobachtungen zeichnet sich der Fortsetzungstrieb stets dadurch aus, daß seine Laubblätter eine entgegengesetzte Spiralrichtung gegenüber der Hauptachse einnehmen. Dieser Wechsel ist hier also nicht nur gelegentlich, sondern die Regel. Aufeinanderfolgende Sympodialglieder besitzen also gegenläufige Blattspiralen. Schon Wydler (1843) machte auf diese für verschiedene Solanaceen charakteristische Erscheinung aufmerksam. Dagegen konnten wir in dem Verlauf der Blattspirale keine Gesetzmäßigkeiten zwischen der relativen Hauptachse und den seitenständigen Sprossen feststellen, doch scheint Gegenläufigkeit häufiger als Gleichläufigkeit zu sein. Für die Beiknospe kann dies übrigens als charakteristisch angesehen werden.

Die Verzweigung innerhalb der Infloreszenz

Nicht nur über die Zusammensetzung der vegetativen Achse ist man sich lange im unklaren gewesen, auch über die Infloreszenzentwicklung gehen bis in die neueste Zeit die Meinungen stark auseinander. Obwohl in älteren morphologischen Arbeiten wiederholt auf den Wickel- bzw. Doppelwickelcharakter der Blütenstände bei Solanaceen hingewiesen wurde, vertritt Went (1944) die Auffassung, die Infloreszenz sei razemös, lediglich die letzten Aufzweigungen gingen auf dichasiale Verzweigung zurück. Seine diesbezüglichen Abbildungen sind nicht eindeutig. Nach Venning (1949) verläuft die Verzweigung innerhalb der Infloreszenz dichotom. Als Beweis betrachtet er das Fehlen von Vorblättern im Bereich des Blütenstandes. Ältere abweichende Auffassungen sollen hier nicht angeführt werden. Um die Meinung auszuschließen, die Gliederung der Infloreszenz gehe auf eine dichotome Teilung zurück, hat schon Pedersen (1873) vorgeschlagen, den Vorgang der Blütenstandsentwicklung bei Solanaceen als eine „Verzweigung des Vegetationskegels" zu bezeichnen oder von einer „Knospenbildung aus dem Vegetationskegel" zu sprechen. Diese Begriffe haben sich aber nicht durchgesetzt.

Den Nachweis des sympodialen Aufbaues der Tomateninfloreszenz hat schließlich Helm (1951) auf entwicklungsgeschichtlicher Grundlage erbracht.

Wickelförmige Blütenstände kommen in verschiedenen Pflanzenfamilien vor. Sie sind einmal in Sippen verbreitet, in denen im vegetativen Bereich kreuzgegenständige Beblätterung die Regel ist, zum anderen sind sie aus Gruppen bekannt, denen disperse Blattstellung eigen ist. Bei dekussiert beblätterten Arten (z. B. *Labiatae*, *Caryophyllaceae*) ist die Wickelbildung im allgemeinen übersichtlich, da die Stellung der Laubblätter im reproduktiven Bereich beibehalten wird. So setzt z. B. bei einer *Cerastium*-Art die Doppelwickelbildung in folgender Weise ein: Unterhalb der Endblüte werden in den Achseln der beiden sich diametral gegenüberstehenden letzten Blattorgane Blütensprosse entwickelt; aus deren Vorblättern erfolgt die weitere Blütenbildung. Solche Blütenstände werden stets ± symmetrisch sein. Anders in Pflanzengruppen, in denen die Blätter zerstreut angeordnet sind. Bei vielen Solanaceen und dies gilt auch für die Gattung *Lycopersicon* ist eine Übersicht noch insofern erschwert, als Tragblätter im Infloreszenzbereich nicht zur Ausbildung kommen. Es ergeben sich somit die Fragen:

1. An welcher Stelle unterhalb der Endblüte setzt die Wickelbildung ein?
2. Wo beginnt bei Ausbildung einer Doppelwickel der Einsatz des zweiten Wickelzweiges?
3. In welcher Weise weicht der Gesamtblütenstand in seinen Symmetrieverhältnissen von Infloreszenzen dekussiert beblätterter Arten ab?

In einem der vorangegangenen Kapitel haben wir festgestellt, daß ein Fortsetzungstrieb nach Entfaltung von drei Laubblättern mit einer Infloreszenz endet, streng genommen beschließt er aber mit der Ausbildung einer Endblüte sein Wachstum. Die drei Laubblätter bilden in der Reihenfolge ihrer Entstehung eine $^2/_5$-Spirale. Die vegetative Phase ist damit abgeschlossen. Neben der vegetativen Fortsetzung aus der Achsel des jüngsten Laubblattes erfolgt unterhalb der Endblüte auch eine Fortsetzung der reproduktiven Achse. Der Unterschied gegenüber Seitensprossen des vegetativen Bereiches liegt darin, daß der reproduktive Fortsetzungsprozeß kein Tragblatt besitzt. Eine eindeutige Festlegung der Verzweigungsstelle ist dadurch erschwert. Am naheliegendsten ist es, den Tochtersproß unterhalb der Endblüte an der Stelle zu suchen, wo in Fortsetzung der Laubblattspirale das vierte Blatt zu erwarten wäre. Und in der Tat liegt hier die Verzweigungsebene.

Das Schema in Abb. 6 (rechts) soll diese Verhältnisse nochmals verdeutlichen. Es zeigt das Diagramm eines Fortsetzungstriebes, der aus der Achsel des Tragblattes L hervorgegangen ist. Darin sind L_n, L_{n-1} u. L_{n-2} dessen Laubblätter, der Kreis in der Mitte versinnbildlicht die Endblüte. L_m ist gestrichelt gezeichnet und soll die wahrscheinliche Lage des vierten Blattes der Spirale andeuten. Der in dessen Nähe eingezeichnete stark konturierte Kreis ist die erste Seitenblüte, die sich unterhalb der Endblüte ausbildet. Die Verzweigungsebene ist durch eine unterbrochene Linie angedeutet.

Im folgenden soll erläutert werden, wie die Wickelbildung im einzelnen vor sich geht. Der Vegetationspunkt schwillt bei Übergang in die reproduktive Phase stark an und verdickt sich sogar kopfig an seinem apikalen Ende. Ausgliederungen sind auf diesem Stadium äußerlich noch nicht sichtbar. In Richtung zu der Stelle, an der das vierte Blatt des Fortsetzungstriebes erwartet werden muß, tritt nun eine Hervorwölbung auf. Sie erfaßt ungefähr $^1/_3$ des ursprünglichen Vegetationspunktes. Dies ist die Anlage der ersten Seitenblüte. Aber auch die übrigen beiden Drittel haben sich stärker vorgewölbt und werden im Laufe der weiteren Entwicklung zur Endblüte des vegetativen Triebes.

Dieser Vorgang wird in der Literatur im allgemeinen als „Einschnürung" der Sproßspitze charakterisiert. Dieser Ausdruck trifft indessen nicht das Wesen dieser Differenzierung. Von einer Einschnürung spricht man im allgemeinen nur, wenn etwas Vorhandenes eingeengt wird. Solche Vorgänge dürften aber an den Organen der höheren Pflanzen zu den Ausnahmen gehören. Vielmehr muß das Moment der Entwicklung hervorgehoben werden. Es wird nämlich nichts eingeschnürt, sondern gerade entgegengesetzt: Teile wölben sich hervor.

Durch die Ausgliederung der ersten Seitenblütenanlage ist die Voraussetzung für eine wickelförmige Verzweigung geschaffen. Betrachten wir ein Sympodialglied als relative Hauptachse, so ist die Blüte, die sich unterhalb der Endblüte ausgliedert, ein Seitensproß erster Ordnung. Er kann als solcher Vorblätter entwickeln, die im allgemeinen transversal zur Mutterachse stehen. Alle folgenden Blüten der Wickel gliedern sich transversal zur jeweiligen Abstammungsachse aus. Tragblätter fehlen aber.

Oben wurde angedeutet, daß die endständige Infloreszenz dem Tragblatt des vegetativen Fortsetzungstriebes gegenübersteht. Bei genauerer Betrachtung fällt aber auf, daß die sympodiale Blütenstandachse mit dem Blattstiel des Tragblattes nicht ganz die gleiche Ebene einnimmt. Sie ist vielmehr nach der Richtung, in der sich am Vegetationskegel die erste Seitenblüte hervorwölbt, abgewichen. Diese Abweichung kann mit einer kongenitalen Verwachsung von Endblüte und Seitenblüte erster Ordnung in Verbindung gebracht werden. Anders ist diese unerwartete Wuchsrichtung wohl kaum zu deuten. Ein direkter Beleg für die Verwachsung kann aber nicht gegeben werden, da Blattorgane nicht ausgebildet werden.

Eine kongenitale Verwachsung von Haupt- und Seitensproß ist unschwer in all den Fällen zu erkennen, wo es zur Ausbildung eines Tragblattes kommt vorausgesetzt, letzteres wird in diese Verwachsung nicht mit einbezogen. Aus der Lage des Tragblattes kann man dann Rückschlüsse auf den Grad der Verwachsung ziehen. Da aber bei der Tomateninfloreszenz Tragblätter nicht angelegt werden, ist eine Verwachsung nur zu erschließen. Für unsere Deutung spricht übrigens, daß bei anderen Solanaceen, bei denen innerhalb der Infloreszenz Tragblätter ausgebildet werden, solche Verwachsungen deutlich in Erscheinung treten (verschiedene *Nicotiana*-Arten).

Bisher haben wir nur die Ausbildung einer einfachen Wickel im Auge gehabt. Wie kommt nun eine Doppelwickel zustande? Zur näheren Erläuterung sei auf Abb. 7, Fig. I verwiesen. Ein ähnliches Entwicklungsstadium bildet auch Helm (1951) für die Mutante „anantha" von *Lycopersicon esculentum* Mill. convar. infiniens Lehm. provar. commune Bailey cv. ‚Condine Red' ab.

Bei entwicklungsgeschichtlichen Untersuchungen der Doppelwickel von *Lycopersicon hirsutum* Humb. et Bonpl. bin ich zu anderen Ergebnissen als Helm gelangt.

Wie oben dargestellt (Abb. 6), gliedert sich eine einfache Wickel bei der Tomate von der Stelle ab, wo in Fortsetzung der Laubblattspirale das vierte Laubblatt zu suchen ist. Tritt nun eine Doppelwickel auf, so nimmt die zweite Wickel dort ihren Ausgang, wo das fünfte Blatt der Spirale zu erwarten wäre (Abb. 6, linke Figur). Der Vegetationskegel gibt also, ehe er zur Ausbildung der Endblüte (mittlerer Kreis) schreitet, nicht nur einen sondern zwei Blütensprosse ab. Sie sind in Abb. 6 durch die kräftigere Strichführung hervorgehoben. Ihre imaginären Tragblätter sind L_m und L_o. Auf die Endblüte bezogen entwickeln sie sich in einem Winkel, der mehr als 90° beträgt. Die Endblüte verwächst dabei mit dem jüngsten Tochtersproß (aus L_o). Derartige konkauleszente Verwachsungen liegen auch vor, wenn die Infloreszenz mehr als zwei Wickeläste aufweist.

Unsere Fig. I in Abb. 7 ist demnach wie folgt zu deuten: E ist die Terminalblüte des Fortsetzungstriebes. B_1 ist der Vegetationskegel der ältesten Blüte I. Ordnung. Da ihre Anlegung früher erfolgte als die der zweiten Blüte (B_2), ist sie in der Entwicklung schon weiter vorgeschritten. Dieses Größenverhältnis der beiden Blütenanlagen bleibt auch auf späteren Entwicklungsstadien erhalten. C_1 schließlich ist ein Seitensproß II. Ordnung, der dem Blütensproß B_1 entwicklungsgeschichtlich angehört. Seine Anlegung erfolgte transversal zur Mutterachse B_1.

In diesem Zusammenhang betrachtet erscheint es nicht angebracht, die Endblüte einer Doppelwickel auch als „Mittelblüte" zu bezeichnen. Dies ist streng genommen nur in all den Fällen berechtigt, in denen die Stellung der Laubblätter dekussiert ist (*Labiatae*, *Caryophyllaceae*); hier gelangt die Endblüte in der Mitte von zwei einander gegenüberliegenden Tragblättern zur Ausgliederung. Bei Solanaceen (und Boraginaceen u. a.), wo die Anlegungsstellen der Teilinfloreszenzen sich in die Laubblattspirale einordnen, nimmt die Endblüte keine Mittelstellung ein. Besser sollte man deshalb hier nur von einer Endblüte sprechen.

Mit Labiaten und Caryophylaceen liegt dagegen Übereinstimmung in der weiteren Verzweigung des dichasialen Blütenstandes vor. Während dort aber im vegetativen Bereich die Dekussation die Regel ist, die Vorblätter in ihrer Stellung also von Laubblattorganen nicht abweichen, nehmen hier die transversal sich entwickelnden Vorblätter, gegenüber den Laubblättern eine Sonderstellung ein.

Bei *L. hirsutum* Humb. et Bonpl. und *L. peruvianum* (L.) Mill. haben wir an allen seitenständigen vegetativen Sprossen Vorblätter feststellen können, die transversal zur Mutterachse stehen. Ähnliche Blattorgane treten auch im Bereich der Infloreszenzbasis auf (vgl. Abb. 8). Jedenfalls werden sie von Muller als solche charakterisiert: „At the base of the leaf rachis or petiole there may be a pair of foliaceous, stipulelike bracts or pseudostipules essentially the same as the bracts subtending the basis of the peduncles in some species". Entfernt man aber an einer erwachsenen Pflanze eine Infloreszenz, indem man sie nach unten zu abreißt, verbleibt das Blattpaar an der Basis des Fortsetzungstriebes. Seine Stellung an der Basis des Blütenstandes ist also nur eine scheinbare.

Abb. 8 zeigt einen blühenden Sproßabschnitt. Die Blattorgane L_{n-2}, L_{n-1} (abpräpariert) und L_n gehören ontogenetisch dem gleichen Sympodialglied an. Der Blütenstand schließt dessen Entwicklung ab, L_n ist das Tragblatt des Fortsetzungstriebes. Man erkennt, daß die Blattorgane im Bereich der Infloreszenzbasis (A, B) mit den Vorblättern der vegetativen Seitensprosse (α, β; α_2, β_2) sowohl in der Größe als auch in der Differenzierungshöhe übereinstimmen. Ein wesentlicher Unterschied liegt dagegen in den Symmetrieverhältnissen. Während die Vorblätter der vegetativen Seitentriebe stark asymmetrisch sind (α, β; α_2, β_2), weisen die in der Nähe des Blütenstandsschaftes inserierenden (A, B), annähernd gleiche Blatthälften auf.

Aus Abb. 8 geht ferner hervor, daß derartige Blättchen auch innerhalb der Infloreszenz zu beobachten sind. Sie entspringen an der Wickelachse unmittelbar oberhalb einer Blütenauszweigung. Nicht immer sind sie, wie im vorliegendenFalle, in der Einzahl vorhanden. Sehr häufig treten sie paarweise auf. Ihre Größe schwankt beträchtlich, mitunter sind sie makroskopisch auch gar nicht sichtbar. In ihrer Form stimmen sie mit den Blättchen an der Basis des Pedunkels überein.

Verfolgen wir nun die Entwicklungsgeschichte dieser Blattorgane, so fällt besonders auf, daß sie sehr spät in Erscheinung treten. Ein Bild von diesem Zeitpunkt vermitteln wir in Abb. 7, Figg. II u. III. Darin bedeutet L das Tragblatt des Fortsetzungstriebes, L_{n-2}, L_{n-1}, L_n sind dessen Blattorgane. I′ ist die Infloreszenz des Sympodialgliedes, dem auch das Tragblatt L entwicklungsgeschichtlich angehört. I ist die Blütenstandsanlage des nächsten Fortsetzungstriebes. Erst auf diesem Stadium der Vegetationsknospe sind die jüngsten Anlagen der in Frage stehenden Blattorgane (A, B, C) sichtbar. An den Basen der Blüten höherer Ordnung sind sie noch nicht wahrzunehmen. Neben dem Fortsetzungssproß ist in der Achsel des Tragblattes L auch schon die Beiknospe angelegt (α_1).

Wie sind nun die Blattorgane (A, B), die dicht oberhalb des Pedunkels ihren Ursprung haben, zu deuten? Wie aus Fig. II hervorgeht, steht in dem aufgezeigten Entwicklungsstadium der vegetative Fortsetzungstrieb in annähernd gleicher Höhe mit dem Blattpaar A, B in der Nähe der Infloreszenz I′. Wir halten daher beide Blättchen für Vorblätter einer Beiknospe des Fortsetzungssprosses. Damit werden in der Achsel des Tragblattes L neben dem eigentlichen Tochtertrieb zwei seriale Beiknospen hervorgebracht, von denen die eine in aufsteigender, die andere in absteigender Richtung angeordnet ist. Das im folgenden einsetzende Streckungswachstum erfaßt nun ausschließlich den Teil der vegetativen Achse, der oberhalb des Vorblattwirtels A, B liegt, so daß schließlich das uns aus Abb. 2 u. 8 bekannte Bild zustande kommt.

Gegen unsere Ansicht spricht die auffallende Erscheinung, daß die beiden Vorblätter A und B nicht unmittelbar eine Vegetationsknospe einhüllen (Fig. III). Die Infloreszenz (I′) ist der Übersicht halber abpräpariert worden, ebenso Tragblatt L. Es fällt auf, daß die beiden Vorblätter A und B verhältnismäßig weit auseinanderstehen. Auf einem in Höhe der Vorblätter geführten Querschnitt durch die Mutterachse läßt sich diese Knospe nachweisen.

Wir stützen unsere Deutung auf die Tatsache, daß bei verschiedenen *Solanum*-Arten, so bei Angehörigen der Sektionen *Morella* (Dun.) Bitt. und *Tuberarium* (Dun.) Bitt. an dieser Stelle Triebe auftreten, deren Vorblätter ähnliche Symmetrieverhältnisse besitzen. Sie sind bisweilen auch blühfähig.

Zum Verständnis der Blättchen im Infloreszenzbereich gelangen wir schließlich, wenn wir von Abb. 7, Fig. II ausgehen und uns vorstellen, daß an Stelle des vegetativen Fortsetzungstriebes ein Blütensproß hervorgebracht wird, dabei aber weder das Tragblatt (L) noch die Beiknospe (mit den Vorblättern α_1 und β_1) zur Ausbildung kommen. Innerhalb des Blütenstandes handelt es sich auch um Beiknospen, die, bezogen auf das vorangegangene Sproßglied, auf der adaxialen Seite zur Anlegung kommen.

An Hand der schmatischen Abb. 9 sollen unsere Erörterungen rückblickend zusammengefaßt werden. Aufeinanderfolgende Sproßgenerationen sind durch verschieden starke Konturierung hervorgehoben.

Alle Beiknospen sind durch Schraffur kenntlich gemacht.

Blütenstand I_1 beschließt die Entwicklung einer vegetativen Achse. Unterhalb der Endblüte E werden tragblattlos Seitenblüten (1—6) angelegt. Sie sind wickelig angeordnet. Die Blattpaare (A_1—B_1, A_2 u. B_2 usw.) sind Vorblätter der zu den einzelnen Blütentrieben gehörenden Beiknospen. Blüte 1 und der Vorblattwirtel A_1 und B_1, Blüte 2 und Wirtel A_2 und B_2 usw. gehen aus gleicher Bildungsstätte hervor.

Das letzte Laubblatt der vegetativen Achse ist mit L signiert. Es ist Tragblatt des Fortsetzungstriebes und zweier Beiknospen (B_1, B_2). Nach Ausbildung von drei Laubblättern (L_{n-2}, L_{n-1}, L_n) endet der Fortsetzungsproß wiederum mit einem Blütenstand (I_2). Die akrotone Förderung wird aus dem Größenverhältnis der Seitensprosse deutlich (B_1, S_2, S_1, F). Die Beiknospen im Bereich der zweiten Infloreszenz (I_2) wurden fortgelassen (*L. esculentum* Mill.).

Nicandra Adans.

Die Gattung ist monotypisch. Die Verzweigung von *N. physaloides* (L.) Gaertn. ist wiederholt beschrieben worden (Wydler 1843, Vito 1895). Die Sproßachse ist ein Monochasium. An jedem Sympodialglied wird ein Vorblatt hervorgebracht, ehe die Blütenbildung erfolgt. In Abb. 10 ist E_1 die Endblüte eines Triebes, der in der Achsel des Blattes β seinen Ursprung hat. Das dazugehörige Vorblatt ist β_1, dessen Tochtersproß drängt die Endblüte E_1 zur Seite und setzt die Wuchsrichtung der Mutterachse fort. Dabei wird das Tragblatt (β_1) mit hochgeführt. Nach Anlegung eines Vorblattes (β_2) beschließt der Fortsetzungstrieb sein Wachstum mit Blüte E_2. β_2 ist wiederum mit dem eigenen Seitensproß (E_3) rekauleszent verwachsen und kommt weit oberhalb der Anlegungsstelle zur Entfaltung. Die weitere Zusammensetzung der monochasialen Achse ist aus den Signaturen zu entnehmen. Blüte und Vorblatt eines jeden Sympodialgliedes sind durch den gleichen Index gekennzeichnet. In den Achseln von β, β_1 und β_2 sind fernerhin Beiknospen zu beobachten. Sie gelangen später auch zur Blütenbildung.

Die letzte sichtbare Blüte in Abb. 10, E_7, befindet sich gerade in Entfaltung. In diesem Stadium ist ihre endständige Stellung noch sehr deutlich. Später neigt sich der Blütenstiel stärker und wird durch den Fortsetzungstrieb aus seiner ursprünglichen Lage seitlich verdrängt.

Weit klarer tritt der sympodiale Charakter der Sproßachse in Erscheinung, wenn wir eine Knospe betrachten (Abb. 11, Fig. IV). Hier sind gleiche Symbole und Indices wie in Abb. 10 verwendet. E_1 ist die Endblüte (der Übersicht halber entfernt) eines Sprosses aus der Achsel von β (abptäpariert). Das dazugehörige Vorblatt (β_1) ist Tragblatt des Fortsetzungstriebes mit β_2 und der Endblüte E_2. Von dem Achselprodukt aus β_2 ist lediglich die Endblütenknospe E_3 zu sehen. Auf diesem Entwicklungsstadium ist bereits zu erkennen, daß die Vorblätter (β_1 und β_2) unterhalb der jeweiligen Endblüte (E_1 und E_2) zur Anlegung gelangen. Bei Streckung der Sproßachse werden sie dann von dem eigenen Achselsproß hochgeführt und kommen in unmittelbarer Nähe der Endblüte des Folgesprosses zur Entfaltung (vgl. Abb. 10). In Abb. 11, Fig. I ist ein Stadium festgehalten, in dem die Anlage eines Fortsetzungstriebes (F) als deutliche Hervorwölbung in Erscheinung tritt. Sie entwickelt sich in der Achsel von β_1, dem Vorblatt eines Sympodialgliedes, das mit der Blüte E_1 endet. Auffallend ist die starke transversale[1]) Verbreiterung dieses Sprosses, die im wesentlichen auf die Bildung der Achselknospe F zurückzuführen ist. Schon zu diesem Zeitpunkt sitzt das Tragblatt (β_1) dem Fortsetzungstrieb (F) mit seiner Basis auf und nicht der Achse, der es entwicklungsgeschichtlich angehört (E_1). Dies wird offenbar durch die frühe Anlegung des Achselsprosses F bedingt.

Tragblatt β_1 mit dem dazugehörigen Tochtervegetationspunkt F ist in Abb. 11, Fig. II, gegenüber Fig. I um 90° gedreht, nochmals abgebildet. Hier fällt die asymmetrische Form der Triebspitze auf. Der Kulminationspunkt der Hervorwölbung (F) liegt nicht in der Medianebene von β_1, sondern ist nach links verschoben. Dies ist die Anlage der folgenden Endblüte. Die sanfte Abflachung auf der rechten Seite wird im folgenden zum Vorblatt mit dem dazugehörenden Seitensproß. Auf diesem Stadium ist demnach bereits die spätere Differenzierung angedeutet.

Diese Symmetrieverhältnisse sind auch an der vorangegangenen Abbildung (Fig. I) zu erkennen. Die Endblüte E_1 nimmt zum Tragblatt keine streng mediane Stellung ein, sie ist vielmehr aus dieser Ebene etwas verschoben.

Auffallend ist bei *N. physaloides* (L.) Gaertn., daß an jedem Sympodialglied gewöhnlich nur ein einziges Vorblatt zur Ausbildung gelangt; wie aus der Abb. 11, Fig. I und II zu ersehen ist, wird ein zweites Vorblatt im allgemeinen auch garnicht angelegt. Um so bemerkenswerter ist, daß bisweilen an jedem Fortsetzungssproß auch zwei Vorblätter erscheinen, ehe eine Endblüte hervorgebracht wird. Eine solche Knospe zeigt Abb. 11, Fig. III. Hier wird an zwei aufeinanderfolgenden Fortsetzungssprossen jeweils ein Vorblattpaar entwickelt. So gehören die beiden Vorblätter α und β zu dem mit Blüte E endigenden Trieb. Sie weisen deutliche Unterschiede in der Größe auf. Dadurch ist ihre Anlegungsfolge bereits charakterisiert.

Ein Seitensproß findet sich nur, was auch für viele andere Solanaceen typisch ist, in den Achseln des β-Vorblattes. Das α-Vorblatt ist also steril. Auch der nächste Sproß besitzt übrigens zwei Vorblätter (E_1 = Endblüte, α_1 und β_1 = die beiden Vorblätter). An den folgenden Trieben wird nur noch ein Vorblatt (β_2) entwickelt.

Im basalen Bereich der monochasialen Achse ist die 2-Zahl der Vorblätter weit häufiger als im oberen. Nicht selten können die Einzelglieder einer sympodialen Sproßachse, nachdem sie eine zeitlang nur ein einziges Vorblatt hervorgebracht haben, wiederum zur Bildung eines Vorblattpaares übergehen. Es sei vermerkt, daß die Entwicklung der Beiknospen stets mit der Anlegung von zwei Vorblättern eingeleitet wird. Die anschließenden Fortsetzungstriebe weisen nur noch ein Vorblatt auf.

[1]) bezogen auf die Medianebene von Vorblatt β.

Die Sproßachse von *N. physaloides* (L.) Gaertn. setzt sich im reproduktiven Bereich aus Sympodialgliedern zusammen, die nach Ausbildung eines Vorblattes mit einer Blüte endigen. Das gelegentliche Auftreten eines Vorblattpaares deutet darauf hin, daß unsere Art zu solchen Formen enge morphologische Beziehungen aufweist, bei denen die Entwicklung zweier Vorblätter an jedem Fortsetzungstrieb als Regel angesehen werden kann.

Grabowskia Schlechtd.

Nur *G. boerhaaviaefolia* (L. f.) Schlechtd., *G. duplicata* Arn., *G. obtusa* Arn. und *G. schlechtendahlii* Sendtn. sind uns aus dieser etwa 8 Arten umfassenden südamerikanischen Gattung näher bekannt geworden.

G. boerhaaviaefolia Schlechtd. besitzt endständige Blütenstände. An einem Langtrieb gehen die Laubblätter allmählich in Hochblätter über. Hand in Hand damit werden die vegetativen Seitentriebe allmählich zu Partialinfloreszenzen. Letztere scheinen einfache Wickel zu sein, an den Sympodialgliedern wird nur das fertile Vorblatt ausgebildet.

Die Hauptachse geht offenbar zuerst in einen wickelartigen Blütenstand über, später folgen darin die Seitentriebe aus den Achseln der obersten Hochblätter, sowie die der Übergangsblätter. Die am weitesten basal sich entwickelnden Blütensprosse tragen insofern vegetativen Charakter, als hier mehrere Laubblätter eingeschaltet sind, deren Zahl an den weiter spitzenwärts gelegenen Trieben allmählich abnimmt. Die Aufblühfolge läuft an der Gesamtinfloreszenz basipetal ab. Weiter unterhalb der blühenden Region sind die Seitenachsen Sproßdornen, an denen lediglich die Vorblattnarben sichtbar sind.

Einen ähnlichen Sproßaufbau besitzt *G. obtusa* Arn., doch werden sämtliche Seitensprosse zu Sproßdornen. Auch hier sind die Partialinfloreszenzen wickeliger Natur.

Bei *G. schlechtendahlii* Sendtn. liegen ebenfalls derartige Seitenachsen vor, doch entwickeln diese Kurztriebe mehrere Blattorgane. Das Vorblattpaar bringt als Seitentriebe II. Ordnung wiederum Sproßdornen hervor. In zwei Fällen beobachtete ich in den Achseln von deren Vorblättern Einzelblüten. Andere blühende Stücke waren mir nicht zugängig.

G. duplicata Arn. ist uns nur durch Abbildungen bekannt geworden (Bot. Mag., tab. 3841). Danach kommen bei dieser Art wenigblütige wickelige Infloreszenz vor. Sie stehen einmal an Sproßdornen in den Achseln der Vorblätter, zum anderen an beblätterten Seitentrieben in den Achseln von Laubblättern. In letzterem Falle geht offenbar auch der Seitentrieb selbst zur Bildung eines endständigen Blütenstandes über.

Ob engere morphologische Beziehungen in der Verzweigung der reproduktiven Region zwischen den genannten Arten bestehen, bleibt nach unseren — allerdings nur bruchstückhaften — Untersuchungen, ungeklärt.

Lycium L.

Die Gattung ist mit etwa 100 Arten über die extratropischen Gebiete der ganzen Erde verbreitet. Eine monographische Bearbeitung der neuweltlichen Vertreter liegt von Hitchcock (1932) vor. Er behandelt insgesamt 45 Arten, die in 3 Sektionen zusammengefaßt werden. Eine eingehende Darstellung der Formenkreise Argentiniens verdanken wir Barkley (1953). Über die Sproßentwicklung haben wir keine Angaben gefunden. Hitchcock (1932) vermerkt in der allgemeinen Charakteristik lediglich, daß die Blüten bei nahezu allen Arten einzeln oder in Gruppen zu zwei bis vier in den Achseln von gebüschelt angeordneten Blättern entstünden; bei L. *morongii* Brit. und *L. glomeratum* Sendtn. entwickelten sich die Blüten in Knäueln von vier bis zwanzig im Bereich der Knoten ähnlich wie bei *Acnistus* Schott.

In der heimischen Flora sind *L. halimifolium* Mill. und bisweilen auch *L. rhombifolium* (Mnch.) Dippel anzutreffen.

Bei *L. halimifolium* können wir Lang- und Kurztriebe unterscheiden. An ersteren nehmen die Laubblätter $^2/_5$-Stellung ein. Nicht selten geht im Sommer ein Langtrieb zur Blütenbildung über. Abb. 12 zeigt den Endabschnitt einer solchen Sproßachse. L_{n-3} bis L_n sind die letzten Laubblätter, mit Bildung der Blüte E wird die Entwicklung des Triebes abgeschlossen. Die Fortsetzung erfolgt aus der Achsel des letzten Laubblattes (L_n). Das erste Internodium dieses Seitensprosses ist verlängert. Das Tragblatt (L_n) wird vom Tochtersproß während des Streckungswachstums hochgeführt und entfaltet sich in unmittelbarer Nähe des ersten Vorblattes (α_1). Das zweite Vorblatt (β_1) ist wie L_n Mutterblatt eines Fortsetzungssprosses und erscheint weit oberhalb der Anlegungsstelle. Nach der Ausbildung zweier Vorblätter schließt jede Sproßgeneration mit einer Endblüte (E_1) ab. Die weitere Zusammensetzung der Sproßachse ist aus den Signaturen zu entnehmen. Im reproduktiven Bereich ist ein Langtrieb von *L. halimifolium* also sympodial zusammengesetzt. Die Blattorgane stehen hier gepaart und gehören verschiedenen Sympodialgliedern an.

In den Achseln der anderen oberen Laubblätter (L_{n-1}, L_{n-2}, L_{n-3}) werden, wie aus Abb. 12 hervorgeht, ebenfalls Seitensprosse hervorgebracht. Sie kommen nach Ausbildung eines Vorblattwirtels ebenfalls zur Blütenbildung (B_1, B_2), bleiben aber im Gegensatz zum Fortsetzungstrieb (aus L_n) Kurztriebe. Aus der Entwicklungshöhe der Blütenknospen ist zu ersehen, daß der Tochtersproß (B_1) des vorletzten Laubblattes (L_{n-1}) in der Entwicklung weiter vorgeschritten ist, als das Achselprodukt (B_2) des nächstälteren (L_{n-2}).

In der gleichen Vegetationsperiode, in der der Langtrieb zur Ausbildung kommt, entwickeln sich an diesem auch weiter unterhalb der reproduktiven Zone Seitensprosse, die sehr oft gestaucht bleiben. In der mittleren Region eines Langtriebes beobachtet man nicht selten, daß an Seitentrieben die Internodien gestreckt sind und daß sie wie die Mutterachse zu Langtrieben auswachsen. An basalen Seitensprossen unterbleibt häufig das Streckungswachstum. Dies läßt auf eine mesotone Förderung in der Verzweigung des Langtriebes schließen. Die Mesotonie ist sehr verschieden ausgeprägt. Sie äußert sich bei anderen Formen darin, daß an den mittleren Seitentrieben nur ein oder wenige Internodien eine Streckung erfahren. Selbst wenn in dieser Zone die Seitentriebe völlig gestaucht bleiben, sind sie durch besonders intensive Blattvermehrung ausgezeichnet. Die bevorzugte Entwicklung der mittleren Region eines Langtriebes tritt aber stets sehr deutlich in Erscheinung.

Zur Zeit der Anthese der Endblüte eines Langtriebes entfalten sich auch Blüten an den Seitentrieben. In der basalen Zone bringen diese Sprosse zunächst zwei transversale laubblattartige Vorblätter hervor und entwickeln eine Anzahl Laubblätter ehe sie mit der Bildung einer Endblüte ihr Wachstum beschließen. Nach der Spitze des Langtriebes zu, wird die Zahl der Laubblätter an den Kurztrieben immer geringer, schließlich beschränkt sich der vegetative Anteil nur noch auf die beiden Vorblätter, die in der Spitzenregion nicht selten sogar Reduktionserscheinungen aufweisen. Man beachte zum Beispiel den Seitentrieb aus der Achsel von L_{n-1} in Abb. 12. Bisweilen kann man aber auch beobachten, und dies ist in besonders starkem Maße bei *L. rhombifolium* der Fall, daß an den Kurztrieben nur die Vorblätter zur Entfaltung kommen, ohne daß Blütenbildung erfolgt.

In der mittleren Zone eines Langtriebes kommen an gestaucht bleibenden Kurztrieben häufig mehrere Blüten zur Entfaltung. Dies kommt dadurch zustande, daß, ähnlich wie in der Spitzenregion eines Langtriebes, auch hier die Achse sympodial fortgesetzt wird. Wie dort bringt das letzte Laubblatt einen Achselsproß hervor, der nach Ausbildung zweier Vorblätter wiederum durch eine Endblüte abgeschlossen wird. Dieser Vorgang kann sich nochmals wiederholen. Mehr als drei Blüten haben wir an einem erstjährigen Kurztrieb nicht beobachtet.

In anderen Fällen ist an diesen Kurztrieben ein gestrecktes Epipodium eingeschaltet, wie es in Abb. 13 zu sehen ist. Das Hypopodium ist gestaucht, so daß die beiden Vorblätter α und β in unmittelbarer Nähe der Abstammungsachse zur Entfaltung kommen. Das folgende Internodium (Epipodium) ist gestreckt. Das anschließende Laubblatt (C) bringt den Fortsetzungstrieb (F) hervor, die Endblüte E beschließt, wie aus der Abbildung deutlich hervorgeht, diesen Trieb. Zwischen Vorblattwirtel und abschließender Blüte können auch mehrere Blätter eingeschaltet sein. Deren Internodien können, ähnlich wie das Epipodium, ebenfalls etwas verlängert sein.

Im zweiten Jahr der Entwicklung verholzt die Achse der zuletzt beschriebenen Kurztriebe (Abb. 13), eine Sproßfortsetzung erfolgt hier im allgemeinen nicht. Diese Achsen werden damit zu Sproßdornen.

Dagegen ist im zweiten Entwicklungsjahr eine Sproßfortsetzung an den völlig gestaucht gebliebenen Kurztrieben zu beobachten. So wird in der ersten Vegetationsperiode an einem sympodial sich fortsetzenden Seitensproß nach Ausbildung von zwei reproduktiven Trieben jetzt als Fortsetzungssproß eine Knospe hervorgebracht, die aus mehreren Niederblatt- und einigen Laubblattanlagen besteht. Den Abschluß dieser Achse bildet eine Endblütenknospe. Sie überdauert den Winter und wächst im nächsten Frühjahr aus. Diese Triebe setzen sich als Kurztriebe in der oben beschriebenen Weise sympodial fort.

Beobachtet man einen Langtrieb, der sich im zweiten Entwicklungsjahr befindet, so kann man feststellen, daß sich in den Blattachseln nur selten ein einziger Kurztrieb entfaltet. Im allgemeinen sind es deren zwei oder drei. Nicht nur die unmittelbaren Seitensprosse des Langtriebes entwickeln sich nämlich im Folgejahr weiter. In den Achseln von deren Vorblättern haben sich Seitenknospenanlagen gebildet, die jetzt ebenfalls zur Entfaltung kommen. Solche Vorblattsprosse sind regelmäßig auch an jenen Trieben I. Ordnung zu beobachten, die zu Sproßdornen geworden sind.

Häufig kann man feststellen, daß in der Basalregion eines Langtriebes bereits im ersten Entwicklungsjahr zwei vegetative Seitensprosse in gleicher Höhe stehen. Sie schließen stets einen Dorn miteinander ein. Letzterer ist der eigentliche Achselsproß. Er bringt lediglich zwei laubblattähnliche Blätter hervor, die sich durch ihre transversale Stellung als Vorblätter ausweisen. Weitere Blattorgane tragen Schuppencharakter und bilden nur selten Seitensprosse aus. Die beiden vegetativen Triebe sind Achselsprosse der Vorblätter; bezogen auf den Langtrieb also Seitenachsen II. Ordnung.

Wir haben hier nur einige wesentliche Züge des in seiner Lebensgeschichte so interessanten *L. halimifolium* Mill. anführen können. Es sei erwähnt, daß gewisse Variationen des vorgezeichneten Bildes auftreten können, die im einzelnen offenbar in den verschiedenen Formenkreisen gesetzmäßig sind.

Auf Grund von Herbarstudien und unter Zuhilfenahme von Artbeschreibungen und Abbildungen (besonders Miers 1849—1857) haben wir die Überzeugung gewonnen, daß die Verzweigung aller Arten im reproduktiven Bereich sich mit der von *L. halimifolium* Mill. in Beziehung bringen läßt.

Hitchcock (1932) vermerkt, daß die Blüten einzeln oder zu zwei bis vier oder gehäuft aus den Achseln von Blättern hervorgehen würden. Auf Grund unserer Untersuchungen sowie unter Berücksichtigung der für andere Solanaceen charakteristischen Verzweigung, glauben wir Grund zu der Annahme zu haben, daß die Blüten sich endständig an Sympodialgliedern ausbilden und nicht blattachsel- also unmittelbar seitenständig sind. Überall dort, wo an vegetativen Kurztrieben Blüten seitlich erscheinen, dürfte dies, wie bei *L. halimifolium* Mill., auf einer Verdrängung aus der ursprünglichen Wuchsrichtung durch den folgenden

Fortsetzungstrieb beruhen. Nicht selten findet sich nur eine Blüte am vegetativen Kurztrieb. Auch in diesen Fällen vermuten wir eine endständige Stellung und eine vegetative sympodiale Fortsetzung.

Die beiden von Hitchcock erwähnten Arten, bei denen die Blüten gehäuft stehen, sind *L. morongii* Brit. und *L. glomeratum* Sendtn. Sie sind uns durch Abbildungen bei Britton (1892), Chaudat (1916) und Miers bekannt geworden. Danach entwickeln sich an einem Langtrieb Laubblattpaare, die auf einer Seite einander genähert sind und hier eine größere Anzahl Blüten einschließen. Offenbar handelt es sich hier um eine sympodiale Sproßachse. Zum Verständnis dieser Form gelangen wir, wenn wir von einem blühenden Langtrieb von *L. halimifolium* Mill. ausgehen (Abb. 12) und uns vorstellen, daß neben der Endblüte eines jeden Sympodialgliedes noch weitere Blüten zur Anthese gelangen, die möglicherweise in Wickeln angeordnet sind. Neben der vegetativen würde dann also auch eine reproduktive Fortsetzung erfolgen.

Wir halten es nicht für ausgeschlossen, daß ein gründliches Studium der Verzweigung für eine Gruppenbildung wertvoll sein könnte.

Dunalia H.B.K.

Etwa 10 Arten werden zu dieser rein neuweltlichen Gattung gerechnet, wenn wir die Umgrenzung von Miers (1849—1857) zugrunde legen. Nach Wettstein (1991) können, auf Miers zurückgehend, 2 Sektionen unterschieden werden:

1. Sect. *Confertiflorae* Miers
2. Sect. *Pauciflorae* Miers.

Diese Gattung ist für uns von besonderem Interesse, da die Angehörigen beider Sippen sich nicht unwesentlich in ihrem Sproßaufbau unterscheiden. Die Arten der ersten Gruppe sind dornenlos, die Blüten stehen „gebüschelt" (Miers, Wettstein). Die Angehörigen der zweiten Sektion besitzen dagegen Sproßdornen, die Blüten entwickeln sich einzeln, selten sind zwei oder drei Blüten in einer Infloreszenz vereinigt.

Nur vier Arten sind uns etwas näher bekannt geworden. Da sie verschiedenen Sektionen angehören, verdienen sie nähere Beachtung.

Als Zierpflanze wird bisweilen *Dunalia australis* (Griseb.) Sleum. in unseren Gewächshäusern kultiviert. Einen blühenden Zweig dieser Art zeigt Abb. 14. Vier Partialinfloreszenzen sind sichtbar. Die Art der Anordnung der einzelnen Blütenstände können wir erschließen, wenn wir, von der vegetativen Region ausgehend, die Stellungsverhältnisse der Blattorgane beobachten. Die Laubblattspirale folgt der $^2/_5$-Divergenz. Die fortlaufenden Ziffern kennzeichnen die Anlegungsfolge. Das letzte Laubblatt, das an der relativen Hauptachse zur Entfaltung kommt, trägt die Zahl 5. Unter Beibehaltung des Divergenzwinkels gelangen wir zu der Teilinfloreszenz, die anscheinend tragblattlos entstanden ist. Das dazugehörige Mutterblatt (6) ist nämlich mit dem Tochtersproß kongenital verwachsen und entfaltet sich weit oberhalb der Anlegungsstelle. Gleiches stellen wir fest, wenn wir den folgenden Blütensproß (B) betrachten. Auch hier ist offenbar das Tragblatt (7) von dem entsprechenden Achselsproß im Verlauf des Streckungswachstums hochgeführt worden. Es bildet mit Blatt 2 eine Orthostiche. Bestärkt wird unsere Vermutung, wenn wir die beiden Vorblätter an Sproß B beobachten. Eines davon, als α bezeichnet, entfaltet sich in annähernd gleicher Höhe wie das Tragblatt selbst (7). Das zweite, mit β bezeichnete, ist wiederum Mutterblatt eines Seitensprosses, der mit jenem rekauleszent verwachsen ist.

Bestätigt wird unsere Annahme, wenn wir Abb. 15, Fig. I und II zum Vergleich heranziehen. Hier ist eine Vegetationsknospe in zwei verschiedenen Ansichten dargestellt. A ist das Tragblatt dieses Sprosses, α und β sind dessen Vorblätter. Ihre Anlegungsfolge kann man aus dem Größenverhältnis erschließen. Das ältere Vorblatt (α) trägt in der Achsel eine Seitenknospenanlage, S_α. Ihre Größe wird auch aus Fig. III deutlich. Die Entwicklung des Tochtersprosses von Vorblatt β ist dagegen schon weiter vorgeschritten (S_β). Dieser Trieb stimmt im Aufbau mit dem Mutterproß überein und entspricht dem Achselprodukt von Vorblatt β in Abb. 14. Bisweilen werden übrigens an einem Fortsetzungstrieb neben dem Vorblattwirtel noch eine Reihe Laubblätter entwickelt, ehe generative Organe entstehen (vgl. auch Abb. 15, Fig. IV).

Schließlich haben wir die Infloreszenzform der „gebüschelt" stehenden Blüten zu erörtern. Wir wollen dabei von Abb. 15, Fig. IV ausgehen. Hier ist der obere Abschnitt eines jungen Sympodialgliedes dargestellt. Die Sproßachse beendet mit Ausbildung der Blüte E ihr Wachstum. Der vegetative Fortsetzungssproß wird in der Achsel von Blatt L_{n-1} hervorgebracht. S ist das Produkt der Blattanlage l_n, dies ist die zuerst gebildete Seitensproßanlage. Nur selten ist an dieser Stelle ein Mutterblatt sichtbar, im allgemeinen entsteht dieser Sproß tragblattlos. Er leitet die Blütenstandbildung ein. Bei genauerer Betrachtung stellen wir fest, daß dieser Vegetationskegel durch zwei ungleich starke Hervorwölbungen asymmetrisch ist. Die größere (B_1) wird direkt zur Seitenblüte I. Ordnung (bezogen auf die Endblüte E), die kleinere gibt während der Weiterentwicklung eine Sproßanlage ab, ehe auch sie zu einer Blüte wird. Die jeweilige Teilungsebene liegt senkrecht auf der vorhergehenden, so daß eine einfache Wickel zustande kommt. Da die zusammengesetzte Infloreszenzachse gestaucht bleibt, erscheinen die Blüten „gebüschelt". Auch aus Abb. 15, Figg. I—III läßt sich die Zusammensetzung des Blütenstandes erschließen, E ist die Endblüte. Die älteste Seitenblüte (B_1) entsteht tragblattlos, ebenso alle übrigen (B_{2-5}).

Unter Berücksichtigung von Abb. 14 sei der Aufbau eines Blütenzweiges zusammenfassend geschildert. Die Sproßachse beendet ihre Entwicklung mit einer Blüte (E). Unmittelbar darunter entsteht als erster Seitentrieb dieser Achse eine weitere Blüte (B_1), die die Bildung einer Wickel einleitet (B_{2-4}). Weitere Seitensprosse erscheinen in basipetaler Folge, wobei der der Endblüte am meisten genäherte (aus Blatt 7) als Fortsetzungstrieb fungiert. Er bringt zwei Vorblätter hervor, ehe auch er mit einem endständigen Blütenstand abschließt (E_1-Endblüte). Die Sproßfortsetzung übernimmt das β-Vorblatt (β). Am Achseltrieb des nächstältesten Blattorgans (6) tritt der reproduktive Charakter etwas in den Hintergrund; drei Blätter entstehen an der Sproßachse, ehe Blütenbildung erfolgt (E_2, D_1). Weitere Seitenknospen sind an der relativen Hauptachse nicht sichtbar.

Im allgemeinen werden bei *Dunalia australis* einfache Wickel gebildet. Bisweilen kommt es aber auch vor, daß Doppelwickel entstehen, wofür Abb. 16 als Beleg dienen möge. Die Entstehungsfolge innerhalb der Teilinfloreszenzen geht aus einem Größenvergleich hervor. E ist die Endblüte des Sympodialgliedes, S die Seitenblüte I. Ordnung, die aus dem rudimentär bleibenden Blatt l_n hervorgeht. B_1 und C_1 sind Blüten II. Ordnung. Sie werden, wie alle folgenden, tragblattlos gebildet und entstehen am Sproß S an den Stellen, wo bei angenommener Beblätterung Vorblätter zu erwarten wären. Die weitere Anlegungsfolge ist aus den fortlaufenden Ziffern zu entnehmen.

Dunalia cyanea Rouv. besitzt gleichen Sproßaufbau wie *D. australis* (Griseb.) Sleum., ebenso *D. acnistoides* Miers. Aus der Sektion *Pauciflorae* konnten wir *D. lycioides* Miers einsehen. An jedem Langtrieb stehen hier in den Achseln von Laubblättern Kurztriebe, die zu beblätterten Dornen umgewandelt sind. An diesen Sproßdornen entwickeln sich Kurzsprosse II. Ordnung. Bevorzugt findet man sie in den Achseln der Vorblätter, sie enden offenbar nach Ausbildung einiger Laubblätter mit einer Blüte. Einen ähnlichen Sproßaufbau besitzen wahrscheinlich auch *D. brachyacantha* Miers und *D. senticosa* Miers. — Es ergibt sich somit eine Verzweigung, wie sie z. B. mit *Latua venenosa* Pail. verglichen werden kann.

Auch einige *Grabowskia*-Arten verhalten sich so. — Versuchen wir die Ramifikationsformen der verschiedenen Sektionen angehörenden Arten voneinander abzuleiten, so müssen wir zugeben, daß unmittelbare morphologische Beziehungen in der Verzweigung nicht existieren. Inwieweit in diese Feststellung die übrigen Arten einbezogen werden können, muß einstweilen dahingestellt bleiben. Bei einer Revision der Gattung wäre die Berücksichtigung der Verzweigung angebracht.

Der Name *Dunalia* H. B. K. entspricht nicht den Nomenklaturregeln. Er wurde 1818 aufgestellt. Es existieren aber zwei frühere Homonyme in *Dunalia* R. Br. (1814) und *Dunalia* Spreng. (1815). O. Kuntze (1891) ersetzt *Dunalia* H. B. K. durch *Dierbachia* Spreng. unter Hinweis auf Sprengel (1815). Sleumer (1950) schlägt vor, *Dunalia* H. B. K. gegenüber *Dunalia* Sprengel (1815) zu schützen. Der Name von R. Brown ist ohne Beschreibung publiziert worden. Wir möchten uns dem Vorschlag Sleumers anschließen.

Acnistus Schott

Die Gattung ist neuweltlich und wird von etwa 20 Arten gebildet. *A. arborescens* Schlechtd., *A. benthami* Miers, *A. cauliflorus* (Jacq.) Schott, *A. miersii* Dun., *A. plumieri* Miers, *A. pringlei* Fern. und *A. spinosus* Dammer. konnten näher untersucht werden. Die Blüten sind bei allen uns bekannt gewordenen Arten in doldenähnlichen Infloreszenzen vereinigt. Nach Wettstein (1891) gibt es aber auch Arten mit isolierten Blüten. Wir müssen uns in der Darstellung auf erstgenannte Gruppe beschränken.

Bei allen untersuchten Arten ist die Sproßachse an der Spitze ± gestaucht, so daß die Laubblätter dicht aufeinander folgen. In deren Achseln entwickeln sich cymöse Teilinfloreszenzen. Es sind 3—5-blütige Wickel. Die sympodiale Blütenstandsachse verlängert sich nicht. Dagegen sind die Pedicelli gestreckt (3—5 cm); alle Blüten entfalten sich annähernd in gleicher Höhe. Sie entwickeln sich offenbar tragblattlos. Auch die Sproßspitze geht in eine Wickel über. Insgesamt ergibt sich auf diese Weise ein Blütenstand, der aus einer End- und mehreren (3—5) Partialinfloreszenzen gebildet wird.

Nach Sleumer (1950) ist *Acnistus* Schott. mit *Dunalia* H. B. K. generisch identisch. In der Verzweigungsform haben nach dem uns vorliegenden Material beide Gattungen nur wenig miteinander gemein.

Iochroma Benth.

Etwa 20 Arten aus den Tropengebieten des westlichen Südamerika sind aus dieser Gattung bekannt. Die folgenden vier Arten konnten näher betrachtet werden: *I. coccineum* Scheidew., *I. lanceolatum* Miers, *I. cyaneum* (Lindl.) M. L. Green, (*I. tubulosa* Benth.) und *I. warscewiczii* Regel.

An Hand von Abb. 17 soll der Sproßaufbau von *I. warscewiczii* Regel geschildert werden. Der Primärsproß endet mit einem wickeligen Blütenstand, dessen Achse gestaucht bleibt. Die Blüten entstehen tragblattlos. In den Achseln der Laubblätter sind Seitentriebe sichtbar, die ± im Knospenstadium verharren und nur ein Blattpaar entfaltet haben (Vorblätter). Lediglich der Seitensproß, den das letzte Laubblatt (L_n) hervorgebracht hat, besitzt gestreckte Internodien und eilt in der Entwicklung allen tiefer stehenden Seitentrieben voraus. Er nimmt die Wuchsrichtung der Mutterachse ein und hat den Endblütenstand zur Seite gedrängt. Nach Ausbildung von 3—4 Laubblättern kommt das Wachstum des Fortsetzungstriebes mit der Entwicklung eines Blütenstandes, der bereits im Knospenstadium sichtbar ist (L_1), erneut zum Abschluß. Aus der Achsel des letzten Laubblattes wird die vegetative Achse wiederum monochasial fortgesetzt.

Ähnlich ist auch der Sproßaufbau von *I. lanceolatum* Miers[1]). Bei *I. cyaneum* (Lindl.) M. L. Green und *I. fuchioides* (H. B. K.) Miers[2]) werden zwischen zwei aufeinanderfolgenden Blütenständen drei Laubblätter eingeschaltet. Nach Dammer (1919) ist auch *I. weberbaueri* U. D. hier einzureihen. Nach dem Fortsetzungstrieb strecken sich hier übrigens gleichzeitig auch die Seitensprosse der beiden tiefer stehenden Laubblätter, bleiben an Größe aber deutlich hinter jenem zurück. *I. coccinea* Scheidew. besitzt dagegen einen reicher zusammengesetzten Blütenstand. An jedem sympodialen Trieb wurden nur 2 Laubblätter beobachtet.

Alle uns bekannt gewordenen Arten stimmen im Sproßaufbau weitgehend überein. Die schwankende Zahl der Laubblätter an den Sympodialgliedern ist möglicherweise auf unterschiedliche Verzweigungsgrade des eingesehenen Materials zurückzuführen. Dennoch bleiben die Differenzen auffallend.

Poecilochroma Miers

Nach Miers (1850) stehen die Blüten bei den Arten dieser Gattung einzeln oder zu zweien unmittelbar in den Achseln von Laubblättern. Eine beigegebene Abbildung (*P. lobbianum* Miers) ist nicht ganz eindeutig. Danach ist nicht ausgeschlossen, daß die vegetative Sproßachse sympodial zusammengesetzt ist.

Phrodus Miers

Untersuchungsmaterial stand uns aus dieser Gattung nicht zur Verfügung. Nach Abbildungen[3]) zu urteilen (Miers 1849—57) liegen hier ähnliche Verzweigungsverhältnisse wie bei *Fabiana imbricata* Ruiz et Pav. (vgl. S. 67) vor.

Latua Phil.

Die Gattung ist monotypisch. *L. venenosa* Phil. ist aus Chile bekannt.

Die Blüten stehen einzeln an Kurztrieben. An einem Langtrieb entwickeln sich eine Anzahl Seitentriebe, die sehr häufig zu Dornen umgebildet sind. Aus der Achsel eines Vorblattes geht ein Seitensproß II. Ordnung hervor, der zunächst eine größere Zahl schuppenartiger Blätter entwickelt ehe eine Blüte erscheint. Nicht selten ist dazwischen eine Zone mit laubblattartigen Hochblättern eingeschaltet.

Blüten beobachteten wir bei *L. venenosa* Phil. also stets endständig an Seitensprossen II. Ordnung (bezogen auf den vorausgegangenen Langtrieb).

Hebecladus Miers

Etwa 12 Arten gehören zu dieser Gattung. Alle sind aus dem westlichen tropischen Südamerika bekannt. Nach Wettstein (1891) besitzen alle Angehörigen doldige Infloreszenzen, die bei einigen Arten nur 2-blütig, bei anderen dagegen 3—5-blütig sind.

[1]) Auch *Iochroma longipes* Miers kann hier angeschlossen werden (Miers 1850).

[2]) Bot. Mag. t. 4149.

[3]) *Ph. bridgesii* Miers, *Ph. microphyllus* Miers, *Ph. nodosus* Miers.

Wir konnten *H. umbellatus* (Ruiz et Pav.) Miers näher untersuchen. Bis zu neun Blüten fanden wir bei dieser Art in einer „Dolde" vereinigt.

An einem Trieb sind zwischen aufeinanderfolgenden Blütenständen zwei Blattorgane eingeschaltet. Bei näherer Betrachtung ergibt sich, daß die Sproßachse ein Sympodium ist. Jedes Glied der zusammengesetzten Achse bildet zwei Vorblätter aus und endet mit einem Blütenstand. Der Fortsetzungstrieb wird jeweils in der Achsel des jüngeren Vorblattes gebildet. Regelmäßig wird während der Streckungsperiode des Tochtersprosses das dazugehörende Tragblatt mit hochgeführt, so daß es am eigenen Achselsproß und nicht an der Stelle seiner Entstehung zur Entfaltung gelangt. In gleicher Höhe kommt auch das α-Vorblatt des Tochtersprosses zur Ausbildung, so daß zwei Blätter gepaart sind, die verschiedenen Sproßgenerationen angehören. Das zweite Vorblatt (β) wird abermals Träger des Fortsetzungstriebes, geht also wiederum eine rekauleszente Verwachsung ein. Auch das α-Vorblatt bringt einen Seitensproß hervor. Da er aber erst in größerer Entfernung von der wachsenden Sproßknospe sichtbar wird, erscheint das Sympodium als Monochasium.

Die Infloreszenz besitzt einen wenige Zentimeter langen Schaft. Da er auf die beiden Vorblätter folgt, kann man ihn als Epipodium bezeichnen. Die Achse endet mit einer Blüte. Darunter werden im $^2/_5$-Abstand tragblattlos zwei reproduktive Seitensprosse angelegt, die sich weiterhin wickelartig verzweigen. Mutterblätter kommen auch jetzt nicht zur Ausbildung. Die Achsen der Teilblütenstände bleiben gestaucht, lediglich die Blütenstiele sind gestreckt. Auf diese Weise kommt eine doldenähnliche Infloreszenz zustande; doch sei zusammenfassend betont, daß es sich um eine Doppelwickel handelt.

Wahrscheinlich wird bei den von Wettstein erwähnten Arten mit 2-blütigen „Dolden" unterhalb der Endblüte nur eine einzige Seitenblüte hervorgebracht. Wir stützen unsere Annahme auf eine Abbildung von *H. mollis* Miers bei Miers (1850). Aus den Diagnosen der dort angeführten Arten geht hervor, daß *H. asper* (Ruiz et Pav.) Miers nur Einzelblüten entwickelt. Die übrigen Arten scheinen innerhalb der aufgezeigten Variationsbreite zu liegen.

Es war uns leider nicht möglich, in dieser Gattung entwicklungsgeschichtliche Untersuchungen anzustellen. Bitter (1921, 1924) weist auf die engen morphologischen Beziehungen dieser Gruppe zu *Saracha* Ruiz et Pav. hin. In letztgenanntem Genus weicht die Anlegung des Blütenstandes in so auffälliger Weise von anderen habituell ähnlichen Arten anderer Sippen ab, daß die Verfolgung der Infloreszenzentwicklung einen wesentlichen Beitrag zur Feststellung des Verwandtschaftsgrades liefern könnte.

Margaranthus Schlechtd.

3 Arten gehören zu dieser Gattung, die alle in Mittelamerika beheimatet sind.

Margaranthus solanaceus Schlechtd. besitzt eine Verzweigungsform, die mit *Datura innoxia* Mill. völlig identisch ist (vgl. Abb. 63). Die Sproßachse entwickelt sich wie dort sehr lange Zeit dichasial. So tritt gabelartige Verzweigung noch an Seitensprossen VI. Ordnung auf.

Atropa L.

Der Sproßaufbau von *Atropa bella-donna* L. ist wiederholt beschrieben worden. Auch entwicklungsgeschichtliche Untersuchungen liegen vor (Warming 1872). Goebel (1931) wählte diese Art zur Erläuterung der Anthokladien bei den Solanaceen.

Die Gattung enthält nur 2 Arten. *A. baetica* Willk. stimmt in der Verzweigung mit *A. belladonna* L. völlig überein.

Der Hauptsproß endet mit einer Blüte. Aus den Achseln der letzten Laubblätter entwickeln sich Seitensprosse, die unmittelbar nach Ausbildung der beiden Vorblätter auch Blüten hervorbringen und sich dann in gleicher Weise sympodial fortsetzen. Auch in der mittleren und basalen Region der Hauptachse kommen Seitensprosse zur Anlegung. Sie entfalten sich aber viel später oder bleiben völlig gestaucht. Hier sind mehrere Laubblätter unterhalb der Blüte eingeschaltet. Ihre Zahl nimmt an den weiter tiefer stehenden Seitentrieben zu.

Die Form des sympodialen Fortsetzung sei an Hand von Abb. 18 geschildert. Zwischen zwei Blüten (E) ist jeweils ein Blütenpaar eingeschaltet. Blüte E_1 ist das Achselprodukt des Blattes β. Zu diesem Blütensproß gehören zwei Vorblätter. Das ältere, α_1, entfaltet sich in unmittelbarer Nähe der Anlegungsstelle. Das jüngere Vorblatt, β_1, entwickelt den Fortsetzungstrieb und wird von ihm während des Streckungswachstums hochgeführt. Hier wiederholt sich der Aufbau der Mutterachse: Der Blütensproß aus der Achsel des Vorblattes β_1 bringt unterhalb der Endblüte E_2 das Vorblatt α_2 hervor sowie β_2, dessen Achseltrieb wieder die Fortsetzung übernimmt. Die einzelnen „Blattpaare" gehören also entwicklungsgeschichtlich verschiedenen Sproßgenerationen an.

Entsprechend der späteren Anlegung ist β zunächst kleiner als α. In der Folgezeit vergrößert sich das β-Vorblatt aber und übertrifft schließlich wesentlich das zuerst angelegte α-Vorblatt (vgl. Abb. 18). An der erwachsenen Pflanze kann man daher schon an der Größe erkennen, welches der beiden in gleicher Höhe entfalteten Blätter das Tragblatt (β_{n-1}) und welches das α-Vorblatt (α_n) ist.

Die Entwicklungsgeschichte eines Sympodialgliedes wollen wir unter Berücksichtigung von Abb. 19 verfolgen. In Fig. I hebt sich die Anlage eines Fortsetzungstriebes in der Achsel von Blatt β ab. Seine beiden Vorblätter sind α_1 und β_1, die sich deutlich in der Größe unterscheiden. In der Achsel des jüngeren Vorblattes (β_1) ist bereits eine flache, ausgedehnte Hervorwölbung (F) sichtbar, die zum nächsten Fortsetzungstrieb wird. Ihre Entstehung wird unmittelbar im Anschluß an die Anlegung des Muttersprosses selbst eingeleitet, so daß das Tragblatt β_1 bei Sichtbarwerden bereits als ein Teil des eigenen Achselproduktes erscheint. Der Seitentrieb eilt also in der Entwicklung dem dazugehörigen Tragblatt voraus. Daher liegt der Vegetationspunkt der Endblüte E_1 nicht in der Mediane von Mutterblatt β, sondern ist etwas seitlich dazu verschoben.

Ein etwas späteres Stadium ist in Abb. 19, Fig. II festgehalten. Hier heben sich der Blütenvegetationspunkt E_1 und die Seitensproßanlage F etwas stärker ab.

In Abb. 19, Figg. III u. IV ist der in Fig. I abgebildete Vegetationskegel von der Seite dargestellt, wobei einmal von Vorblatt α_1 und zum anderen von Vorblatt β_1 die Rückenseite zu sehen ist. Aus dem Vergleich der beiden Figuren wird deutlich, daß das Vorblattpaar α_1, β_1 nicht streng transversal zum Mutterblatt steht. Blatt α_1 ist gegenüber dem β-Vorblatt (β_1) aus der Transversalen nach der adaxialen Seite hin etwas verschoben. Eine Erklärung für diese auffallende Erscheinung findet sich, wenn wir in Abb. 19 die Figg. V und VI betrachten. Hier sind die beiden Vorblätter α_1 und β_1 mit der Endblüte E_1 und dem Achseltrieb F (aus β_1) in einem etwas älteren Entwicklungsstadium dargestellt. Zwischen dem α-Vorblatt (α_1) und Vorblatt β_1 ist auf der abaxialen Seite eine weitere größere Blattanlage (K_1) sichtbar. Dies ist das erste Sepalum der Blüte E_1. Es eilt gegenüber den übrigen Kelchblattanlagen in der Entwicklung voraus (vgl. auch Abb. 20, Fig. II). Offenbar ordnen sich „Vorblätter" und Sepalen in eine gemeinsame $^2/_5$-Spirale ein.

Auch in den Achseln der α-Vorblätter entstehen Seitensproßanlagen (Abb. 20), sie werden aber bedeutend später angelegt als die Achseltriebe der β-Vorblätter. Fig. I zeigt die Entwicklungshöhe des α-Vorblattes zu dem Zeitpunkt, in dem sich am Tochtersproß das erste Sympodialglied ausgebildet hat. Gleichen Trieb zeigt auch Fig. II (α_1, β_1, E).

Cacabus Bernh.

Lediglich *C. mexicanus* Wats. konnte aus dieser etwa 5 Arten enthaltenen neuweltlichen Gattung untersucht werden. Genannte Art besitzt eine Verzweigungsform, wie wir sie später für die meisten Arten der Gattung *Physalis* L. zu besprechen haben werden. BITTER (1921a) nimmt übrigens an, daß *C. mexicanus* Wats. zu *Physalis* L. zu stellen sei.

Triguera Cav.

Bei *T. ambrosiaca* Cav. ist die Sproßachse sympodial zusammengesetzt. Jeder Fortsetzungstrieb entwickelt 2 Laubblätter, ehe er eine End- und an deren Basis eine Seitenblüte hervorbringt. Die beiden Blattorgane entfalten sich in verschiedener Höhe, offenbar an gleichem Trieb, dem sie auch entwicklungsgeschichtlich angehören.

MIERS (1849—1857) identifiziert *Verbascum osbeckii* L. (1753) mit unserer Art. WILLKOMM (in WILLKOMM und LANGE 1870) nahm die Umkombination vor, führt aber diese Art neben *T. ambrosiaca* Cav. Da der Name LINNES auf mehrere verschiedene Arten gedeutet worden ist (auch *Celsia bugulifolia* J. et Spach), sollte er als „Nomen ambiguum" verworfen werden.

Scopolia Jacq.

Die bekannteste Art ist *Sc. carniolica* Jacq. Der Sproßentwicklung im Blütenbereich hat WARMING (1869) eine eingehende Studie gewidmet.

Die kräftige Sproßachse fällt durch ihren völlig geradlinig verlaufenden Wuchs auf. Dennoch ist sie sympodial zusammengesetzt. Die Hauptachse endet mit einer Blüte, die nicht selten verkümmert ist. Aus den Achseln der beiden letzten Laubblätter, zwischen denen der Hauptsproß übrigens gestaucht bleibt, entwickeln sich Seitentriebe. Auf diese Weise kommt ein Dichasium zustande. Seltener wird nur ein Fortsetzungstrieb hervorgebracht. Die Tragblätter verwachsen rekauleszent mit ihren Achseltrieben und entfalten sich in Höhe des ersten Blattes am Tochtersproß. Die beiden gepaarten Blätter gehören also verschiedenen Generationen an. Das zweite Blatt ist Träger des Fortsetzungstriebes, es wird von eigenen Achselprodukt wiederum hochgeführt. Eine Endblüte beschließt die Gesamtentwicklung dieser Seitentriebe I. Ordnung; sie öffnet sich in unmittelbarer Nähe der vorgenannten gepaart stehenden Blätter. An den Tochtersprossen wiederholt sich der Aufbau der Mutterachsen.

Abb. 20, Figg. III u. IV mag den seit WARMING (1869) mehrfach bestätigten Nachweis bringen, daß *Sc. carniolica* Jacq. einen monochasialen Aufbau besitzt. Hier ist ein Sympodialglied in zwei verschiedenen Ansichten dargestellt. Das Blatt b ist Mutterblatt des Fortsetzungssprosses F, der die Endblüte E später zur Seite drängt. Das zuerst angelegte Blatt a ist ohne Knospenanlage. Eine solche kommt auch später meist nicht zur Ausbildung. Im erwachsenen Zustand werden b und das älteste Blatt von dessen Achselsproß einen Wirtel bilden, wobei Blatt b am Fortsetzungssproß hochrückt.

Bei der Charakterisierung eines Sympodialgliedes haben wir bewußt nicht von „Vorblättern" gesprochen. Aus den Figg. III und IV in Abb. 20 geht hervor, daß die Blattorgane a und b einander nicht streng gegenüberliegen. Sie leiten vielmehr eine $^2/_5$-Spirale ein, die in den Sepalen unmittelbar ihre Fortsetzung findet. Die ungleiche Größe der Kelchblattanlagen deutet übrigens darauf hin, daß die Glieder des Calyx nacheinander entstehen. Es sei ferner vermerkt, daß sich das erste Blatt eines Sympodialgliedes im allgemeinen nicht transversal zum Mutterblatt hervorwölbt. Es ist vielmehr, bezogen auf die Abstammungsachse, nach der adaxialen Seite hin verschoben. Damit sind die Forderungen, die man an Vorblätter stellt, nicht erfüllt. Es handelt sich also um normale Laubblätter, was durch die Verwendung der Signaturen a und b angedeutet worden ist.

In gleicher Weise erfolgt die Verzweigung bei *Sc. japonica* Maxim. und — wie es uns scheint — auch bei *Sc. caulescens* (Clark) Diels.

Physochlaina G. Don

Zur näheren Untersuchung stand uns *Ph. orientalis* G. Don zur Verfügung. Diese Art besitzt einen endständigen Blütenstand, in dessen Bereich die Internodien stark gestaucht sind (Abb. 21). Die Hauptachse endet mit Blüte E. Die weiteren Blüten sind in Teilinfloreszenzen vereinigt. Im allgemeinen setzt sich der Gesamtblütenstand aus drei Partialinfloreszenzen zusammen. Von deren Tragblättern sind zwei sichtbar: l_{n-2} und l_{n-1}. Das erstere (l_{n-2}) besitzt noch weitgehend Laubblattcharakter, l_{n-1} läßt insofern Reduktionen erkennen, als ein Blattstiel nicht mehr zur Entwicklung gelangt. Auch ist die Spreitenbildung weniger vorgeschritten als an normalen Laubblättern. Das Tragblatt des dritten Teilblütenstandes ist nicht sichtbar, es liegt auf der Rückseite der dargestellten Pflanze und entfaltet sich in unmittelbarer Nähe des eigenen Achselsprosses (vgl. l_n in Abb. 22, Fig. I). Demgegenüber sind die Tochtertriebe von l_{n-1} und l_{n-2} mit der Hauptachse bis in Höhe der Endblüte (E) konkauleszenz verwachsen.

Die beiden Partialinfloreszenzen, die von den Tragblättern l_{n-2} und l_{n-1} hervorgebracht werden, enden mit den Blüten E_1 und E'_1. Zur besseren Übersicht sind die Corollen entfernt worden. Von den beiden Vorblättern dieser reproduktiven Triebe ist nur das jeweilige α-Vorblatt sichtbar (α_1 und α'_1). Sie sind steril. Die weitere Verzweigung geht vom β-Vorblatt aus. Auch alle folgenden Blütensprosse entwickeln zwei derartige Blattorgane und eine Endblüte. Es handelt sich also um normale Wickel.

Der Aufbau eines solchen Teilblütenstandes geht aus Abb. 22, Fig. I hervor. Er ist in der Achsel des letzten Hochblattes (l_n) der Hauptachse entstanden. Seine Endblüte E_1 ist entfernt worden. Die dazugehörigen Vorblätter sind α_1 (nur teilweise sichtbar) und β_1, letzteres ist fertil und hat den Blütensproß E_2 mit den beiden Vorblättern α_2 und β_2 gebildet. Der weitere Aufbau ist aus den fortlaufenden Signaturen zu entnehmen.

Eine Wickelknospe zeigt Abb. 22, Fig. II. Die beiden Vorblätter α und β gehören zu dem mit Blüte E endenden Sproßglied. Von dem folgenden Trieb ist lediglich die Endblüte E_1 und das fertile Vorblatt sichtbar (β_1). Hier fällt eine sehr merkwürdige Erscheinung auf. Das Vorblatt β_1 ist 2-lappig. Es handelt sich um eine Gamophyllie zwischen dem Tragblatt β_1 und dem älteren Vorblatt des eigenen Tochtersprosses (α_2). Das zweite Vorblatt dieses Triebes erscheint in unserer Abbildung isoliert (β_2).

Eine derartige Vereinigung zwischen Blattorganen zweier Triebgenerationen ist bei anderen Arten der Familie nicht beobachtet worden. Sie ist aber in dem von mir untersuchten Material, das verschiedener Herkunft ist, so regelmäßig, daß sie wohl als typisch angesehen werden darf.

In Abb. 22, Fig. II ist zu erkennen, daß die vereinigten Vorblätter (β_1, α_2) $\pm$ gleiche Größe besitzen.

Über die Entwicklungsgeschichte wollen wir uns an Hand von Abb. 22, Fig. III informieren. Einen Vegetationskegel im Infloreszenzbereich zeigt Fig. III. E_1 ist die Endblütenanlage eines Triebes, der in der Achsel von β entstanden ist. K_1 und K_3 sind Kelchblattprimordien. Es fällt auf, daß das Tragblatt β den Tochtersproß ziemlich weit umgreift, außerdem ungleichhälftig ist. Die Asymmetrie wird dadurch hervorgerufen, daß auf der linken Seite das Vorblatt (α_1) des Tochtersprosses mit dem Mutterblatt (β) vereinigt ist, β_1 wird dagegen frei angelegt. In der Blattachsel von β_1 ist bereits eine Sproßknospe sichtbar. Deren α-Vorblatt (α_2) ist als Wulst in der Transversalebene von β_1 zu beobachten. Er geht direkt in den Randsaum von β_1 über. β_1 und α_2 wachsen in der Folgezeit gemeinsam empor.

Es liegt die Vermutung nahe, daß das Mutterblatt lediglich die Achselknospe umgreife, somit keine Gamophyllie vorliege. Es sei aber bemerkt, daß auf der gegenüberliegenden Seite von α_2, dort also, wo Vorblatt β_2 zu erwarten ist, ein solcher Wulst fehlt. Vielmehr wird an jener Stelle im Weiterverlauf der Entwicklung ein Blattprimordium frei angelegt.

Zwei etwas ältere Entwicklungsstadien sind in Figg. IV und V abgebildet. Blüte E_1 ist aus Übersichtsgründen entfernt worden. Die Stellung der Knospen ist so gewählt, daß man schräg von oben in sie hineinschauen kann. Die Aufeinanderfolge ist aus den Signaturen zu entnehmen.

Im adulten Zustand ist diese Verwachsung im allgemeinen nicht mehr zu beobachten. Durch den immer stärker werdenden Achselsproß findet meist eine $\pm$ vollständige mechanische Trennung der beiden Vorblätter statt.

Die Gattung *Physochlaina* umfaßt etwa 13 Arten, ist also verhältnismäßig klein (vgl. Pascher 1909). Doch scheint der Sproßaufbau im reproduktiven Bereich sehr verschieden zu sein. So besitzt *Ph. praealta* (Decne.) Miers nach einer Abbildung zu schließen[1]), einen ziemlich lockeren rispenartigen Blütenstand. Eine monochasiale vegetative Fortsetzung scheint nicht ausgedehnt zu sein. Sehr ähnlich dieser Art ist nach Pascher (1909) *Ph. macrocalyx* Pascher. Dagegen stimmt offenbar der Sproßaufbau von *Ph. physaloides* (L.) G. Don mit dem von *Ph. orientalis* G. Don überein. Gleiche Verzweigungsform besitzen wohl auch *Ph. pseudophysaloides* Pascher, *Ph. dubia* Pascher und *Ph. lanosa* Pascher.

Przewalskia Maxim.

P. tangutica Maxim. aus Tangut und Tibet, die einzig bekannte Art der Gattung *Przewalskia* Maxim., scheint einen ähnlichen Sproßaufbau in der reproduktiven Zone wie *Scopolia carniolica* Jacq. zu besitzen.

Hyoscyamus L.

Die Gattung enthält 11 Arten, die alle den subtropischen und den gemäßigten Breiten angehören.

Die Art der Verzweigung von *Hyoscyamus niger* L. und *H. albus* L. war am Ende des vergangenen und zu Beginn des jetzigen Jahrhunderts Mittelpunkt heftiger Auseinandersetzungen.

Es sei vermerkt, daß der Sproßaufbau der anderen Arten entwicklungsgeschichtlich mit dem von *Hyoscyamus niger* L. völlig übereinstimmt. Ehe wir die verschiedenen Deutungen näher erläutern, soll eine Beschreibung der Blütenregion von *H. niger* L. vorangestellt werden. Betrachten wir zunächst Abb. 23. Die Sproßachse ist zweizeilig beblättert. In unmittelbarer

[1]) Curtis Bot. Mag. (1851) t. 4600.

Nähe der Blattorgane entwickeln sich Einzelblüten. Auch sie sind in zwei benachbarten Orthostichen angeordnet. Wie die Figg. I und II in Abb. 24 lehren, ist das Stellungsverhältnis der Blüten zu den in ihrer Nähe befindlichen Blättern recht merkwürdig. Die Blüten entwickeln sich nicht in den Medianebenen, sondern sind etwas seitlich dazu verschoben.

Abb. 25, Fig. I zeigt einen Vegetationskegel von *Hyoscyamus niger* L. Blattorgane (β) und Blütenanlagen (E), die sich an der erwachsenen Pflanze in annähernd gleicher Höhe entfalten, sind durch aufeinanderfolgende Ziffern gekennzeichnet (β und E_1, β_1 und E_2 usf.). Die wachsende Sproßspitze V ist im Begriff, sich von dem mit E_5 gekennzeichneten Blütenvegetationspunkt abzusondern. Beide Höcker werden an ihrer Basis von dem Wulst β_4 umschlossen, der später zu einem Blatt auswächst. Eben genannter Komplex wird auf der anderen Seite, gemeinsam mit der Blütenanlage E_4, von dem Blattprimordium β_3 umgeben usf. Die Kardinalfrage ist nun, welche entwicklungsgeschichtlichen Beziehungen die jüngsten Hervorwölbungen zueinander besitzen. Dieses Problem ist im allgemeinen im Zusammenhang mit der Frage nach der Entstehung des Boragoides diskutiert worden.

Die Gebrüder M. L. und A. Bravais (1837) waren es wohl, die als erste die blütenbildende Achse von *Hyoscyamus* als wickelig bezeichneten. Ihnen folgte Wydler (1843), er hob hervor, daß *Hyoscyamus niger* L. zu den Pflanzen gehöre, die innerhalb der Wickel nur ein Vorblatt an jedem Sympodialglied hervorbrächten. Aus dem Vergleich mit anderen Solanaceen, vor allem mit *Petunia* Juss., wird die besondere Stellung der Blüten und Vorblätter erschlossen (1844). Wydler erörtert, daß das einzige Vorblatt bei *Hyoscyamus* dem zuletzt gebildeten all jener Familienangehörigen entspräche, bei denen die Vorblätter paarweise zur Entwicklung kommen.

Neue Gesichtspunkte ergaben sich durch die Arbeiten von Kraus (1871) und Warming (1872). Auf Grund entwicklungsgeschichtlicher und anatomischer (Warming) Untersuchungen kamen beide Autoren zu der Auffassung, daß die Sproßverzweigung bei *Hyoscyamus* auf eine Dichotomie des Vegetationspunktes zurückgehe.

Im allgemeinen spricht man von einer dichotomen Teilung in solchen Fällen, in denen die Sproßgabelung unabhängig von der Blattbildung vor sich geht. Dies trifft für *Hyoscyamus niger* L. nur insofern zu, als hier die Seitensproßentwicklung der Bildung des Tragblattes vorauseilt. Doch ist hervorzuheben, daß die „Teilungsebene" der Sproßachse stets $\pm$ mit der Medianebene des darunter befindlichen Tragblattes übereinstimmt.

Auch Warming erkannte diesen Zusammenhang, stellt aber das unterscheidende Moment in den Vordergrund: „Die Resultate meiner Untersuchungen über diese Familie[1]) sind folgende: Bei der vegetativen Verzweigung sind die Knospen echte Seitensprosse. . . . , in den mit Tragblättern ausgestatteten kräftigen Wickeln von *Hyoscyamus* sind sie dagegen Spaltungsknospen (Kløvningsknopper) und die Verzweigung ist eine fortgesetzte Spaltung." Nach Warming ist also, bezogen auf Abb. 25, Fig. I, die Entstehung der Vegetationspunkte V und E_5 auf eine dichotome Teilung zurückzuführen.

Dagegen sieht Eichler (1875)[2]) in dieser Art der Dichotomie nur einen Sonderfall der seitlichen Verzweigung: „Nur möchte ich mit Hieronymus[3]) und Magnus[4]) noch etwas über Warming hinausgehen und die sogenannte Dichotomie in diesen und ähnlichen Fällen nicht als eine solche im eigentlichen Sinne betrachten, sondern geradezu als eine Form seitlicher Sproßbildung, bei der aber der Zweig so hoch und dicht am Scheitel des Primansprosses angelegt wird, daß er gleich bei seinem Entstehen mit demselben von gleicher Stärke er-

[1]) Gemeint ist die Familie der Solanaceen.
[2]) Eichler (1875) p. 35.
[3]) Bot. Ztg. (1872) Nr. 13.
[4]) Zur Morphologie der Sphacelarieen.

scheint“. EICHLER betrachtet damit die Verzweigung im reproduktiven Bereich von *Hyoscyamus* wie BRAVAIS und WYDLER auch als sympodial.

Zur näheren Erläuterung der Auffassung EICHLERS sei nochmals auf Abb. 25, Fig. I hingewiesen. Der Vegetationspunkt V eilt in der Entwicklung voraus und wird als seiltliche Ausgliederung der Achse E_5 angesehen, die später zu einer Blüte wird. Die Anlegung des Seitensprosses V erfolgt vor Sichtbarwerden eines Tragblattes. — Auch in unserer Abbildung ist ein Mutterblatt noch nicht angelegt. Dagegen ist ein solches Stützblattprimordium an der gemeinsamen Basis des Vegetationspunktkomplexes V-E_5 sichtbar. Dies ist ein Vorblatt des Triebes, der mit dem Blütenvegetationspunkt E_4 endigt. Diese Blattanlage (β_4) hob sich erst ab, nachdem der dazugehörige Seitensproß, jetzt weiter in V und E_5 gegliedert, sich bereits hervorgewölbt hatte, sie weist somit gegenüber dem eigenen Achselsproß eine „nachlaufende“ Entwicklung auf.

Zu dem Zeitpunkt, da Vegetationspunkt V und Blütenvegetationspunkt E_5 sich zu sondern beginnen (vgl. Abb. 25, Fig. I), besitzen beide Hervorwölbungen annähernd gleiche Größe. GOEBEL (1880, 1882, 1898) ist der Auffassung, daß der apikale Vegetationspunkt (gemeint ist V in unserer Abb. 25, Fig. I) stets größer sei als die jüngste sichtbare Blütenanlage (E_5) und kommt zu dem Schluß, daß der Sproßaufbau im reproduktiven Bereich nicht sympodialer sondern monopodialer Natur sei. GOEBEL charakterisiert die Achse als ein „Monopodium mit dorsiventraler Verzweigung“. Danach soll die Infloreszenzachse einförmig sein, Blüten entstehen nach GOEBEL auf deren Rückseite während die Blätter an den Flanken inserieren. Die Blütenbildung soll in keinem direkten Zusammenhang zur Blattentwicklung stehen.

SCHUMANN (1889, 1890) vertritt weiterhin die Wickeltheorie im Sinne WARMINGS und EICHLERS. Eine gewisse Konzession macht auch GOEBEL (1898), wenn er sagt: „Daß die *Boraginaceen*blütenstände von Wickeln abzuleiten sind, bezweifelt wohl niemand mehr, es fragt sich nur, inwieweit das in der Einzelentwicklung noch erkennbar ist“.

SIIM-JENSEN (1901) neigt zu der Auffassung SCHUMANNS.

Schließlich hat MÜLLER (1905), ein Schüler GOEBELS, nochmals nachdrücklich die Meinung seines Lehrers vertreten und betont, daß weder die Annahme einer Dichotomie noch die Wickeltheorie die Bildung des Blütenstandes von *Hyoscyamus* verständlich machen könnten. Die beigegebene Abbildung vom Vegetationskegel einer Infloreszenz, läßt einen im Verhältnis zur jüngsten Blütenanlage sehr großen „apikalen“ Vegetationspunkt erkennen. — Bei keiner der von uns untersuchten Arten fanden wir ein solches Entwicklungsstadium.

Neuere Arbeiten über die Infloreszenzentwicklung von *Hyoscyamus* L. sind uns nicht bekannt geworden.

Zusammenfassend können wir feststellen, daß mit den verschiedenen Auslegungen alle Deutungsmöglickeiten erschöpft sind, die für die Verzweigung einer höheren Pflanze überhaupt in Frage kommen. Einschränkend muß allerdings gesagt werden, daß die einzelnen Ansichten nicht ganz vorbehaltlos vertreten wurden. Die Widersprüche sind zum Teil offenbar in unserer unzureichenden Begriffsbildung begründet. Wenn wir Termini definieren, versuchen wir, sie gleichzeitig von verwandten Begriffen abzugrenzen. Zwischenformen bzw. Grenzfälle lassen sich in ein Begriffssystem deshalb nur schwer unterbringen.

Zur Lösung derartiger morphologischer Fragen scheint es uns weniger zweckmäßig, was aber bei der Behandlung des Boragoids geschehen ist, formverwandte Gruppen, die nur in wenigen Merkmalen übereinstimmen, zum Vergleich heranzuziehen. Es wäre sinnvoller, solche Arten als Vergleichsbasis zu wählen, die möglichst viele Merkmale gemeinsam haben. Mit anderen Worten: es dürfte fruchtbarer sein, phylogenetische nicht aber konvergente Reihen als Vergleichsbasis zu benutzen. Grenzfälle würden sich schärfer herausarbeiten lassen, da man sie dann als Endglieder einer Reihe darstellen könnte. Wir wollen im allgemeinen Teil nochmals die Entstehung des Boragoids bei *Solanaceen* diskutieren und diesen Erörterungen nur insoweit vorausgreifen, als sie die Sproßzusammensetzung in der Gattung *Hyoscyamus* L. betreffen.

Auf Grund unserer Untersuchungen sind wir zu dem Ergebnis gekommen, daß die Blütenstandsachse ein Monochasium ist. Jedes Sympodialglied entwickelt ein Vorblatt und endet mit einer Blüte. So ist β_1 in Abb. 25, Fig. I das zum Blütensproß E_1 gehörende Vorblatt, β_2 ist ein Vorblatt des Blütentriebes E_2 usf. Eine Stütze unserer Annahme sehen wir darin, daß eine Vorblattanlage bei ihrem Sichtbarwerden ebenso breit ist wie die Sproßachse, der sie zuzuordnen ist (vgl. E_4, β_4). Verändert wird das zu erwartende Bild allerdings insofern, als ein Achselsproß in seiner Entwicklung so stark vorauseilt, daß er sich hervorwölbt ehe das dazugehörige Tragblatt zu erkennen ist, d. h. in einem Trieb wird bereits eine Verzweigung höherer Ordnung angebahnt, ehe das Vorblatt bemerkbar wird. Jeder Muttersproß wird vom Fortsetzungstrieb schon auf einem sehr frühen Entwicklungsstadium zur Seite gedrängt, was im allgemeinen erst in einiger Entfernung von der wachsenden Sproßspitze erfolgt. So kommt es, daß der Tochtersproß eines Vorblattes nicht in dessen Medianebene erscheint.

Abb. 24 zeigt diese Verhältnisse. In Fig. I ist β_1 das Vorblatt des vorangegangenen Sympodialgliedes und zugleich Mutterblatt von dem Blütentrieb, der mit Blüte E_2 endigt; dessen Vorblatt ist von dem dazugehörigen Achselsproß (E_3) hochgeführt worden. Fig. II ist ein vergrößerter Ausschnitt von Fig. I.

Auffallend ist, daß zu Beginn des Streckungswachstums in den Achseln der Vorblätter Seitensprosse zu beobachten sind, die eine streng mediane Stellung einnehmen (A in Abb. 24). Es handelt sich hier um seriale Beiknospen. Sie beginnen auffallenderweise ihre Entwicklung mit der Ausbildung mehrerer Laubblattanlagen, ehe auch sie zur Blütenbildung schreiten. Sie tragen also weit stärker vegetativen Charakter als die regulären Achselknospen. Im allgemeinen bleiben die Beiknospen auf einem frühen Entwicklungsstadium stehen und entfalten sich nicht.

Die Beiknospennatur kann insofern angezweifelt werden, als der eigentliche Achselsproß ja gar keine Medianstellung zum Tragblatt einnimmt. Bedenkt man aber, daß auch das Vorblatt dieses Blütentriebes, das vom Tochtersproß hochgeführt wird, ebenfalls dazu gerechnet werden muß, so kommt man zu dem Schluß, daß die mediane Stellung durchaus gewahrt ist. Wir sind der Meinung, daß die Blüten eine eindeutig entwicklungsgeschichtliche Beziehung zu den Blattorganen der Infloreszenzachse aufweisen und stehen damit im Gegensatz zur Ansicht GOEBELS (1928).

Bemerkenswert ist ein weiteres Merkmal bei *Hyoscyamus*, worauf bereits WARMING (1872) hingewiesen hat. Geht eine vegetative Achse zur Blütenbildung über, so ist der Fortsetzungstrieb aus der Achsel des letzten Laubblattes dadurch ausgezeichnet, daß er zwei Vorblätter hervorbringt. Alle Seitensprosse höherer Ordnung entwickeln dagegen nur ein solches. Von den beiden Vorblättern des ersten Blütentriebes bringt das zuletzt angelegte (β) den Fortsetzungssproß hervor. Das ältere (α) bleibt steril und verkümmert häufig sehr früh[1]).

Den Nachweis dieses Vorblattes möge Abb. 25, Fig. II erbringen. Verfolgen wir die Laubblattspirale (fortlaufende Ziffern), so stellen wir fest, daß das letzte Blattorgan der relativen Hauptachse (6), annähernd über Blatt 1 liegt. Der Seitensproß I. Ordnung entwickelt die beiden Vorblätter α_1 und β_1, ehe er mit einer Blüte (E_1) abschließt. α_1 ist steril, β_1 hat dagegen eine Achselsproßanlage gebildet (E_2). Transversal zur Medianebene des Vorblattes β_1 hebt sich auf der dem jüngsten Laubblatt (6) der Hauptachse zugekehrten Seite eine erneute Hervorwölbung (F) ab. Sie ist die Anlage des Fortsetzungstriebes. Dieser und alle weiteren

[1]) Bei *H. pusillus* L. und *H. albus* L. kann man häufig über mehrere Sympodialglieder hinaus zwei Vorblätter beobachten.

Folgesprosse bringen nur noch ein Vorblatt hervor. Wir sind demnach berechtigt, die Infloreszenz in der Gattung Hyoscyamus als eine verarmte Wickel aufzufassen.

Ein Schema (Abb. 26) soll nochmals den Sproßaufbau in der Gattung *Hyoscyamus* verdeutlichen. Eine befriedigende Übersicht zu geben ist nicht ganz einfach, da sowohl die Blüten, als auch die Vorblätter benachbarte Geradzeilen bilden. Wir haben daher den Aufbau von zwei entgegengesetzten Ansichten her zu charakterisieren versucht (Figg. I und II). Alle Organe, die einem Sympodialglied entwicklungsgeschichtlich angehören, sind durch die gleiche Konturierung gekennzeichnet, sie tragen außerdem übereinstimmende Indices. Aufeinanderfolgende Sproßgenerationen sind durch die unterschiedliche Strichführung hervorgehoben. Beiknospen (A) sind durch die Schraffur angedeutet.

Chamaesaracha A. Gray

WETTSTEIN (1891) führt fünf Arten an, von denen vier aus Nordamerika bekannt sind, und eine in Japan beheimatet ist.

Lediglich *Ch. coronopus* (Dun.) A. Gray konnten wir einsehen. Diese Art besitzt einen Sproßaufbau, wie er uns bei *Atropa bella-donna* L. begegnet ist: Die Blüten tragende Achse ist ein Monochasium. Die Sympodialglieder enden mit Einzelblüten. In deren unmittelbarer Nähe findet sich ein Blattpaar. Es handelt sich hier um „gepaarte" Vorblätter, die verschiedenen Sproßgenerationen ontogenetisch angehören. Das jeweilige β-Vorblatt ist Träger des Fortsetzungstriebes und rückt am eigenen Achselsproß bis in Höhe von dessen α-Vorblatt hinauf.

Aus dem Hinweis WETTSTEINS, daß die Blüten auch gepaart sein können, geht hervor, daß noch andere Verzweigungsformen in dieser Gattung vorkommen. Möglicherweise liegt hier eine ähnliche Art der Ramifikation vor, wie sie später für die Gattung *Saracha* Ruiz et Pav. zu erwähnen sein wird.

Withania Pauq.

Die Gattung ist altweltlich. Die Arten (etwa 10) sind auf die Tropen und Subtropen beschränkt. Folgende wurden geprüft: *W. aristata* Pauq., *W. coagulans* (Stocks.) Dun., *W. frutescens* (L.) Pauq., *W. melanocystis* B. L. Robins., *W. microphysalis* Suesseng., *W. picta* (Sendtn.) Dun., *W. somnifera* (L.) Dun.

Letztgenannte Art ist am bekanntesten. Das starke Indument beeinträchtigt hier allerdings die entwicklungsgeschichtliche Untersuchung.

Eine blühende Pflanze ist in Abb. 27 dargestellt. Die Hauptachse endet mit einer Infloreszenz (I). Darunter entwickeln sich aus den Achseln der drei letzten Laubblätter Langtriebe. Die Tragblätter sind, — entsprechend ihrer Anlegungsfolge — mit L_n, L_{n-1}, L_{n-2} bezeichnet. Der Primärsproß ist in dieser Region gestaucht, so daß alle seitlichen Triebe in annähernd gleicher Höhe entspringen. Der Achselsproß des zuletzt gebildeten Laubblattes (L_n) ist am kräftigsten, er setzt, wenn auch etwas seitwärts geneigt, die Wuchsrichtung der Mutterachse fort. Die beiden anderen (aus L_{n-2} und L_{n-1}) bleiben kleiner, und zwar nimmt ihre Größe gegenläufig zur Entstehungsfolge der Tragblätter ab. Ausgehend von den Verhältnissen bei anderen Solanaceen, ist auch hier anzunehmen, daß die Anlegung der Seitensprosse basipetal erfolgt. Die Laubblätter der Hauptachse, die durch gestreckte Internodien deutlich voneinander abgesetzt sind, tragen Achseltriebe, die $\pm$ auf dem Knospenstadium stehen geblieben sind.

Betrachten wir die Lage der Mutterblätter der drei Langtriebe etwas genauer, so fällt auf, daß das Tragblatt des schwächsten Triebes (L_{n-2}) an der Hauptachse entfaltet ist. Dagegen sind die beiden anderen (L_{n-1} und L_n) mit ihren Achselsprossen verwachsen.

Den Aufbau eines solchen Langtriebes wollen wir an Hand von Abb. 28 näher studieren. L_n ist das Stützblatt, es gehört entwicklungsgeschichtlich der Hauptachse an. Das erste Vorblatt des Tochtersprosses ist α, es besitzt Laubblattcharakter und entfaltet sich annähernd in gleicher Höhe wie L_n. In seiner Achsel ist ein Seitensproß (S) sichtbar, dessen erstes Internodium in Streckung begriffen ist. Das zweite Vorblatt (β) ist Tragblatt des Fortsetzungssprosses. Auf die beiden Vorblätter α und β folgt ein wickelartiger endständiger Blütenstand, dessen Achse gestaucht bleibt. E ist die Endblüte, B_1 und C_1 sind die Endblüten der Wickeläste I. und II. Ordnung. Sie entstehen tragblattlos. An den nächsten Sympodialgliedern wiederholt sich dieser Aufbau. So sind Mutterblatt β und α_1 miteinander gepaart. Dieser Trieb wird durch den Blütenstand mit der Endblüte E_1 abgeschlossen. Das dazugehörige β-Vorblatt (β_1) setzt wiederum die Mutterachse fort, wobei es vom eigenen Achselsproß hochgeführt wird. Die weitere Zusammensetzung ist aus den fortlaufenden Indices zu entnehmen. Zwischen zwei aufeinanderfolgenden Blütenständen sind bei *Withania somnifera* (L.) Dun. zwei gepaarte Vorblätter eingeschaltet, die verschiedenen Sproßgenerationen angehören.

Den Nachweis mag Abb. 29 erbringen. Hier ist β das Tragblatt eines Sprosses, der die beiden Vorblätter α_1 und β_1 gebildet hat. Von dem abschließenden Blütenstand ist lediglich die Knospe der Endblüte (E_1) sichtbar. β_1 ist wiederum Mutterblatt des Fortsetzungssprosses, von dem Vorblatt α_2 zu erkennen ist.

Entsprechend der Anlegungsfolge ist in Abb. 29 Vorblatt α_1 mehr als doppelt so groß wie β_1; im Weiterverlauf der Entwicklung kehrt sich jedoch dieses Verhältnis um, was aus Abb. 28 deutlich wird. Das erstangelegte Vorblatt (α) erreicht bedeutent früher seine endgültige Größe als das β-Vorblatt, das noch längere Zeit weiterwächst und schließlich das α-Vorblatt übertrifft.

Es sei vermerkt, daß an einem Sympodialglied im Bereich des Vegetationskegels unterhalb der Endblüte als erste Seitensproßanlage jener Vegetationspunkt sich hervorwölbt, der die Wickelbildung einleitet. Unmittelbar darauf erscheint in der Achsel des β-Vorblattes die Anlage des Fortsetzungstriebes.

Die gleiche Form der monochasialen Entwicklung ist auch der Mehrzahl der anderen oben genannten Arten eigen. Unterschiede liegen insofern vor, als die Zahl der Blüten größer [z. B. *W. coagulans* (Stocks.) Dun.] oder kleiner (*W. ariastata* Pauq.) sein kann.

W. picta (Sendtn.) Dun. ist deshalb von Interesse, weil hier auch das α-Vorblatt von dem eigenen Achselsproß hochgeführt wird. Ausgehend von anderen Solanaceen (*Physalis*, *Datura*) deutet dies darauf hin, daß es verhältnismäßig früh eine Seitensproßanlage hervorbringt. In jedem Falle bleibt dieser Trieb aber an Größe hinter dem Fortsetzungssproß aus der Achsel des β-Vorblattes zurück.

Diese auffällige Erscheinung verdient besondere Beachtung, da *W. picta* (Sendtn.) Dun. sehr häufig, nach dem Vorbild von Sendtner (1846), zur Gattung *Athenaea* Sendtn. gestellt wird. Leider sind uns aus dieser Gattung keine weiteren Arten bekannt geworden.

Von den bisher aufgezeigten Verzweigungsformen weicht *W. frutescens* (L.) Pauq. etwas ab. Zunächst ist bemerkenswert, daß diese Art Einzelblüten statt Infloreszenzen hervorbringt. Ferner ist die vegetative Zone eines Sympodialgliedes ganz anders zusammengesetzt. Der Seitensproß in der Achsel des letzten Laubblattes (dieses wird eine Strecke weit hochgeführt) beginnt nicht, wie es für die oben genannten Arten typisch war, mit der Entwicklung zweier laubblattartiger Vorblätter, sondern es werden, nach dem von uns eingesehenen Herbarmaterial zu urteilen, Laubblätter ausgebildet. Die ersten beiden Blattorgane sind nämlich in der Vertikalebene gegeneinander verschoben und lassen auch die transversale Stellung gegenüber der Mutterachse vermissen. Insgesamt fanden wir an einem Sympodialglied vier Laubblätter entwickelt, von denen das letzte als Tragblatt des vegetativen Fortsetzungssprosses von diesem hochgeführt wird. — Die Verzweigungsform von *W. frutescens* (L.) Pauq. nimmt somit innerhalb der Gattung *Withania* Pauq. eine gewisse Ausnahmestellung ein.

Physalis L.

Die Verzweigung scheint bei allen Vertretern dieser Gattung grundsätzlich gleich zu sein. Unter den von uns untersuchten Arten[1]) wiesen nur wenige geringe Abweichungen auf, die noch zu erläutern sein werden. Die Mehrzahl besitzt einen Sproßaufbau, wie er z. B. *Ph. peruviana* L. zukommt. Einen Sproßabschnitt dieser Art zeigt Abb. 30. Darin ist E_1 die Endblüte eines Sprosses, der aus der Achsel von Blatt b hervorgegangen ist; das Tragblatt (b) ist mit dem Achselprodukt rekauleszent verwachsen. Die beiden Vorblätter dieses Blütensprosses (E_1) sind α_1 und β_1. Sie entfalten sich nicht an der Stelle ihrer Anlegung, sondern werden von ihren Achselknospen hochgeführt. Weitere vegetative Blattorgane kommen nicht zur Ausbildung.

An den Folgesprossen wiederholt sich diese Form der Verzweigung, wenn auch mit einer kleinen Abweichung. Die beiden Triebe des Dichasiums, die aus α_1 und β_1 entstehen, sind annähernd gleich groß. Betrachten wir dagegen die Verzweigungen höherer Ordnung, so fällt auf, daß die Achselprodukte eines Vorblattpaares allmählich ungleich werden. Vergleichen wir z. B. jene Seitensprosse, die aus α_2 und β_2 hervorgehen, den beiden Vorblättern der mit Blüte E_2 endenden Generation, so bemerken wir einen beträchtlichen Größenunterschied. Der Sproß aus der Achsel von α_2 ist kleiner als der β_2-Trieb. Letzterer setzt die Wuchsrichtung der Mutterachse fort. Das Dichasium wird so allmählich zu einem Monochasium.

Doch sind beide Tragblätter mit ihren Achselsprossen verwachsen. An Seitenachsen höherer Ordnung entfaltet sich schließlich das α-Vorblatt an dem Trieb, dem es auch entwicklungsgeschichtlich angehört.

Wir stellen somit fest (Abb. 30), daß die Sprosse in den Achseln der Vorblätter verschieden stark sein können. Sie sind zunächst fast gleich groß (Seitentriebe aus α_1 und β_1). Später weisen sie deutliche Größenunterschiede auf, wobei der kräftigere Trieb die Wuchsrichtung der Mutterachse fortsetzt (α_2 und β_2). Schließlich gelangen Achselsprosse nnr noch einseitig zur Entfaltung, und zwar wird nur der β-Sproß entwickelt (α'_2 und β'_2).

Damit ergibt sich folgender Schluß: In der Individualentwicklung von *Ph. peruviana* L. leitet sich die monochasiale Sprossenentwicklung von der dichasialen ab. Eine Zwischenstellung nehmen solche Triebe ein, bei denen die Vorblätter Achselsprosse von verschiedener Größe hervorbringen. Man vergleiche hierzu auch die von EICHLER angeführten Schemata in Abb. 1, Figg. A—D.

Die Variationsbreite innerhalb der Gattung ist durch vorgenannte drei Formen der Seitensproßbildung genügend umrissen. Im einzelnen überwiegt bei verschiedenen Arten eine Zone

[1]) *Ph. aequata* Jacq. f., *Ph. alkekengi* L., *Ph. angustifolia* Nutt., *Ph. carpenterii* Ridd., *Ph. chenopodifolia* Lam., *Ph. crassifolia* Benth., *Ph. eggersii* O. E. Schulz, *Ph. fendleri* Gray, *Ph. foetens* Poir., *Ph. franchetti* Mast., *Ph. fuscomaculata* de Rouv., *Ph. gracilis* Miers, *Ph. grandiflora* Hook., *Ph. greenei* Vasey, *Ph. hederaefolia* Gray, *Ph. heterophylla* Nees, *Ph. obscura* Mich., *Ph. lagascae* R. et S., *Ph. lanceifolia* Nees, *Ph. lanceolata* Mich., *Ph. linkiana* Nees, *Ph. lobata* Torr., *Ph. longifolia* Nutt., *Ph. lutea* Med., *Ph. macrophysa* Rydb., *Ph. microphysa* Gray, *Ph. minima* L., *Ph. missouriensis* Buch, *Ph. mollis* Nutt., *Ph. neesiana* Sendtn., *Ph. nicandroides* Schlechtd., *Ph. pennsylvanica* L., *Ph. philadelphica* Lam., *Ph. polyphylla* Greene, *Ph. pringlei* Greenm., *Ph. prostata* Domb., *Ph. puberula* Fern., *Ph. sendtneri* Dun., *Ph. sordida* Fern., *Ph. subintrya* Fern., *Ph. unguisculata* Greenm., *Ph. virginiana* Mill., *Ph. viscosa* L., *Ph. wrightii* Gray.

mit betont dichasialer Verzweigung, wo also die Triebe verhältnismäßig lange annähernd gleiche Größe besitzen können. Hier gehen die Seitensprosse relativ spät zu ungleicher Größe über. Eine ausgesprochen monochasiale Sproßentwicklung ist dann nur selten zu beobachten. Bei anderen Arten ist die letztgenannte Form der Sproßentwicklung vorherrschend.

So findet sich betont dichasiale Verzweigung u. a. bei *Ph. aequata* Jacq. f., *Ph. carpenterii* Ridd., *Ph. macrophysa* Rydb. Bei den meisten Arten sind jedoch di- und monochasiale Verzweigung miteinander kombiniert. — Einen gewissen formativen Einfluß üben zweifellos die Ernährungsbedingungen aus.

Die Form der sympodialen Verzweigung ist eng verknüpft mit dem Zeitpunkt der Anlegung der Seitensprosse (vgl. Abb. 31, *Ph. ixocarpa* Brot.; E = Endblüte, α, β = dazugehörige Vorblätter, b = Tragblatt des Triebes). Grundsätzlich entwickeln beide Vorblätter Knospen. Entstehen die Achseltriebe unmittelbar nacheinander in basipetaler Folge, so kommt ein Dichasium zustande (Fig. I).

Erfolgt dagegen die Anlegung des α-Sprosses wesentlich später als die des entsprechenden β-Triebes, so wird sich eine stärker betonte monochasiale Sproßfortsetzung ergeben (Fig. II). Dies um so mehr, je größer die Verzögerung in der Hervorwölbung sein wird (Fig. III).

Schließlich sei diesen Vegetationskegeln die Sproßentwicklung von *Ph. peruviana* gegenübergestellt (Abb. 32). Diese Art geht sehr bald zu monochasialem Wachstum über. Eine Seitenknospe in der Achsel des α-Vorblattes ist in allen drei Figuren noch nicht zu beobachten. Die Verzögerung geht hier soweit, daß in der Achsel des α-Vorblattes die Sproßanlage erst sichtbar wird, wenn an dem Tragblatt bereits die Spreitenbildung eingeleitet ist (Fig. III). Solche sehr spät zur Anlage kommenden Seitentriebe bleiben häufig ständig gestaucht.

In der Gattung *Physalis* L. liegen Anthokladien vor, wie sie in ähnlicher Variationsbreite auch innerhalb der Gattung *Datura* L. zu beobachten sind, so daß wir nicht näher darauf einzugehen brauchen.

Saracha Ruiz et Pav.

Die Gattung ist neuweltlich und umfaßt etwa 20 Arten. Folgende konnten eingesehen werden: *S. antillana* Kr. et Urb., *S. contorta* Ruiz et Pav., *S. edulis* (Schlechtd.) Thell., *S. procumbens* Ruiz et Pav., *S. umbellata* G. Don, *S. viscosa* Schrad. und *S. zuccagniana* G. Don. Die uns näher bekannt gewordenen Arten stimmen in der Verzweigung grundsätzlich überein. Wir wollen daher nur auf *S. edulis* (Schlechtd.) Thell. ausführlicher eingehen. — Eine größere Zahl neuer Arten hat Bitter (1921b, 1922, 1924a, 1924b) beschrieben. Seine ausführlichen Diagnosen lassen erkennen, daß alle Angehörigen dieser Gattung einen ähnlichen Sproßaufbau besitzen. Ein blühender Trieb von *S. edulis* (Schlechtd.) Thell. ist in Abb. 33 zu sehen. Auf den ersten Blick fällt auf, daß die Laubblätter gepaart stehen, und daß zwei in gleicher Höhe entfalteten Blätter auf einer Seite einander genähert sind. Sie schließen dabei einen rechten Winkel miteinander ein. Insofern liegt Übereinstimmung zu *Atropa bella-donna* L. vor. Was unsere Pflanze von dieser Art nicht unwesentlich unterscheidet, ist die Anordnung der Blüten. Bei *A. bella-donna* L. entwickeln sie sich im Bereich der gepaarten Blätter einzeln. An ihre Stelle sind hier Infloreszenzen getreten (I_{1-5}).

Im Aufbau der vegetativen Achse stimmen beide Arten grundsätzlich überein. Auch bei *Saracha edulis* (Schlechtd.) Thell. ist die Sproßachse sympodial zusammengesetzt, die zwei in gleicher Ebene stehenden Blattorgane gehören verschiedenen Sproßgenerationen an. In Abb. 33 sind die beiden Vorblätter eines jeden Triebes entsprechend ihrer Anlegungsfolge mit α und β bezeichnet. Entwicklungsgeschichtlich zusammengehörige Vorblätter tragen gleiche Indices. Jedes β-Vorblatt bildet in seiner Achsel den Fortsetzungssproß und wird von diesem während des Streckungswachstums mit hochgeführt. Der Blütenstand beschließt jeweils eine Sproßgeneration.

Verfolgen wir nun die Ausdifferenzierung eines Sympodialgliedes und beginnen mit der Betrachtung des Vegetationskegels (Abb. 34, Fig. I). Es handelt sich um eine Seitensproßanlage, die in der Achsel eines Vorblattes gebildet wurde (β). Neben dem Blattprimordium α_1, dem zuerst angelegten Vorblatt, ist auf dessen gegenüberliegender Seite ein Wulst sichtbar, der zum β-Vorblatt (β_1) wird. Ferner fällt auf, daß der Scheitel des Vegetationspunktes zum Mutterblatt nicht genau median steht. Zwischen dem Kulminationspunkt und der Anlage von β_1 wird sich im folgenden der nächste vegetative Fortsetzungssproß (F) als Achseltrieb von β_1 hervorwölben (Abb. 34, Fig. II und III). In einem etwas älteren Entwicklungszustand befindet sich die in Fig. IV abgebildete Sproßknospe. Am Fortsetzungstrieb in der Achsel von β_1 ist bereits ein Vorblatt (α_2) sichtbar. Noch weiter ist die Ausbildung des Sympodialgliedes in Fig. V gediehen. Auch in dieser Figur erkennt man am Größenverhältnis die Anlegungsfolge der Vorblätter. Es sei vermerkt, daß im Endzustand das Tragblatt des Fortsetzungstriebes (β_1) größer als das zuerst angelegte (α_1) ist.

Wenden wir uns jetzt der Infloreszenz zu; sie bildet sich im Anschluß an die beiden laubblattartigen Vorblätter. In Abb. 34, Fig. VI sind ein endständiger Blütenstand und das α-Vorblatt (α) gleicher Sproßgeneration sichtbar. Das zugehörige β-Vorblatt und dessen Achselsproß sind abpräpariert. Die Infloreszenz besteht aus 3 Blütenknospen, von denen E endständig ist; die beiden anderen (B_1 und B_2) sind Seitensprosse I. Ordnung. Bemerkenswert ist, daß hier die Tragblätter (t) der seitenständigen Triebe ausgebildet werden, was nach unseren Erfahrungen verhältnismäßig selten bei Solanaceen vorkommt. Indes sind die Mutterblätter der Blüten im adulten Zustand nicht immer deutlich erkennbar; sie sind schuppenartig und zur Zeit der Anthese bisweilen geschrumpft oder völlig abgetrocknet. Sie werden durch einen Winkel voneinander getrennt der $^2/_5$ eines Kreisumfanges beträgt. Die Blütensprosse I. Ordnung weisen Vorblätter auf (α'_1 und α''_2), das Hypopodium bleibt gestaucht.

Die Infloreszenzen sind im allgemeinen 3-blütig, bisweilen tritt auch eine vierte Blüte auf (vgl. Abb. 33, I_1). Letztere ist meist im Knospenstadium nachzuweisen, gelangt aber bei *S. edulis* (Schlechtd.) Thell. nur selten zur Anthese. Sie wird an dem zuerst gebildeten seitlichen Blütentrieb in der Achsel eines Vorblattes entwickelt. Mit dieser Blüte wird an der Infloreszenz eine cymöse Verzweigung eingeleitet.

Den Zeitpunkt der Anlegung der ersten seitlichen Blüte an einem Sympodialglied zeigt Abb. 34, Fig. III. Diese Hervorwölbung (B_1) in der Achsel des Hochblattes t erscheint nach unseren Untersuchungen erst nachdem in der Achsel des β-Vorblattes bereits der vegetative Fortsetzungstrieb (F) wahrzunehmen ist (vgl. auch Fig. II). Bei vielen anderen blütenstandbildenden Solanaceen wird dagegen die vegetative Fortsetzungsknospe erst im Anschluß an die Partialinfloreszenzanlage hervorgebracht.

Diese auffallenden Unterschiede deuten darauf hin, daß die Blütenstandsbildung bei *S. edulis* (Schlechtd.) Thell. als sekundäres Merkmal betrachtet werden kann. Ob die Infloreszenzentwicklung bei den anderen Arten ebenso verläuft, bedarf der Prüfung, doch verhalten sich die oben angeführten Arten in anderen Merkmalen so ähnlich, daß dies als wahrscheinlich angesehen werden kann.

Capsicum L.

Etwa 40 Arten sind aus dieser Gattung bekannt. Bis auf eine (*C. anomalum* Franch. et Sav. — Japan, Assam, Süd-Tibet[1])) sind alle in Mittel- und Südamerika beheimatet.

[1]) Vgl. BITTER (1919).

Folgende Arten wurden geprüft: *C. annuum* L., *C. anomalum* Franch. et Sav., *C. frutescens* L., *C. campylopodum* Sendtn., *C. conicum* G. F. W. Mey., *C. conoides* Mill., *C. cordiforme* Mill., *C. microcarpum* Cav.

Alle genannten Arten weisen in ihrer Verzweigung sehr enge Beziehungen auf. Nach Abbildungen von HUNZIKER (1952) fügen sich in die gewonnene Übersicht auch *C. chacoënse* Hunziker, *C. eximium* Hunziker und *C. schottianum* Sendtn. ein.

Am bekanntesten ist *Capsicum annuum* L. Der Hauptsproß (Abb. 35) endet mit einer Blüte (E). Aus den Achseln der obersten Laubblätter (L_{n-2}, L_{n-1}, L_n) entwickeln sich Seitentriebe, die nach Ausbildung zweier Vorblätter wiederum eine Endblüte hervorbringen. Die Tragblätter werden von den Seitensprossen I. Ordnung hochgeführt. Die weitere Verzweigung erfolgt dichasial. Das zuletzt gebildete Vorblatt (β) bringt stets den kräftigeren Achselsproß hervor. Beide Vorblätter werden von ihren Tochtertrieben hochgeführt, so daß an einem Seitensproß in unmittelbarer Nähe von dessen Endblüte lediglich das Mutterblatt, das entwicklungsgeschichtlich dem vorausgegangenen Sympodialglied angehört, zur Entfaltung kommt.

Es ergibt sich somit eine Verzweigung, wie sie uns bei verschiedenen Angehörigen der Gattung *Physalis* L. begegnet ist und für eine Reihe krautiger *Datura*-Arten noch zu schildern sein wird. In ihrer Ontogenie verhalten sich all diese Gattungen gleich. Mit zunehmender Verzweigung tritt auch hier die Tendenz zu monochasialer Entwicklung immer stärker in den Vordergrund. Für einige Arten, wie *C. conicum* G. F. W. Mey., ist diese Form der Verzweigung bereits im Bereich der Seitentriebe niederer Ordnung charakteristisch.

Nicht selten tritt bei verschiedenen Varietäten von *C. annuum* L. unmittelbar neben der Endblüte (E) eine zweite Blüte auf (vgl. Abb. 36, S_1). Sie kann auch an den folgenden Seitensprossen noch ausgebildet sein, seltener ist sie an Seitentrieben höherer Ordnung anzutreffen. Auch bei verschiedenen anderen Arten, so z. B. *C. microcarpum* Cav., lassen sich derartige „gepaarte" Blüten regelmäßig über eine größere Zahl von Sympodialgliedern hinaus verfolgen.

Für diese zweite Blüte (S_1) ist charakteristisch, daß sie im allgemeinen tragblattlos auftritt. Wie aus Abb. 36 hervorgeht, steht sie über einem Laubblatt (L_{n-4}). Man ist zunächst geneigt hier Zusammenhänge zu suchen. Die Beblätterung der Hauptachse folgt der $^2/_5$-Divergenz. Gehen wir der Laubblattspirale nach und bezeichnen die nacheinander gebildeten Laubblätter (L_{n-4} bis L_n), so gelangen wir zu der Stelle, an der die Blüte S_1 entspringt. Sie entwickelt sich also dort, wo in Fortsetzung der Laubblattspirale eine Blattanlage zu erwarten wäre.

In seltenen Fällen konnte beobachtet werden, daß an dieser Stelle ein Tragblatt ausgebildet wird. Gegenüber den anderen fertilen Blattorganen ist es in der Größe stark reduziert. Eine weitere Verzweigung dieses Sprosses (S_1) haben wir nicht beobachten können.

Bemerkenswert ist in diesem Zusammenhang noch die Blütenbildung von *C. anomalum* Franch. et Sav. Bei dieser Art wurden insgesamt drei Blüten am Ende der Hauptachse beobachtet. Hier liegen ähnliche Verhältnisse vor, wie wir sie in Abb. 36 kennengelernt haben. Die dritte Blüte erscheint ebenfalls tragblattlos in weiterer Fortsetzung der Blattspirale, also an der Stelle, wo das folgende Blattorgan zu suchen wäre.

Somit werden in der Gattung *Capsicum* L. am Ende eines vegetativen Triebes neben Einzelblüten wenigblütige Infloreszenzen gebildet. Es ergibt sich die Frage, welche Form als ursprünglich und welche als abgeleitet betrachtet werden kann. Wir sehen die Blütenstandsbildung als ein sekundäres Merkmal an. Wir stützen uns dabei auf die Entwicklungsgeschichte. Die tragblattlos angelegten Blüten unmittelbar unterhalb der Endblüte erscheinen nämlich erst, nachdem der vegetative Fortsetzungstrieb in der Achsel des β-Vorblattes sich bereits hervorgewölbt hat. Es liegen also ähnliche Verhältnisse vor, wie wir sie bereits bei Behandlung der Gattung *Saracha* Ruiz et Pav. besprochen haben. Hier, wie auch bei *Capsicum* L., *Physalis* L., *Datura* L. u. a. wird als erste Seitenknospe jener Sproß angelegt, der die vegetative Fortsetzung übernimmt.

In diesem Zusammenhang ist erwähnenswert, daß *C. anomalum* Franch. et Sav. von MAKINO (1908) zu einer selbständigen Gattung erhoben wurde: *Tubocapsicum* (Wettst.)[1] Mak. Die abweichende Form des Kelches war der Grund für die Abtrennung. WETTSTEIN (1915) erkannte diese neue Gattung an. BITTER (1919) wendete sich gegen diese Fassung und beließ die Art als eigene Sektion bei *Capsicum* L. Wir teilen die Meinung BITTERS. MAKINO (1955) hält weiterhin *Tubocapsicum* aufrecht.

Blütenstände, wie sie bei *C. anomalum* Franch. et Sav. vorliegen, sind auch bei *C. guatemalense* Bitt. und *C. eggersii* Bitt. verbreitet (vgl. BITTER 1922a, 1924c).

Brachistus Miers

Die Gattung umfaßt ca. 15 Arten, die in Brasilien, Zentralamerika und auf den pazifischen Inseln beheimatet sind. Näher untersucht wurden *B. ceratocalyx* D. Smith, *B. ciliatus* Miers, *B. diversifolius* (Klotsch) Miers, *B. feddei* Rein., *B. meianthus* D. Smith, *B. pringlei* Wats., *B. pubescens* Stew., *B. rhomboideum* (Dun.) O. Ktze.

Wir wollen in unseren Betrachtungen von *B. ciliatus* Miers ausgehen. Hier liegt eine Verzweigungsform vor, wie sie uns bei *Atropa bella-donna* L. begegnet ist. Die monochasiale Sproßachse setzt sich aus Sympodialgliedern zusammen, die nach Ausbildung zweier Vorblätter mit einer Endblüte abschließen. Der Fortsetzungstrieb geht aus der Achsel des β-Vorblattes hervor, wobei das Tragblatt des Tochtersprosses bis in die Höhe von dessen α-Vorblatt hochgeführt wird. Die einen Wirtel bildenden Blattorgane gehören also verschiedenen Sproßgenerationen an. Seitentriebe in den Achseln der α-Vorblätter bleiben an Größe weit hinter den Fortsetzungssprossen zurück. Den gleichen Sproßaufbau fanden wir bei *B. pubescens* Stew.

Stellen wir uns vor, daß unterhalb der Endblüte eine Seitenblüte hervorgebracht wird, die eine Wickel einleitet, so gelangen wir zu einem Sproßsystem, wie es in Abb. 37 dargestellt ist. Die α-Vorblätter sind grundsätzlich kleiner und schon daran kenntlich. Ebenso wie *B. diversifolius* (Klotsch) Miers verhalten sich auch *B. ceratocalyx* D. Smith, *B. pringlei* Wats. und *B. rhomboideum* (Dun.) O. Ktze. sowie *B. oblongifolius* Miers und *B. dimorphus* Miers (vgl. MIERS 1849). Die Blüten der Infloreszenz entwickeln sich tragblattlos, die Blütenstandsachse bleibt gestaucht.

Besondere Erwähnung verdient *B. meianthus* D. Smith. Anstelle der einfachen Wickel wird hier ein höher zusammengesetzter Blütenstand gebildet. Während bei vorgenannter Gruppe an jedem Fortsetzungstrieb unterhalb der Endblüte eine Seitenblüte dort entspringt, wo das auf die Vorblätter folgende erste Laubblatt zu erwarten ist, erscheint hier daneben im $^2/_5$-Abstand von dieser Stelle eine weitere Blüte. Bei *B. diversifolia* (Klotsch) Miers (Abb. 37) liegt eine einfache Wickelbildung vor. Hier bringen dagegen beide reproduktive Sprosse I. Ordnung an den Flankenseiten Blütentriebe hervor. Es werden insgesamt also vier Blüten II. Ordnung entwickelt. Die weitere Verzweigung erfolgt einseitig, so daß vier Wickeläste den Blütenstand zusammensetzen.

In der Gattung *Brachistus* Miers besteht der vegetative Anteil der einzelnen Sympodialglieder bei allen uns bekannt gewordenen Arten aus zwei Vorblättern. An der Bildung der reproduktiven Region können beteiligt sein: 1. Einzelblüten, 2. Infloreszenzen, 3. Synflores-

[1]) pro sect.

zenzen. Ob auch hier, wie in den Gattungen *Capsicum* L. und *Saracha* Ruiz et Pav., die Blütenstandsbildung als abgeleitet betrachtet werden kann, muß dahingestellt bleiben. Die Gattung *Brachistus* Miers zu *Capsicum* L. zu stellen, wie es KUNTZE (1891) tut, dürfte wenig sinnvoll sein.

Bassovia Aubl.

Von den etwa 15 bekannten Arten dieser central- und südamerikanischen Gattung konnten eingesehen werden: *B. donell-smithii* Coult., *B. foliosa* Brandeg., *B. inaequilaterum* Rusby, *B. lucida* Dun., *B. macrophylla* Coult., *B. mexicana* Rob., *B. phytolaccoides* (Ruiz et Pav.) Rusby, *B. solanacea* B. et H., *B. stellata* Greenm., *B. velutina* Dun.

Genannte Arten zeigen im Sproßaufbau enge Beziehungen. Beginnen wir mit der Darstellung von *B. donell-smithii* Coult.: Im reproduktiven Bereich ist die Sproßachse ein Monochasium. Jedes Sympodialglied bildet zwei Vorblätter aus und endet mit einem wickeligen Blütenstand, dessen Achse gestaucht bleibt. Das β-Vorblatt entwickelt in seiner Achsel den Fortsetzungstrieb, es wird vom Tochtersproß hochgeführt und entfaltet sich in Höhe von dessen α-Vorblatt. In unmittelbarer Nähe dieses „Wirtels" wird die abschließende Infloreszenz im allgemeinen vom Fortsetzungstrieb seitlich verdrängt.

Die beiden Vorblätter einer Triebgeneration differieren übrigens in der Größe. In der Knospe sind bei allen Arten Unterschiede noch nicht zu beobachten. Erst während der Entfaltung wächst das jüngere β-Vorblatt stärker heran. Besonders ausgeprägt ist die Anisophyllie bei *B. inaequilaterum* Rusby, *B. phytolaccoides* (Ruiz et Pav.) Rusby, *B. solanacea* B. et H., *B. stellata* Greenm., weniger tritt sie dagegen bei *B. mexicana* Rob. in Erscheinung.

Die Blüten entstehen bei allen Arten tragblattlos. *B. mexicana* Rob. zeichnet sich gegenüber den anderen bekannt gewordenen Arten durch die Ausbildung von Doppelwickeln aus. Während im allgemeinen die Blütenstandsachse gestaucht bleibt, bringen *B. foliosa* Brandeg. und *B. phytolaccoides* (Ruiz et Pav.) Rusby einen Infloreszenzschaft hervor.

Für letztgenannte Art ist eine weitere Besonderheit zu erwähnen. Der Blütenstand entfaltet sich nicht in unmittelbarer Nähe der gepaarten Vorblätter, er ist hier eine Strecke weit mit dem Fortsetzungssproß verwachsen (vgl. *Solanum nigrum* L.).

Verschiedentlich wurden auch Seitensprosse in den Achseln der α-Vorblätter beobachtet. Sie bleiben stets an Größe weit hinter dem Fortsetzungstrieb zurück. Bei *B. lucida* Dun., *B. mexicana* Rob. und *B. velutina* Dun. geht nicht nur das β- sondern auch das α-Vorblatt mit dem Tochtersproß eine kongenitale Verwachsung ein.

Auch diese Gattung möchte KUNTZE (1891) zu *Capsicum* L. gestellt wissen. BITTER (1921c) setzt sich für eine Aufteilung von *Bassovia* Aubl. zwischen *Solanum* L., *Capsicum* L. und der von ihm vertretenen Gattung *Lycianthes* (Dun.) Hassler ein.

Solanum L.

Eine genauere Angabe über die Artenzahl dieser weitaus größten *Solanaceen*-Gattung ist nicht möglich. DUNAL (1852), der zuletzt dieses Genus monographisch bearbeitet hat, unterschied über 900 Arten. Seitdem sind deren mehrere wieder eingezogen, eine noch größere Anzahl aber neu beschrieben worden. Hinzu kommt, daß viele Gruppen so nahe miteinander verwandt sind, daß die Festlegung der Rangstufe subjektiv sein muß. Wir glauben, daß etwa 1200 Arten aus dieser Gattung unterschieden werden können. Etwa 600 wurden von uns eingesehen. An Hand von Abbildungen aus Floren und systematischen Bearbeitungen haben wir versucht, unseren Überblick zu vervollständigen.

Wir wollen unter Zugrundelegung von Einzelbeispielen die Verzweigungsverhältnisse in der Gattung erschließen. Daran anknüpfend sollen die einzelnen Formen vergleichend zusammengefaßt werden.

Solanum dulcamara L.

Wir wollen zunächst den Sprossenaufbau unter Berücksichtigung von Abb. 38 verfolgen. Die vegetative Achse ist ein Monochasium. Die Infloreszenzen (I_1, I_2, I_3) beschließen jeweils die Entwicklung eines Sympodialgliedes. Die Sproßfortsetzung übernehmen die Achselknospen der letzten Laubblätter (L_n, L'_n, L''_n). Etwa acht Blattorgane sind zwischen zwei aufeinanderfolgenden Blütenständen eingeschaltet. Beobachten wir die Seitensprosse in den Achseln der übrigen Laubblätter, so stellen wir fest, daß Knospen zwar vorhanden sind, entfaltete Seitentriebe bemerkt man dagegen nur an der Basis jener Blattorgane, die unmittelbar den Tragblättern der Fortsetzungstriebe vorausgehen. Stets bleiben sie an Größe hinter dem die Wuchsrichtung der Mutterachse fortsetzenden Seitensproß zurück. Es liegt also eine deutliche Akrotonie vor.

Der Blütenstand von *S. dulcamara* L. ist im allgemeinen eine Dreifach-Wickel (Abb. 38, I_1); bisweilen ist die Infloreszenz höher zusammengesetzt (Abb. 38, I_2), nicht selten sind nur Doppelwickel vorhanden. Einige junge Infloreszenzanlagen sind in Abb. 39 festgehalten; Figg. I und II zeigen die gleiche Sproßspitze in verschiedener Ansicht. L_n und L_{n-1} sind die beiden letzten Laubblätter. E ist die Endblüte der Hauptachse. In der Achsel des jüngeren Laubblattes (L_n) ist die Anlage des vegetativen Fortsetzungstriebes sichtbar (F). Beide Blätter stehen in $^2/_5$-Divergenz. Stellt man sich, von L_{n-1} ausgehend, die Spirale über L_n hinaus verlängert vor, so gelangt man, unter Beibehaltung des Divergenzwickels, zu Blüte B_1 (Abb. 39, Fig. I). Ebenfalls in $^2/_5$-Abstand folgen dann Blüte B_2 (Fig. II) und Blüte B_3 Fig. I). Wir kommen somit zu dem Schluß, daß die Seitenblüten I. Ordnung dort zur Entwicklung gelangen, wo an einem vegetativen Sproß Laubblätter zu erwarten wären. Sie entstehen alle tragblattlos.

Vergleichen wir die drei Seitenblüten miteinander, so stellen wir fest, daß Blüte B_1 am größten und damit am weitesten in der Entwicklung vorangeschritten ist. Sie wird, wie Abb. 39, Fig. III lehrt, zuerst angelegt. Blüte B_3 erscheint zuletzt. Die unterschiedliche Entwicklungshöhe wird auch deutlich, wenn wir die Seitenblüten II. Ordnung beachten. An Blüte B_1 hat sich, wie auch an den anderen Seitenblüten (B_2 und B_3) tragblattlos eine Seitenknospe entwickelt. Sie wird an der Stelle gebildet, wo ein Vorblatt zu erwarten wäre. Ebenso erfolgt die weitere Verzweigung innerhalb der Teilinfloreszenzen. An der Seitenblütenanlage II. Ordnung aus dem Blütensproß B_1 (Fig. I) ist bereits eine Kelchblattanlage sichtbar; die abwärts gerichtete Wölbung ist die wachsende Spitze der Wickel. Die folgende Verzweigungsebene wird senkrecht auf der voraufgegangenen stehen. Am Seitensproß aus der Blütentriebanlage B_2 (Fig. II) ist ein Kelchblattprimordium noch nicht zu entdecken. Am Teilblütenstand mit der Blüte B_3 ist die Ausgliederung des Seitensprosses II. Ordnung gerade erst eingeleitet (Fig. I).

Die Gesamtinfloreszenz nimmt, wie aus Abb. 39 deutlich wird, eine endständige Stellung ein. Der vegetative Seitensproß in der Achsel des letzten Laubblattes wächst im Verlauf der Weiterentwicklung stark heran und drängt schließlich den Endblütenstand zur Seite (Abb. 38).

Es bleibt noch die Frage zu erörtern, ob die endständige Stellung von Blüte E zur Zeit der Entfaltung noch erkennbar ist. Wie aus Abb. 39 hervorgeht ist ihre Differenzierung gegenüber den Seitenblüten weit vorgeschritten. Später geht sie mit der zuletzt angelegten Seiteninfloreszenz (B_3) eine kongenitale Verwachsung ein und erscheint als erste Blüte an deren Achse. Abb. 56, Fig. I zeigt eine junge Infloreszenz mit vier Wickelastanlagen in der Draufsicht. Am stärksten hat sich der Trieb entwickelt, der mit Blüte B_1 beginnt. Auch ist dessen Isolierung am weitesten vorangeschritten. Die innigste Verbindung hat dagegen die jüngste Blüte B_3 mit der Hauptachse. Dieser am weitesten spitzenwärts gelegene Seitensproß führt während der Weiterentwicklung die Endblüte mit hoch.

Im Hinblick auf andere Arten verdient noch Erwähnung, daß die ersten beiden Blattorgane an einem Fortsetzungssproß Laubblattcharakter besitzen. Sie ordnen sich in die Laubblattspirale ein. Es liegt kein Grund vor, sie als Vorblätter zu bezeichnen.

Solanum tuberosum L.

Den Sproßaufbau der Kulturkartoffel haben wir an anderer Stelle eingehend geschildert (Danert 1957). Um die Sonderstellung dieses Verwandtschaftskreises zu unterstreichen, sollen die Untersuchungsergebnisse hier wiederholt werden.

Zunächst sei auf Abb. 40 hingewiesen. Über die Herkunft des Blütenstandes ergeben sich zwei Denkmöglichkeiten. Einmal kann vermutet werden, daß die Infloreszenz aus einer Blattachsel (L_{n+1}) hervorgegangen sei, wobei das Tragblatt mit dem Schaft verwachsen ist; zum anderen könnte angenommen werden, daß die Infloreszenz einen Sproß abschließe, und daß dessen Wuchsrichtung durch einen Seitensproß aus der Achsel des Laubblattes L_n fortgesetzt würde. Im letzteren Fall ist aber augenscheinlich die bei anderen Solanaceen herrschende Gesetzmäßigkeit durchbrochen, daß die Sproßfortsetzung im allgemeinen aus der Achsel des letzten Laubblattes erfolgt. Für erstgenannte Meinung spricht das Vorhandensein von Vorblättern an den Basen aller Laubblätter. Dies sind die einzigen entfalteten Blattorgane an seitenständigen Knospen. Trifft dagegen die zweite angedeutete Möglichkeit zu, müssen die Vorblätter an der Basis von L_n einer Beiknospe angehören. Eine Klärung kann hier nur die entwicklungsgeschichtliche Untersuchung bringen.

Wir wollen von Figg. I und II in Abb. 41 ausgehen. Hier ist ein junger Vegetationskegel zu Beginn der Blütenstandsbildung dargestellt. In unmittelbarer Nähe des Vegetationspunktes V wölbt sich in der Achsel des jüngsten Blattes L_{n+1} eine Seitensproßanlage hervor (B_1). Auch das nächstältere Laubblatt (L_n) trägt eine Achselknospe (F), doch ist sie kleiner als jene. Ein etwas späteres Entwicklungsstadium ist in Fig. III festgehalten. Der gleiche Vegetationskegel ist, um etwa 180° gedreht, auch in Fig. IV abgebildet. In Fortsetzung der Laubblattspirale hat sich, ausgehend von L_n über L_{n+1} unter Beibehaltung des Divergenzwinkels eine weitere Seitenknospe (B_2) hervorgewölbt. Sie entsteht in jedem Falle später als der Achselsproß von L_{n+1}. Im Gegensatz zu den beiden Seitentriebanlagen B_1 und F entwickelt sich diese Knospe tragblattlos. Am Vegetationskegel der relativen Hauptachse sind jetzt also insgesamt drei Seitensproßanlagen sichtbar (B_1, B_2, F). K_1 ist die Anlage eines Kelchblattes und leitet die Bildung einer Endblüte (E) ein.

Die Weiterentwicklung wollen wir an Hand von Abb. 41, Figg. V und VI verfolgen. Der Endvegetationspunkt ist zur Bildung einer Blüte (E) übergegangen, die somit das Wachstum des Primärsprosses beschließt. K_{1-5} sind die Sepalen in der Reihenfolge ihrer Anlegung. Der zuerst gebildete Seitensproß B_1 in der Achsel von L_{n+1} (vgl. Figg. I und II, B_1) hat sich weiter verzweigt (S'_n). Die Mutterachse B_1 wird jetzt zu einer Seitenblüte I. Ordnung. Der Seitensproß (S'_n) entspringt etwa dort, wo ein Vorblatt zu erwarten wäre (ebenso S''_n). Auf diese Weise wird die Entwicklung einer Wickel eingeleitet. Auch die tragblattlos angelegte Seitenknospe (vgl. Fig. IV, B_2) ist zur Bildung einer Wickel übergegangen (S'); man erkennt ferner einen Achselsproß mit zwei zur Mutterachse annähernd transversal stehenden Blattanlagen in der Achsel von L_n (abpräpariert); dies ist der vegetative Fortsetzungstrieb.

Besondere Beachtung verdient das Tragblatt L_{n+1} des Teilblütenstandes, dessen erste Blüte B_1 ist. Bei *S. dulcamara* L. entwickelt sich die entsprechende Partialinfloreszenz (B_1 in Abb. 39, Fig. I) tragblattlos.

Wir wollen jetzt die aus Abb. 41 gewonnenen Erkenntnisse unter Berücksichtigung des in Abb. 42 wiedergegebenen Sproßabschnittes rekapitulieren. Die Hauptachse endet mit Blüte E. Sie ist mit der am weitesten spitzenwärts angelegten jüngeren Teilinfloreszenz (Abb. 41, Fig. IV), die durch Blüte B_2 eingeleitet wird, verwachsen. Die andere Wickel ist jener Seitensproß, der als erster an der Hauptachse angelegt wurde (vgl. Abb. 41, Figg. I und II, B_1). Er ist das Achselprodukt des laubblattartigen Blattes L_{n+1}. Dieser Seitensproß ist mit der Hauptachse konkauleszenz vereinigt und verzweigt sich nach Ablauf des Streckungswachstums weit oberhalb der Anlegestelle. Das Laubblatt L_n (vgl. Abb. 41, Figg. I, IV und VI) ist Träger des vegetativen Fortsetzungssprosses (F in Abb. 41, Fig. I, IV und VI). Achselsproß (F) und Stützblatt (L_n) sind eine rekauleszente Verwachsung eingegangen. Nach Ausbildung von sechs bis acht Laubblattorganen (a, b, c, usf.) schreitet dieser die Mutterachse fortsetzende Seitensproß wiederum zur Blütenstandsbildung.

Bei unseren im Anbau befindlichen Kartoffelsorten werden innerhalb einer Vegetationsperiode 2—3 Blütenstände entfaltet.

Als wir eingangs die Möglichkeit der eben beschriebenen Form der Sproßverzweigung erwogen haben, warfen wir ein, daß dann eine bei den Solanaceen vorherrschende Gesetzmäßigkeit offenbar durchbrochen sei. Der Fortsetzungstrieb wird bei der Kartoffel in der Achsel des vorletzten Laubblattes (L_n) gebildet. In Wirklichkeit handelt es sich aber nicht um eine solche Ausnahme. Die Besonderheit liegt vielmehr darin, daß hier im Gegensatz zu *S. dulcamara* L. auch das Tragblatt (L_{n+1}) der zuerst angelegten Teilinfloreszenz zur Ausbildung gelangt. Die uns von anderen Angehörigen der Familie bekannte Akrotonie in der Seitensproßbildung ist somit in gleicher Form gewahrt: Zunächst wird ein reproduktiver Seitensproß an einer Achse hervorgebracht; dann erst erfolgt darunter die Anlegung einer vegetativen Knospe. Erstgenannter Seitentrieb ist nur während der jüngsten Entwicklungsstadien der kräftigere, später wird er, als Teil der Gesamtinfloreszenz, seitlich verdrängt. Die akrotone Verzweigung äußert sich demnach nicht nur in einer quantitativen Abstufung der Seitensprosse, sondern auch in einer qualitativen.

Ferner ist hervorzuheben, daß das Tragblatt der Teilinfloreszenz vegetativen Charakter besitzt, sich also von normalen Laubblättern kaum unterscheidet. Diesen Eindruck gewinnt man nicht nur auf Grund der Größe und Form dieses Blattes, sondern ganz besonders dadurch, daß neben der Teilinfloreszenz noch eine Beiknospe gebildet wird, die vegetativ ist (vgl. Abb. 40 und 42, A_n). Sie entspringt dort, wo sich das Tragblatt L_{n+1} am Blütenstandsschaft entfaltet. Somit werden in der Achsel dieses Blattes Seitensprosse verschiedener Qualität gebildet. Die vegetative Beiknospe erscheint zu einem Zeitpunkt, auf dem das Mutterblatt bereits deutlich vegetativen Charakter besitzt.

Bisweilen beobachtet man übrigens bei unserer Kulturkartoffel als typisches Sortenmerkmal nicht nur ein laubblattartiges Hochblatt am Blütenstandsschaft, sondern deren mehrere. Sehr häufig sind es zwei, doch können auch vier und mehr auftreten[1]). Diese Blattorgane ordnen sich als Teile der Hauptachse in deren Blattspirale ein. Hand in Hand mit einer Vermehrung der Blattzahl am Blütenstandsschaft[2]) geht in der Regel eine Erhöhung der Zahl der Teilblütenstände. Jedes dieser Blätter ist nämlich Tragblatt einer Wickel. Das Foto in Abb. 43 zeigt einen Blütenstand an dessen Schaftbasis zwei laubblattartige Mutterblätter entwickelt sind. Der Blütenstand besteht aus drei Partialinfloreszenzen, von denen eine auch hier tragblattlos gebildet wird.

Wenden wir uns wiederum dem in Abb. 42 dargestellten Sproßabschnitt zu (vgl. auch Abb. 40). In der Achsel von L_n wird neben dem Fortsetzungstrieb eine Beiknospe (A) angelegt. Die beiden Blattorgane (schraffiert) sind deren Vorblätter. Ebenso sind derartige Blättchen in den Achseln der anderen Laubblätter am vegetativen Fortsetzungstrieb sichtbar, gehören aber hier normalen Seitenknospen an. Diese Vorblätter sind völlig ungegliedert und stark asymmetrisch (vgl. Troll 1954). In der Anlage unterscheiden sie sich der Form nach nicht von den Primordien der Fiederblätter. Sie entsprechen entwicklungsgeschichtlich den Endfiedern der Laubblätter. Die Asymmetrie tritt übrigens erst verhältnismäßig spät auf.

Verfolgen wir dagegen die Blattformen am Fortsetzungssproß, so ergibt sich die eigentümliche Feststellung, daß dieser keine derartig gestalteten Vorblätter hervorbringt. Es sei vermerkt, daß der Seitensproß aus der Achsel des nächstälteren Laubblattes (L_{n-1}) nicht selten ebenfalls solche Vorblätter vermissen läßt.

Man könnte die Auffassung vertreten, daß hier die Vorblattbildung unterdrückt sei. Diese Formulierung würde aber nach unserer Meinung nicht die wesentlichen Entwicklungsvorgänge an der jungen Sproßachse zum Ausdruck bringen.

Vorblätter sind bei dikotylen Pflanzen, bezogen auf die Medianebene des Tragblattes, durch ihre transversale Stellung ausgezeichnet. In Abb. 44, Figg. I und II sind zwei junge Fortsetzungstriebe mit ihren Tragblättern (L_n) in dicht aufeinanderfolgenden Entwicklungsstadien zu sehen. Die Seitenknospe in Fig. I hat zwei Blätter (a und b) hervorgebracht. Beide werden unmittelbar nacheinander angelegt. In Fig. II ist dieses Bild insofern etwas verändert, als hier eine weitere Hervorwölbung (c) im abaxialen Bereich des Vegetationskegels zu beobachten ist. Dies ist die erste Anlage des folgenden Blattorgans. Das Größenverhältnis zwischen a und b in Fig. I ist annähernd das gleiche wie zwischen b und c in Fig. II. Wir können daraus schließen, daß an Fortsetzungstrieben die Blattprimordien in ununterbrochener Folge enstehen.

Anders verhalten sich dagegen Seitensprosse aus den Achseln tiefer stehender Laubblätter. Sie bilden im Gegensatz zum Fortsetzungstrieb, der nur Laubblätter entfaltet, Vorblätter aus. Die Seitenknospe in Fig. III stammt von einem Tragblatt, das als L_{n-2} bezeichnet wurde, da es als drittletztes unterhalb des Blütenstandes entwickelt wurde. Auch hier wurden zunächst die beiden ersten Blattanlagen (α, β) in rascher Folge gebildet. Auffallend ist aber der Größenunterschied dieser Blatt-

[1]) Eine solche Pflanze ist bei Wettstein (1891, p. 23) abgebildet. Sie muß ± als Monstrosität aufgefaßt werden und ist keineswegs typisch für diese Art.

[2]) Im allgemeinen wird gerade ein blattloser Pedunkel als „Schaft" bezeichnet. Wir verwenden diesen Ausdruck, um zu unterstreichen, daß hier die Blattbildung an diesem Sproßabschnitt als Ausnahme zu werten ist.

organe gegenüber dem nächsten Blatt (c). Auf letzteres (c) folgt dann wieder unmittelbar das Primordium d. Man gewinnt den Eindruck, daß die Blattbildung nach Anlegung der beiden Vorblätter (α, β) eine zeitlang sistiert. Immerhin ist bemerkenswert, daß die $^2/_5$-Stellung an der Sproßachse gewahrt ist. An Seitenknospen, die noch weiter unterhalb des Fortsetzungstriebes hervorgebracht werden (Abb. 44, Fig. IV), kommt es nicht selten vor, daß mit der Unterbrechung in der Anlegungsfolge auch die Blattspirale eine Abänderung erfährt.

Die beiden ersten Blattanlagen sind an allen Trieben einander homolog. Bei ununterbrochen voranschreitender Entwicklung werden sie zu Laubblättern. Tritt nach Anlegung der beiden ersten Primordien eine einmalige „Vergrößerung des Plastochrons" auf, werden sie zu Vorblättern. Dieses auffallende Erscheinungsbild ist für mehrere Solanum-Arten charakteristisch, so z. B. für *S. abutiloides* (Griseb.) Bitt. et Lillo (Abb. 45) und *S. auriculatum* Ait. Besondere Erwähnung verdient, daß u. a. auch verschiedene *Lycopersicon*-Arten dieses Merkmal aufweisen (vgl. S. 13).

Solanum nigrum L. und Verwandte[1])

Alle Arten der „*nigrum*-Gruppe" stimmen im Sproßaufbau weitgehend überein. Eine Übersicht von der Verzweigung wollen wir uns an Hand von Abb. 47 verschaffen. Die Primärachse beschließt ihre Entwicklung mit der Ausbildung eines endständigen Blütenstandes (I). Die meisten Seitentriebe verharren zunächst im Knospenstadium. Lediglich die Achselsprosse der beiden letzten Laubblätter (L_{n-1} und L_n) strecken sich, wobei der unmittelbar unterhalb der Endinfloreszenz gelegene Seitensproß der kräftigere (F) ist und die Wuchsrichtung der Mutterachse $\pm$ einnimmt. Beide Tochtersprosse sind mit ihren Tragblättern (L_{n-1} und L_n) rekauleszent verwachsen und kommen weit oberhalb ihrer Anlegungsstelle zur Entfaltung. Daneben ist an dem kräftigeren Seitentrieb (aus L_n) noch ein weiterer kongenitaler Prozeß zu beobachten. Die Endinfloreszenz der Hauptachse wird während des Streckungswachstums des Fortsetzungstriebes mit hochgeführt.

Der Sproß aus der Achsel von L_n bringt nur zwei laubblattartige Vorblätter hervor (α, β), ehe er wiederum zur Infloreszenzbildung (I_1) schreitet. Beide Blattorgane verwachsen häufig mit ihrem Tochtersproß, so daß sie nicht an der Achse, an der sie angelegt wurden, erscheinen. Das jüngere Vorblatt (β) bringt immer den kräftigeren Seitensproß hervor. Er nimmt stets die Wuchsrichtung der Mutterachse ein. Der endständige Blütenstand des voraufgegangenen Sprosses wird während der Streckung mit hochgeführt.

Nicht in allen Fällen verwächst dagegen das α-Vorblatt mit seinem Achselsproß (vgl. Abb. 47). Es kommt dann in Höhe des Tragblattes (L_n), das entwicklungsgeschichtlich der vorangegangenen Sproßgeneration angehört, zur Entfaltung. Dies ist besonders an Seitentrieben höherer Ordnung zu beobachten.

Solanum nigrum L. und seine Verwandten besitzen also eine zusammengesetzte Achse. Ein junges Sympodialglied zeigt Abb. 56, Fig. II. Die beiden Vorblätter sind, ihrer nacheinander erfolgenden Anlegung entsprechend, mit α und β bezeichnet. Nur in der Achsel des jüngeren Blattes (β) ist eine Seitenknospenanlage (F) sichtbar. Sie ist mit dem restlichen Vegetationskegel schon eine Strecke weit gemeinsam emporgewachsen. Die konkauleszente Vereinigung wird demnach bereits sehr früh sichtbar (vgl. hierzu Abb. 56, Fig. III). In der Achsel des α-Vorblattes ist dagegen noch keine

[1]) Sect. *Morella* (Dun.) Bitt.

Seitenknospe wahrzunehmen. Sie erscheint, da das Präparat einer höheren Verzweigungsordnung angehört, bedeutend später. Im erwachsenen Zustand wird sich dieses Blatt an der Achse, an der es angelegt wird, auch entfalten. An Seitentrieben niederer Ordnung erscheint dagegen unmittelbar im Anschluß an die Auswölbung in der Achsel des β-Vorblattes auch eine solche an der Basis des α-Vorblattes. — Der endständige Vegetationspunkt (E) wird im folgenden mit der Bildung der Endblüte aufgebraucht. Der dicht darunter befindliche Vegetationspunkt (S) ist ein tragblattlos angelegter Blütensproß, der durch weitere Verzweigung die Bildung einer Wickel einleitet. Er wird als erster angelegt, erscheint also noch vor dem Achselprodukt von β. Ein Größenvergleich dieser beiden seitlichen Sproßanlagen fällt in vorliegendem Entwicklungsstadium noch deutlich zugunsten des jungen Blütensprosses (S) aus.

Eine in Entfaltung begriffene Sproßknospe ist in Abb. 48 wiedergegeben. Beide Figuren (I und II) zeigen das gleiche Exemplar in verschiedener Ansicht. Betrachten wir zunächst Fig. I. L_n ist der Stiel des Tragblattes (entfernt), in dessen Achsel das Sympodialglied mit den beiden Vorblättern α und β entstanden ist. Es ist außerdem eine Beiknospe (A) sichtbar; ferner die junge Infloreszenz (I), die den Sproßabschnitt abschließt, dem auch das abgeschnittene Tragblatt L_n angehört. Zwischen den beiden Vorblättern α und β ist der zum selben Sympodialglied gehörige endständige wickelige Blütenstand (I_1) sichtbar.

Fig. II ist etwas übersichtlicher und läßt erkennen, daß die Sproßachse des jungen Triebes in das Streckungswachstum übergeht. Auch die Achselsprosse ($F\alpha$, $F\beta$) der beiden Vorblätter α und β entwickeln sich weiter. Bei diesem Prozeß werden die beiden Mutterblätter α und β hochgeführt, die endständige Infloreszenz I_1 bleibt mit dem ihr am nächsten liegenden vegetativen Trieb $F\beta$ vereinigt.

Solanum sisymbriifolium Lam.

Wir wollen den Sproßaufbau unter Berücksichtigung von Abb. 46 verfolgen. Die Achse ist sympodial zusammengesetzt. Jede Sproßgeneration wird durch einen wickeligen Blütenstand abgeschlossen (I_1—I_6). Zwischen zwei aufeinanderfolgenden Infloreszenzen sind zunächst drei, später nur zwei Laubblätter eingeschaltet, von denen das jüngste (L_n) den Fortsetzungstrieb ausbildet und mit ihm eine Strecke weit verwächst. Es kommt deshalb am eigenen Tochtersproß zur Entfaltung. Der anthokladiale Trieb in Abb. 46 ist bereits ein Verzweigungssystem höherer Ordnung, an jedem sympodialen Abschnitt sind daher durchweg nur zwei Laubblätter (L_n und L_{n-1}) zu beobachten. Die zum selben Sproßabschnitt gehörenden Blattorgane sind durch übereinstimmende Indices gekennzeichnet.

Werden drei Laubblätter an jedem Fortsetzungssproß entwickelt, so ergibt sich ein Verzweigungssystem, wie wir es bei Besprechung der Gattung *Lycopersicon* Mill. näher kennengelernt haben. Die erste Seitenblüte entwickelt sich an der Stelle, wo in Fortsetzung der Blattspirale das vierte Laubblatt zu erwarten ist. Entsprechend liegen die Verhältnisse, wenn, wie im vorliegenden Falle, nur zwei Laubblätter an jedem Sympodialglied gebildet werden. Alle Blätter der vegetativen Achsen tragen Laubblattcharakter.

Solanum pringlei Robins. et Greenm.

Auch hier ist die Achse sympodial zusammengesetzt. Der Sproßaufbau ist aus Abb. 49 zu entnehmen. Die abschließenden Blütenstände und ein Blattwirtel sind in gleicher Höhe sichtbar. Die Blattorgane besitzen auffallende Größenunterschiede. Sie gehören entwicklungsgeschichtlich verschiedenen Sproßgenerationen an. Das jeweils kleinere ist das ältere an jedem Fortsetzungstrieb (α). Es entfaltet sich dicht unterhalb der Endinfloreszenz desselben Sproßgliedes. Dagegen geht das jüngere Blatt (β) eine kongenitale Verwachsung mit dem eigenen Tochtersproß ein. Es erscheint schließlich dort, wo auch das α-Vorblatt des folgenden Sympodialgliedes im adulten Zustande sichtbar wird. Das β-Vorblatt ist also stets mit dem α-Vorblatt des Tochtersprosses gepaart.

An jedem Trieb wird nur ein gestrecktes Internodium, nämlich das Hypodium ausgebildet, mit dem das β-Vorblatt des Muttersprosses rekauleszent verwächst. Ein Mesopodium in dem Sinne, daß zwischen beiden Vorblättern ein Internodium eingeschaltet wird, kommt nicht zur Ausbildung, da ja auf das β-Vorblatt unmittelbar die endständige Infloreszenz folgt.

Die Blütenstände von *S. pringlei* Robins. et Greenm. sind wenigblütig. Meist wird neben der Endblüte lediglich eine Seitenblüte ausgebildet. Sie entsteht tragblattlos. Die Infloreszenzachse bleibt gestaucht, dagegen sind die Einzelblüten gestielt.

Solanum violifolium Schott

Diese Art besitzt eine Wuchsform, die bei Solanaceen recht selten vorkommt. Die Achse kriecht flach im Boden, bisweilen auch dicht über der Erdoberfläche. Die Laubblätter sind durch lange Internodien voneinander getrennt. Im Bereich ihrer Insertionsstellen werden sproßbürtige Wurzeln entwickelt. Bei genauerer Betrachtung bemerkt man ferner in gleicher Höhe ein etwa 4 mm langes reduziertes häutiges Blättchen. Dieses ist in Abb. 50 mit N bezeichnet, L_n ist der Stiel eines Laubblattes. In der Lücke zwischen beiden Blattorganen ist eine Blüte (E) sichtbar. L_n trägt ferner eine Achselknospe (A), deren Hypopodium in Streckung begriffen ist.

In Abb. 50 übertrifft das Laubblatt das in der Entwicklung zurückgebliebene Blattorgan um ein Vielfaches. Betrachten wir dagegen eine wachsende Sproßspitze (Abb. 51, Figg. I und II), so fällt auf, daß hier das Verhältnis gerade umgekehrt ist. Das wenig differenzierte Blatt (N) eilt nämlich zunächst in der Entwicklung voraus und überkappt durch bevorzugtes Wachstum auf der Blattunterseite die wachsende Sproßspitze (Fig. I). Das in gleicher Ebene zur Entfaltung gelangende Laubblatt (L) wird von ihm dabei schützend überdacht. Erst während der Streckung des folgenden Internodiums drängt die Sproßachse das reduzierte Blattorgan aus der median-involuten Knospenlage (Fig. II, N). Gleichzeitig wird durch verstärktes Wachstum auf der Blattoberseite die Einrollung allmählich aufgehoben. Im Endzustand ist dieses Blatt zurückgeschlagen (Abb. 50, N).

Das Streckungswachstum setzt bereits zu einem Zeitpunkt ein, in dem am Laubblatt (Fig. II, L) gerade die Spreitenbildung eingeleitet wird. Es ergibt sich somit ein Verhalten, wie es im allgemeinen bei schlingenden Pflanzen zu beobachten ist und auch an Ausläufern häufig auftritt. — Wir wollen uns jetzt der Verzweigung zuwenden.

Die Blütenknospe E in Abb. 50 steht offenbar weder zu dem Laubblatt L noch zu dem Hüllblatt N in einer direkten Beziehung; sie wird in der Lücke zwischen beiden Blattorganen hervorgebracht, nimmt also eine extraaxilläre Stellung ein. Dies spricht für eine sympodiale Zusammensetzung der Sproßachse. Auch die Anordnung der Blattorgane deutet auf ein Monochasium hin. Die Blätter inserieren nämlich in vier Orthostichen an der Achse, wobei zwei Geradzeilen auf die Laubblätter entfallen und die beiden übrigen von den reduzierten Blättern eingenommen werden. Abb. 51,

Fig. III zeigt einen Vegetationskegel mit insgesamt vier Blattanlagen. Kommen weitere Blätter zur Ausbildung, so werden diese in den Orthostichen liegen, die von den in Abb. 51, Fig. III sichtbaren Blättern gebildet werden. Auffallend ist die einseitige Häufung der Geradzeilen. Die physiologische Unterseite der kriechenden Sproßachse ist blattlos. Man vergleiche hierzu auch das Diagramm in Abb. 52, Fig. I. Schließlich spricht für eine sympodiale Zusammensetzung die abwechselnde Folge von Laub- und reduzierten Blättern an der Achse. Von Interesse sind in diesem Zusammenhang auch die seitenständigen Sprosse in den Achseln der Laubblätter (Abb. 50, A). Sie beginnen ihre Entwicklung mit der Ausbildung eines reduzierten Blattes (La), ehe ein Laubblatt hervorgebracht wird. Wir müssen demnach ersteres als Niederblatt ansprechen.

Eine junge Sproßknospe zeigt Abb. 51, Fig. IV. N_1 ist die Stelle, an der ein Niederblatt abpräpariert wurde. Darauf folgt Laubblatt L_1 und schließlich Blüte E_1, deren erstes Kelchblatt allen anderen Sepalen in der Entwicklung vorauseilt. N_2 ist wiederum ein Niederblatt. Die gleiche Sproßspitze zeigt auch Fig. V. Alle eben erwähnten Blätter wurden entfernt, lediglich Blüte E_1 ist mit eingezeichnet. Nach N_2 (punktierte Linie) wurden das Laubblatt L_2 und die folgende Blütenanlage (E_2) ausgebildet. Letztere ist als völlig undifferenzierter kleiner Höcker sichtbar. Der übrige Vegetationskegel ist stark verbreitert, deutlich hebt sich lediglich ein Randwulst ab, der später zu dem nächsten Niederblatt auswächst (N_3). Alle weiteren morphologischen Strukturen sind nicht mit Sicherheit anzusprechen. Unklar bleibt damit auch die Anlegung des Fortsetzungstriebes.

Im allgemeinen läßt sich bei Solanaceen mit sympodialer Sproßausbildung auf präparativem Wege die ursprünglich endständige Stellung einer Blüte bzw. Infloreszenz deutlich nachweisen. Hier eilt offenbar unter intensiver Verbreiterung des Vegetationskegels der Fortsetzungssproß auf einem so frühen Entwicklungsstadium der Endblüte voraus, daß letztere in dem Zeitpunkt, in dem sie als solche angesprochen werden kann, schon aus ihrer endständigen Stellung verdrängt worden ist.

Wenn wir auch auf Grund unserer Untersuchungen nicht in der Lage sind, eine genaue Analyse der Sproßzusammensetzung zu geben, so läßt sich doch, ausgehend von unseren Erfahrungen bei anderen Solanaceen, folgendes Bild erkennen (hierzu Schema Abb. 52, Fig. II): Die einen Wirtel bildenden Blattorgane gehören gleicher Sproßgeneration an (Niederblatt N und Laubblatt L). Die in derselben Höhe erscheinende Blüte (E) schließt das betreffende Sympodialglied ab. Der Fortsetzungstrieb geht aus der Achsel des Laubblattes (L) hervor und reproduziert die Organe der Mutterachse. Die einzelnen gestreckten Internodien stellen jeweils die Hypopodien (hier im Sinne von erstem Internodium eines Triebes gebraucht) einer Sproßgeneration dar. Die in Abb. 50 dargestellte Seitenknospe (A) in der Achsel des Laubblattes L, muß demnach als Beiknospe angesprochen werden. Aus dieser Deutung, denn um eine solche kann es sich nur handeln, da genauere entwicklungsgeschichtliche Belege nicht gegeben werden können, geht damit hervor, daß kongenitale Verwachsungen nicht auftreten, die Sproßfortsetzung ist eine einfache Sympodienbildung.

Zu erläutern bleibt schließlich noch die eigentümliche Blattstellung, die unter den uns bekannt gewordenen Solanaceen nicht an anderer Stelle beobachtet wurde[1]). Die Besonderheit liegt darin, daß die beiden Blattorgane eines Tochtersprosses zur Medianebene des Mutterblattes keine transversale Stellung einnehmen. Auch sind beide Blätter nicht, wie es für Vorblätter dikotyler Pflanzen charakteristisch ist, einander opponiert. Die Anordnung der Blattorgane an der Sproßachse soll das

[1]) Abgesehen von dem *S. violifolium* Schott äußerst ähnlichen *S. asarifolium* Kth. et Bouché.

Diagramm in Abb. 52, Fig. I zum Ausdruck bringen. Aufeinanderfolgende Sympodialglieder sind durch verschieden starke Konturen hervorgehoben. Beiknospen sind schraffiert gezeichnet.

Wir sind geneigt die Blattstellungsverhältnisse mit der besonderen Wuchsweise der Sproßachse in Zusammenhang zu bringen. Hervorgehoben zu werden verdient, daß nicht nur der Ausläufer plagiotrop wächst, sondern auch der Vegetationspunkt selbst diese Lage einnimmt. Die Blätter entspringen der physiologischen Sproßoberseite. Sie lassen sich aber unter folgender Voraussetzung auf normale Stellungsverhältnisse zurückführen: die Sproßachse ist dorsiventral, und zwar hypoton gefördert. Dabei tritt das verstärkte Wachstum auf der Sproßunterseite schon im Bereich des Vegetationspunktes auf. Am Vegetationskegel, also in der Zone, in der seitliche Ausgliederungen sichtbar werden, ist dieser Prozeß bereits vollzogen. Die Blattanlagen nehmen hier schon die Stellung ein, die sie auch im erwachsenen Zustand erkennen lassen.

Erwähnenswert scheint in diesem Zusammenhang noch, daß das Niederblatt (N in Abb. 50) einen Nervenverlauf besitzt, der das Blatt als ein asymmetrisches Organ kennzeichnet. Das mediane Leitbündel ist in Abb. 50 mit M bezeichnet. Es teilt die Blattfläche in zwei ungleich große Abschnitte. Man erkennt, daß der nach der Sproßunterseite weisende stärker entwickelt ist.

Mit vorstehend beschriebenen Beispielen (vgl. auch Schema Abb. 55) glaube ich die Mannigfaltigkeit der Verzweigungsformen in der Gattung *Solanum* L. weitgehend erfaßt zu haben. Allen erwähnten Arten ist gemeinsam, daß die vegetative Achse sympodial zusammengesetzt ist. Die Blüten sind bei den meisten Angehörigen zu Infloreszenzen vereinigt. Bei einigen Vertretern, z. B. bei *S. melongena* L. und *S. capsicastrum* Link. kommt bisweilen nur die Endblüte zur Entfaltung, weitere Blüten verharren im Knospenstadium. Einzelblüten fanden wir mit Sicherheit lediglich bei *S. violifolium* Schott und *S. asarifolium* Kth. et Bouché, die wir in unseren folgenden Betrachtungen zunächst außer acht lassen wollen. Die Blütenstände werden endständig angelegt, später aber durch den vegetativen Fortsetzungstrieb zur Seite gedrängt.

Charakteristisch für alle Arten ist die akrotone Verzweigung. Nicht immer ist es jedoch der der Endblüte am nächsten stehende Seitensproß, der zuerst angelegt wird. Dies ist nur überall dort so, wo die Infloreszenz eine einfache Wickel ist. Sind die Blütenstände höher zusammengesetzt, d. h. werden Doppel- und Mehrfachwickel gebildet (z. B. *S. dulcamara* L.), entsteht in allen beobachteten Fällen jener Blütensproß zuerst, der an der erwachsenen Pflanze am weitesten basal erscheint. Auf ihn folgen dann spitzenwärts (akropetal) die übrigen Teilblütenstände, während zur gleichen Zeit basipetal die vegetativen Triebe gebildet werden; von diesen setzt der oberste die Achse fort. Die der Endblüte am nächsten stehende Partialinfloreszenz wird stets als letzter von allen reproduktiven Trieben hervorgewölbt. Ihre Achse geht mit der Endblüte meist eine Verwachsung ein.

Die akrotone Verzweigung wird also insofern nicht unbedingt eingehalten, als der Sproß, der der Endblüte am nächsten steht, durchaus nicht immer als erste seitliche Anlage am Vegetationskegel erscheint. Stets ist es der am weitesten basal stehende r e p r o d u k t i v e Seitensproß, der als erster sichtbar wird. Wesentlich für das Verständnis der Akrotonie in der Gattung *Solanum* scheint uns zu sein, daß sie dort ausgeprägt ist, wo die qualitative Differenzierung der Seitensprosse einsetzt. Die später angelegten reproduktiven Triebe sind akzessorischer Natur. Auf Grund der entwicklungsgeschichtlichen Untersuchungen kommen wir damit zu dem Schluß, daß die Synfloreszenzen in der Gattung *Solanum* L. als abgeleitet zu betrachten sind. In einem abschließenden Kapitel werden wir auf diese auffallende Erscheinung nochmals einzugehen haben.

Bei einigen Arten kommt es vor, daß ein reproduktiver Abschnitt aus einer noch größeren Zahl von Teilblütenständen besteht. So werden z. B. bei *S. juciri* Mart. fünf Wickeläste gebildet (vgl. Abb. 53). Noch bedeutend mehr sind es aber bei *S. seaforthianum* Dun. (Abb. 54)[1]. Leider haben wir diese Art nicht entwicklungsgeschichtlich untersuchen können, doch ist auffallend, daß die Partialinfloreszenzen annähernd in $^2/_5$-Stellung stehen. Dies deutet darauf hin, daß die Synfloreszenzachse monopodial ist. Es ist anzunehmen, daß sie mit einer Endblüte ihr Wachstum beschließt. Sicherlich entstehen auch bei dieser Art die reproduktiven Seitensprosse akropetal.

Teilblütenstände entwickeln sich in der Gattung *Solanum* L. im allgemeinen tragblattlos. Von besonderem Interesse ist daher gerade das Vorhandensein eines solchen Tragblattes bei *Solanum tuberosum* L. und verwandten Arten. Der am weitesten basale Blütentrieb geht aus der Achsel eines laubblattartigen Hochblattes hervor.

Haben wir vorstehend gemeinsame Züge in der Sproßentwicklung kennengelernt, so wollen wir jetzt versuchen, die einzelnen Ramifikationsarten vergleichend zu betrachten. In Schema Abb. 55 sind die Verzweigungsformen, die wir in der Gattung *Solanum* angetroffen haben, nochmals zusammengestellt. Aufeinanderfolgende Sproßgenerationen sind durch verschiedene Konturen hervorgehoben. In den Figg. I—III haben wir unberücksichtigt gelassen, daß Fortsetzungstrieb und Tragblatt eine konkauleszente Verwachsung eingehen können. Aus Übersichtsgründen haben wir ferner als Infloreszenz jeweils eine einfache Wickel mit gestreckter Achse eingezeichnet.

Wir wollen in unserer Überschau von solchen Formen ausgehen, bei denen jeder Fortsetzungstrieb eine größere Zahl Laubblätter bildet, ehe er zur Blütenstandsbildung schreitet (Fig. I). Wir haben als Repräsentanten *S. dulcamara* L. gewählt, da es uns am besten bekannt ist. Es sei betont, daß diese Form sehr häufig vorkommt. Sie ist besonders bei strauchförmigen Arten verbreitet. Die Laubblattorgane stehen im allgemeinen in $^2/_5$-Stellung, Seitenblüten I. Ordnung entspringen unterhalb der Endblüte dort, wo in Fortsetzung der Laubblattspirale Blattorgane zu erwarten wären. — Hierher rechnen wir auch solche Formen, die, wie *S. tuberosum* L., noch ein Tragblatt eines reproduktiven Sprosses ausbilden (vgl. hierzu Abb. 46).

Bei einer Reihe von Arten, ist die Zahl der Laubblätter geringer. Solche Formen lassen sich hier anschließen (Figg. II und III). Bisweilen kommt es vor, daß an den ältesten Fortsetzungssprossen zunächst drei Laubblätter zur Ausbildung gelangen, wie dies z. B. bei *S. sisymbriifolium* Lam. der Fall ist (Fig. II). Später bringen sie nur zwei Laubblattorgane hervor, ehe eine Infloreszenz erscheint.

Bei anderen Arten werden überhaupt nur zwei Blattorgane an jedem Sympodialglied gebildet. Die gleiche Anordnung wie bei *S. sisymbriifolium* Lam. besitzen auch die Blätter bei *S. diphyllum* L. Eine Übersicht von den Verhältnissen im Bereich des Vegetationskegels bietet Abb. 56, Fig. III. Hier ist ein junger Sympodialsproß dieser Art dargestellt, der in der Achsel des Blattes L_n entstanden ist. a und b sind die beiden Laubblätter, von denen b den Fortsetzungssproß (F) hervorbringt. E ist die Endblüte. S die Seitenblüte, die die Wickelbildung einleitet. Alle Pflanzen, die eine Verzweigung nach Art der Figg. I—III (Abb. 55) aufweisen, lassen sich in eine kontinuierliche Reihe bringen. Formen, die eine Mittlerstellung zwischen den Figg. I und II einnehmen, gibt es in größerer Zahl.

Solche Arten, die nur zwei Blattorgane an den einzelnen Sympodialgliedern hervorbringen, können im Gegensatz zu den in Fig. I und II abgebildeten Gruppen recht verschieden gestaltet sein. Gehen wir von Abb. 55, Fig. III aus (vgl. auch Abb. 46) und stellen uns vor, daß an jedem Sympodialglied bis auf das basale alle Internodien gestaucht sind, so gelangen wir zu einer Verzweigungsform wie sie bei *S. pringlei* Robins. et Greenm. ausgeprägt ist (Fig. IV).

[1]) Curt. Bot. Mag., t. 1982.

Hinzu kommt, daß jedes Tragblatt (β) eines Fortsetzungstriebes in dieses Streckungswachstum mit einbezogen wird und sich erst am Tochtersproß in Höhe von dessen erstem Blattorgan (α) entfaltet. Als weiteres Beispiel aus dieser Gruppe sei *S. jamaicense* Mill. genannt (Abb. 57). Auch diese Verzweigungsform kommt ziemlich häufig in der Gattung vor.

Besonders erwähnt zu werden verdient eine Art, bei der die Reduktion des vegetativen Anteiles an einem Sympodialglied noch weiter gegangen ist: *S. ochrophyllum* van Heurek et Muell. An jedem Fortsetzungstrieb ist nur ein einziges Laubblatt sichtbar. Wir haben diese Art nur als Exsikkat gesehen. Zwischen zwei aufeinanderfolgenden Blütenständen ist lediglich ein Laubblatt eingeschaltet. Letzteres ist Tragblatt des Fortsetzungstriebes und wird von diesem eine Strecke weit hochgeführt. Die gesamte Oberfläche der Pflanze ist mit einem dichten Wollfilz versehen und außerdem stark mit Sternhaaren bedeckt, so daß eine genaue Beobachtung erschwert war, doch glauben wir dennoch in unserer Beurteilung nicht fehlgegangen zu sein. Jede erste Seitenblüte unterhalb einer Endblüte erscheint nämlich an der Stelle, wo an Sympodialgliedern mit zwei Blattorganen das jüngere der beiden Laubblätter zu erwarten wäre. Das Schema in Fig. IV kann also dahingehend abgewandelt sein, daß Vorblatt α jeweils ausfällt.

Bei anderen Arten ist, wenn wir von *S. pringlei* Robins. et Greenm. ausgehen, außerdem der Blütenstand des Muttersprosses mit dem Tochtersproß eine Strecke weit verwachsen. Damit ergibt sich eine Verzweigungsform, wie sie in Abb. 55, Fig. V dargestellt ist (Signaturen wie in Fig. IV). Als Beispiel für diese Gruppe haben wir *S. nigrum* L. näher erläutert.

In so großen Gattungen, wie *Solanum* L., ist zum Zwecke der Übersicht eine intragenerische Gruppenbildung von großem Wert. Inwieweit läßt sich nun die Verzweigung als Gruppenmerkmal auswerten? Grundsätzlich ist zu sagen, daß die Zahl der vorhandenen Laubblätter an einem Fortsetzungstrieb bei jenen Arten etwas schwankt, die wir in den Figuren I bis III schematisch zusammengefaßt haben. Hier kommt dieses Merkmal als Grundlage für eine Gruppierung wohl kaum in Frage, kann aber dennoch ein wertvolles Hilfsmittel sein. Es verdient hervorgehoben zu werden, daß mit nur einer uns bekannt gewordenen Ausnahme, alle Arten der Sektion *Tuberarium* Bitt. im Bereich des Blütenstandes das Tragblatt der ersten Seitenblüte entwickeln (Danert 1957). Einschränkend muß allerdings gesagt werden, daß auch einige Vertreter anderer Sektionen an dieser Stelle ein Stützblatt ausbilden. Dieses Merkmal kann also nur im Zusammenhang mit anderen verwendet werden. Immerhin wird eine Einordnung bei Berücksichtigung dieser auffallenden Eigenschaft wesentlich erleichtert.

Alle Arten der Sektion *Morella* (Dun.) Bitt. besitzen eine Verzweigungsform, wie sie in Fig. V unserer Abb. 55 festgehalten ist (z. B. *S. nigrum* L.). Auch hier dürfte die Verzweigung ein wesentlicher Anhaltspunkt für die Eingruppierung sein.

Bitter (1920) hat die Abspaltung der Gattung *Lycianthes* (Dun.) Hassler von *Solanum* L. nachdrücklich vertreten. Alle Arten dieses Genus weisen eine Wuchsform auf, wie sie in Abb. 55, Fig. IV festgehalten ist.

Völlig isoliert steht diesen Verzweigungstypen die Wuchsform von *S. violifolium* Schott gegenüber (Abb. 52). Alle vorgenannten Gruppen ließen sich in Beziehung zueinander setzen, diese Art läßt sich nicht zwanglos anschließen. Allein nach den Blütenmerkmalen ist sie sicher in der Gattung *Solanum* L. zu belassen. Berücksichtigt man dagegen die Verzweigung und deren Variationsbreite in der Gattung *Solanum*, so fällt es schwer, diese Art mit anderen Angehörigen unseres Genus in Verbindung zu bringen.

Die Abtrennung der Gattung *Lycopersicon* Mill. von der Gattung *Solanum* erfolgte auf Grund eines Merkmals: Die Antheren öffnen sich in der Gattung *Solanum* L. durch Poren, im Genus *Lycopersicon* Mill. reißen sie dagegen der Länge nach auf. Die Selbständigkeit der Gattung *Lycopersicon* wird heute allgemein vertreten. Börner (1912) hat darauf hingewiesen, daß sich auch in der Sektion *Tuberarium* (Dun.) Bitt. die Staubbeutel durch

Längsrisse öffnen, allerdings geht hier der Spalt nicht immer bis zum Grunde. Somit ergibt sich, daß dieses Merkmal in eine Variationsbreite eingeordnet werden kann und nicht isoliert dasteht. Alle anderen Charakteristika sind ebenso in der Gattung *Solanum* verbreitet, so z. B. die von uns abgehandelte Vorblattbildung an seitenständigen Sprossen.

Wir sind der Meinung, daß sich die Gattung *Lycianthes* weit klarer von der Gattung *Solanum* abgrenzen läßt als *Lycopersicon* Mill.

Unter diesem Gesichtspunkt betrachtet halten wir es durchaus für vertretbar, die selbständige Stellung der Gattung *Lycianthes* (Dun.) Hassl. anzuerkennen, zumal hier auch im Blütenbau eigene Merkmale vorliegen. Wenn eine so große Gattung wie *Solanum* L. durch eine klare Gruppenbildung verkleinert werden könnte, würde dies die Übersicht wesentlich erleichtern.

Möglicherweise ließen sich auch andere Sektionen bei genauerer Kenntnis der Sproßentwicklung schärfer herausarbeiten.

Cyphomandra Sendtn.

Neben der in unseren Gewächshäusern häufig kultivierten Baumtomate, *C. betacea* (Cav.) Sendtn., konnten folgende Arten untersucht werden: *C. divaricata* Sendtn., *C. diploconos* Sendtn., *C. fragans* Sendtn., *C. fraxinella* Sendtn., *C. sycocarpa* Sendtn., *C. uniloba* Rusley und *C. velutina* Sendt. Die Artenzahl wird auf etwa 30 geschätzt. Die Gattung ist in Südamerika, hauptsächlich in Brasilien, verbreitet.

Alle uns bekannt gewordenen Arten stimmen im Sproßaufbau überein. Wir wollen deshalb nur auf *C. betacea* Sendtn. näher eingehen. Ob unsere Angaben für die gesamte Gattung verallgemeinert werden können, muß zwar dahingestellt bleiben, doch kann man aus verschiedenen Beschreibungen (z. B. Bitter 1921d) entnehmen, daß alle Arten sich sehr ähnlich verzweigen.

Ein blühender Zweig von *C. betacea* Sendtn. ist in Abb. 58 wiedergegeben. Drei Blütenstände (I_{1-3}) sind insgesamt sichtbar, sie entspringen im Bereich einer Blattachsel. Doch sind sie, was auch in der Photographie klar zum Ausdruck kommt, zur Medianebene etwas seitlich verschoben. Dies deutet darauf hin, daß die vegetative Sproßachse monochasialer Natur ist. Danach bestünde jedes Sympodialglied aus 3 Laubblättern und einem abschließenden Blütenstand. (Zwischen der mittleren und der letzten Infloreszenz ist ein Blatt der Übersicht halber entfernt worden.)

Unsere Annahme wird bestätigt, wenn wir die Entwicklungsgeschichte verfolgen. Fig. I in Abb. 59 stellt die Anlage eines Sympodialgliedes dar. Auf drei Laubblätter folgt ein endständiger Blütenstand. Das älteste Laubblatt (L_1), das übrigens schon einen Stielabschnitt aufweist, ist ohne Seitensproßanlage. An der Basis des zweiten (L_2) ist dagegen eine Achselknospe (S_2) erkennbar. Ebenso in der Achsel des jüngsten Laubblattes (L_3). Aus der Abbildung geht hervor, daß die Seitensproßanlage des zuletzt gebildeten Laubblattes die größere ist (S_3). Erst nachdem sie angelegt ist, wird die seitliche Hervorwölbung in der Achsel des mittleren Laubblattes (L_2) sichtbar. Die Ausgliederung der Seitentriebe erfolgt demnach basipetal.

Die Laubblätter stehen an der Sproßachse in $^2/_5$-Divergenz. Verfolgen wir die Spirale der Laubblätter über das jüngste Blatt (L_3) hinaus, so wäre die nächstfolgende Blattanlage zwischen L_1 und L_2 zu erwarten. An dieser Stelle ist ein seitlicher Vegetationskegel (S_4) zu beobachten. Er ist tragblattlos enstanden. Dies ist die Anlage eines Teilblütenstandes. Sie ist der älteste Seitensproß des Sympodialgliedes. Die beiden oben genannten Knospen (aus L_3 und L_2) entwickeln sich erst anschließend. Doch werden Seitenachsen nicht nur in basipetaler Richtung angelegt. Auch oberhalb von S_4 wird ein Trieb am Primärsproß sichtbar (S_5). Er entsteht stets später als der eben genannte tragblattlose Seitensproß (S_4) und ist ebenfalls Ausgangsort einer Teilinfloreszenz. Wir müssen ihn in Fortsetzung der Laubblattspirale dort erwarten, wo zwischen L_2 und L_3 eine Lücke offen ist.

Zur Bestätigung dieser Überlegung sei auf Fig. II hingewiesen. Hier ist das aus Fig. I bekannte Sympodialglied in der Draufsicht gezeichnet, um die Stellungsverhältnisse der Laubblätter und der tragblattlosen Seitensprosse nochmals zu veranschaulichen. Die Spirale berührt in zwei Umläufen an fünf Stellen seitliche Organe, was durch die Indices zum Ausdruck gebracht worden ist. (L_1 entfernt).

Erst jetzt geht der Vegetationspunkt der relativen Hauptachse in der Endblüte auf (E in Figg. I und II). Zu diesem Zeitpunkt ist an dem zuerst angelegten Seitensproß S_4 bereits eine Seitentriebanlage höherer Ordnung sichtbar (S), die, wie die Mutterachse, tragblattlos enstanden ist. Sie wölbt sich an der Stelle hervor, wo ein Vorblatt normalerweise zu erwarten ist. Mit diesem Seitensproß wird die Bildung einer Wickel eingeleitet. B_1 wird zu einer Blütenknospe, während die Verzweigung aus S weiter fortgesetzt wird. In gleicher Weise erfolgt die Ausdifferenzierung der zweiten Partialinfloreszenzanlage (S_5).

Die Entstehung eines Teilblütenstandes soll Abb. 59 Fig. III nochmals erläutern. Die uns schon bekannten Signaturen sind aus Übersichtsgründen beibehalten worden. Die Knospen der jüngeren Teilinfloreszenzanlage (S_5) werden durch die Endblüte (E) verdeckt.

Schließlich ergibt sich ein Blütenstand, wie er in Fig. IV abgebildet ist. Die Endblüte E befindet sich gerade in Anthese. Als nächste Blüte öffnet sich B_1, die auch in den Figg. I und II schon als Blütenvegetationspunkt zu bezeichnen war.

Es bleibt noch die Weiterentwicklung der vegetativen Achselknospen zu erläutern, wozu wir wiederum Fig. I in Abb. 59 heranziehen wollen. Der Seitensproß (S_3) aus der Achsel des jüngsten Laubblattes (L_3) wird zum Fortsetzungstrieb, also dem folgenden Sympodialglied. Das Tragblatt (L_3) wird dabei vom Achselsproß mit hochgeführt. Die Sproßachse bleibt zwischen den beiden letzten Laubblättern (L_2 und L_3) gestaucht, L_2 kommt daher unmittelbar unterhalb der Infloreszenz zur Entfaltung. Ein Blick auf Abb. 58 lehrt, daß auch der dazugehörige Seitensproß (S_2 in Abb. 59, Fig. I) sich weiter entwickelt hat, an Größe aber weit hinter dem Fortsetzungssproß zurückgeblieben ist. Er gelangt später ebenfalls zur Blütenbildung.

Bezüglich der Zahl der Teilinfloreszenzen sei übrigens vermerkt, daß häufig auch Trichasien gebildet werden.

Insgesamt ergibt sich somit bei den uns bekannt gewordenen Arten der Gattung *Cyphomandra* Sendtn. eine ähnliche Verzweigungsform, wie sie bei Besprechung der Gattung *Lycopersicon* Mill. geschildert wurde.

Salpichroa Miers

Aus dieser etwa 15 Arten umfassenden mittel- und südamerikanischen Gattung konnten untersucht werden: *S. diffusa* Miers[1]), *S. foetida* U. Dammer, *S. origanifolia* (Lam.) Thell., *S. rhomboidea* Miers[1]) und *S. scandens* U. Dammer. Die Verzweigung ist in allen bekannt gewordenen Arten sehr ähnlich.

Wir wollen auf *S. origanifolia* (Lam.) Thell. näher eingehen. Die Hauptachse endet mit einer Blüte. Ebenso die aus den Achseln der obersten Laubblätter hervorgehenden Seitentriebe, die zwei Vorblätter ausbilden. Letztere sind wiederum Tragblätter von Seitensprossen. Der in der Achsel des jüngeren Vorblattes (β) entstehende Trieb wird zuerst angelegt und wächst $\pm$ in Richtung der Mutterachse fort, wobei das Tragblatt mit hochgeführt wird. Der

[1]) Abb. bei Miers (1850).

später erscheinende Seitensproß des α-Vorblattes entwickelt sich dagegen nur langsam weiter. Eine Verwachsung mit dem Mutterblatt unterbleibt hier. An den folgenden Sympodialgliedern wiederholt sich der Aufbau der Mutterachse. — Bei *S. diffusa* Miers wird auch das α-Vorblatt von dem eigenen Tochtersproß hochgeführt; dies wenigstens an Seitentrieben niederer Ordnung. Es ergibt sich somit eine Verzweigung, wie sie für *Atropa bella-donna*, verschiedene *Physalis*- und *Datura*-Arten charakteristisch ist: die laubblattartigen Vorblätter im Bereich der Blütenregion stehen gepaart. Zwei in gleicher Höhe entfaltete Blätter gehören verschiedenen Sproßgenerationen an. Eines ist das β-Vorblatt des vorausgegangenen Sproßgliedes, während das andere das α-Vorblatt des Tochtertriebes ist.

Nectouxia H.B.K.

Die Gattung ist monotypisch. *N. formosa* H. B. K. ist aus Mexiko beschrieben worden. Diese Art besitzt eine Wuchsform, wie sie auch bei den Angehörigen der Gattungen *Datura* L. und *Physalis* L. verbreitet ist.

Der Primärsproß endet mit einer Blüte. Aus den Achseln der (3) obersten Laubblätter gehen Seitentriebe hervor, die durch gestreckte Hypopodien ausgezeichnet sind. Die Mutterblätter sind mit ihnen bis in Höhe der Anlegungsstellen der laubblattartigen Vorblätter verwachsen. Die Seitensprosse I. Ordnung werden durch eine Endblüte abgeschlossen. Aus den beiden Vorblattachseln gehen zunächst annähernd gleichstarke Seitensprosse hervor, die Tragblätter werden von ihnen während der Streckung wiederum hochgeführt. Sehr bald bilden sich an den folgenden Sproßgenerationen nur noch in den Achseln der β-Vorblätter Seitensprosse. Die dichasiale Verzweigung wird allmählich zu einer monochasialen.

Jaborosa Juss.

Diese Gattung umfaßt etwa 15 Arten, die alle neuweltlich sind. Folgende konnten eingesehen werden: *J. caulescens* S. et H., *J. desiderata* Speg. und *J. floccosa* U. Dammer. Alle verzweigen sich in gleicher Weise. Die Sproßachse ist sympodial zusammengesetzt. Sowohl in der Wuchsform als auch im Habitus herrscht völlige Übereinstimmung zu der von uns näher untersuchten Trechonaetes sativa Miers. Wir verweisen deshalb auf die Beschreibung der anschließenden Gattung.

Trechonaetes Miers

T. sativa Miers konnte aus dieser Gattung näher untersucht werden. *T. laciniata* (Miers) Miers besitzt das gleiche Aussehen und stimmt in der Verzweigung wahrscheinlich mit obiger Art überein. Beide stammen aus Südamerika.

Der Aufbau ist sehr eigentümlich. Abb. 60 zeigt den oberen Abschnitt eines Zweiges von *T. sativa* Miers. Er ist monochasial zusammengesetzt. Die drei Blütenstände I_1, I_2 und I_3 beschließen jeweils ein Sympodialglied. In Höhe einer Infloreszenz entfalten sich eine Reihe Laubblätter. Sie gehören verschiedenen Sproßgenerationen an. L ist das Tragblatt einer Achse, die die beiden laubblattartigen Vorblätter α_1 und β_1 hervorgebracht hat. Das jüngere (β_1) ist Mutterblatt eines kräftigen Seitensprosses ($S\beta_1$). Die Achselknospe des zuerst angelegten Vorblattes ($S\alpha_1$) erscheint dagegen später und bleibt auch während der Weiterentwicklung an Größe zurück. Das auf die beiden Vorblätter (α_1, β_1) folgende Laubblatt (L_1)

bildet einen Seitensproß, der die Wuchsrichtung der Mutterachse fortsetzt. Das Tragblatt (L_1) wird dabei bis in Höhe des folgenden Blütenstandes hochgeführt. Die beiden Vorblätter des Fortsetzungssprosses (α_2 und β_2) entfalten sich in unmittelbarer Nähe des Mutterblattes L_1. Das anschließende Internodium der vegetativen Achse gehört dem Folgesproß an, dessen Tragblatt L_2, wiederum emporgerückt ist. Neben dem am weitesten spitzenwärts zur Ausbildung gelangenden Fortsetzungssproß, der mit der Infloreszenz I_3 abschließt, ist lediglich in der Achsel des Vorblattes β_2 ein Seitensproß sichtbar ($S\beta_2$).

Die eigentümliche Etagierung der monochasialen Sproßachse wird durch das langgestreckte Hypodium eines jeden Sympodialgliedes bedingt. Dabei wird auch das als Tragblatt fungierende erste Laubblatt (L) der Abstammungsachse in die Streckung mit einbezogen. Alle weiteren Internodien bleiben gestaucht.

Nach unseren bisherigen Erörterungen werden an jedem Sympodialglied drei vegetative Blätter ausgebildet ehe endständig der Blütenstand hervorgebracht wird. Wir wollen nun näher die Entwicklungsgeschichte verfolgen. Sie ist außergewöhnlich.

Zunächst sei auf Abb. 61, Fig. I hingewiesen. Hier ist eine Triebknospe dargestellt. Die beiden laubblattartigen Vorblätter (α und β) sind abpräpariert worden. Das folgende Laubblatt (L) ist Tragblatt des Fortsetzungstriebes F. Es wird bei Einsetzen des Streckungswachstums vom Tochtersproß (F) hochgeführt. Besondere Aufmerksamkeit verdient ein weiteres Blatt, das mit H bezeichnet ist. Es entsteht an gleicher Achse wie die vorgenannten Blattorgane. Im erwachsenen Zustand ist es nur 2—3 cm lang. Es wurde, da nicht sichtbar, bei Erläuterung von Abb. 60 unberücksichtigt gelassen. Dieses Blatt ist pfriemförmig und nicht fiederschnittig wie die Laubblattorgane, weist also gegenüber diesen deutliche Reduktionserscheinungen auf. Da es oberhalb der vegetativen Region, also im Anschluß an L ausgebildet wird, können wir es als Hochblatt (H) bezeichnen. In welcher Beziehung steht nun dieses Blatt zur Infloreszenz? Die Entwicklung des in Abb. 61, Fig. I dargestellten Triebes wird durch Blüte E abgeschlossen.

Unter Hinweis auf die übrigen Figuren in Abb. 61 sei nun der Entwicklungsverlauf aufgezeigt. In Fig. II ist der Vegetationskegel eines jungen Triebes wiedergegeben. Die beiden Vorblätter sind weggelassen. L ist die Laubblattanlage, H das Hochblattprimordium. Die Sproßspitze E geht zur Bildung der endständigen Blüte über, K_1 ist deren erstes Sepalum. Die endständige Stellung der Blütenanlage kommt deutlich zum Ausdruck. Hervorzuheben ist die Seitensproßanlage Sh in der Achsel von Hochblatt H. Ein Achselsproß an der Basis von Laubblatt L ist auf diesem Stadium noch nicht sichtbar.

Etwas älter ist der Vegetationskegel in Fig. III. Gegenüber Fig. II fallen einige bemerkenswerte Veränderungen auf. Am meisten überrascht, daß die jüngste Blattanlage (H) so stark herangewachsen ist, daß sie sogar das davor angelegte Laubblatt L an Größe übertroffen hat. Möglicherweise ist diese auffallende Erscheinung in Verbindung zu bringen mit der enormen Vergrößerung des Achselsprosses (Sh) von Hochblatt H. Die Endblüte E ist dadurch völlig zur Seite gedrängt worden. Inzwischen hat sich in der Achsel des jungen Laubblattes L der vegetative Fortsetzungstrieb (F) gebildet. — Ein vermittelndes Entwicklungsstadium zwischen Figg. II und III zeigt Fig. IV. Hier sind auch die beiden Vorblattanlagen (α und β) berücksichtigt.

Über den weiteren Entwicklungsverlauf klärt uns Fig. V auf. Das Größenverhältnis des Laubblattes L zu Hochblatt H ist noch stärker zugunsten des letzteren verschoben. Der zuerst angelegte Seitensproß Sh, der in Fig. III noch keine Einzelheiten erkennen läßt, hat sich in einen endständigen und zwei seitliche Vegetationspunkte differenziert. Am vegetativen Fortsetzungstrieb (F) ist bereits eine Vorblattanlage sichtbar (α_1).

Hochblatt H ist Tragblatt des eigentlichen Blütenstandes. Eine unmittelbare Beziehung zur Endblüte existiert nicht. Während bei anderen Solanaceen die Endblüte eines Sympodialgliedes im allgemeinen mit einem Teilblütenstand eine Verwachsung eingeht, bleibt sie hier vollkommen isoliert. Der Achselsproß von H wird zu einem Dichasium, B ist die Anlage einer Endblüte, die Vegetationspunkte C_1 und C_2 entstehen in den Achseln von Vorblättern (α'_1 und β'_1), die Hochblattcharakter besitzen. Nach zwei bis drei weiteren dichasialen Verzweigungen gehen die einzelnen Teilblütenstände zur Wickelbildung über. Im allgemeinen kommen auch die Tragblätter der Blüten zur Entfaltung (vgl. hierzu Abb. 61, Fig. I).

Auch in Fig. VI ist Hochblatt H noch größer als Blatt L das nun schon deutlich den Laubblattcharakter erkennen läßt. Inzwischen haben sich auch in den Achseln der Vorblätter (α, abpräpariert) Seitenknospen gebildet. Im Weiterverlauf der Entwicklung wächst Laubblatt L — zusammen mit seinem Achselprodukt — heran und übertrifft bald Hochblatt H an Größe (Abb. 61, Fig. I). Schließlich ist dieser Unterschied so extrem, daß das Hochblatt gar nicht mehr ins Auge fällt (Abb. 60).

In der Verzweigung nehmen die Arten der Gattung *Trechonaetes* Miers gegenüber anderen Solanaceen eine gewisse Sonderstellung ein. Bemerkenswert ist übrigens auch, daß die blütenökologischen Verhältnisse sehr eigentümlich sind (Vogel 1954). Besonders merkwürdig sind aber die auffallenden Proportionsverschiebungen im Verlauf der Ontogenese. Man kann sie als Ausdruck einer stark ausgeprägten Akrotonie ansehen. Der am weitesten spitzenwärts gelegene Seitensproß eilt mit seinem Tragblatt (H) in der Entwicklung voraus. Die Ausdifferenzierung dieses relativ einfach organisierten Hochblattes wird verhältnismäßig früh abgeschlossen, nämlich auf einem Entwicklungsstadium, in dem das nächst tiefer stehende Blattorgan (L) erst mit der Ausbildung der Spreite beginnt (Abb. 61, Fig. VI). Während sich letzteres erst ausgegliedert und dabei ständig an Größe zunimmt, kommt schon in dieser Phase das Wachstum des Hochblattes allmählich zum Stillstand.

Mandragora L.

Vier Arten werden zu dieser Gattung gerechnet. Sie sind alle sehr nahe miteinander verwandt (Bertoloni 1835). Bezeichnenderweise ist diese Sippe altweltlich.

Nur von *M. officinarum* L. stand uns Untersuchungsmaterial zur Verfügung. Bekanntlich entfaltet diese Art zu Beginn des Frühjahres im allgemeinen einen endständigen vielzähligen Blütenstand. Die Anlegung einer Infloreszenz wollen wir unter Berücksichtigung von Abb. 62, Fig. I erläutern. An diesem Vegetationskegel sind eine Reihe Blattorgane sichtbar, die in $^2/_5$-Divergenz an der Achse verteilt sind (L_{n-3} bis L_n). Sie haben Achselknospen entwickelt. Deutlich ist erkennbar, daß die jüngste Blattanlage (L_n) die kräftigste Auswölbung hervorgebracht hat. Die jungen Seitensprosse sind also akroton gefördert. Sie werden basipetal angelegt. Der Endvegetationspunkt (E) ist im Begriff, mit der Bildung einer Blüte sein Wachstum abzuschließen. Schon auf diesem Stadium kann man in Fortsetzung der Blattspirale die Anlage des ersten Kelchblattes erkennen. Sie liegt auf jener Seite, die der Betrachtung nicht zugängig ist.

Alle sichtbaren Seitensprosse besitzen reproduktiven Charakter. Es sei vermerkt, daß ihre Zahl schwanken kann. Werden nur wenige angelegt, und dies ist bei schwächeren Exemplaren die Regel, kann sich im Weiterverlauf der Entwicklung ein Bild ergeben, wie es Fig. II zeigt. Alle Seitensprosse sind zu Einzelblüten ausgewachsen. Sie nehmen annähernd die gleiche Stellung wie in Fig. II ein. E ist die Endblüte (abpräpariert). — Die Tragblätter im basalen Bereich der Infloreszenz besitzen noch weitgehend Laubblattmerkmale. Nach der Endknospe (E) hin weisen sie allmählich stärkere Reduktionserscheinungen auf. Hand in Hand damit tritt der reproduktive Charakter der Seitentriebe immer stärker in den Vordergrund.

Eine solche Infloreszenz, wie sie vorstehend beschrieben wurde, beobachtete Miers (1849—1837) wahrscheinlich auch bei *M. microcarpa* Bertol. Sie ist razemös, wobei die Hauptachse in einer Blüte endigt.

Diese Blütenstandsform ist aber nicht ganz typisch für unsere Art. Im ausgewachsenen Zustand werden bei *M. officinarum* L. anstelle der seitenständigen Einzelblüten in den meisten Fällen cymöse Partialinfloreszenzen hervorgebracht. Es handelt sich dabei um einfache Wickel, seltener beobachtet man Dichasien oder gar Trichasien. Letztere fand ich bevorzugt im Basalbereich der reproduktiven Region. Jeder Teilblütenstand entfaltet mehrere Blüten (bis zu 9). Weitere Anlagen bleiben unentwickelt. — Bemerkenswert ist ferner, daß alle Seitenblüten in den Achseln von Tragblättern gebildet werden. Sie sind im Bereich der wickeligen Aufzweigungen deutlich nachzuweisen. Da sie aber sehr früh ihre Entwicklung abschließen, sind sie nur selten an der erwachsenen Pflanze zu beobachten, zumal dann durch das starke Indument die Untersuchung etwas schwierig ist.

Verglichen mit anderen Gattungen, die zu gleicher Subtrib. gehören, steht die Infloreszenzform von *Mandragora officinarum* L. recht isoliert da. Die anderen Arten dürften ähnliche Blütenstände besitzen.

Datura L.

Die Verzweigungsverhältnisse in dieser Gattung sind relativ übersichtlich. Untersuchungsergebnisse sind wiederholt beschrieben worden (Bravais 1838, Wydler 1851, Warming 1872, Troll 1937). Die Gattung enthält nach Safford (1921) 24 Arten, die in 4 Sektionen zusammengefaßt werden können. Wir unterscheiden hier hapaxanthe und ausdauernde (baumförmige) Arten. Letztere bilden eine eigene Sektion: *Brugmansia* Bernh. Bei Beschreibung der Verzweigung fand meist *D. stramonium* L. Berücksichtigung. Wie Troll (1937) nachweist, verhält sich *D. innoxia* Mill. ebenso. Uns standen ferner zur Verfügung: *D. ceratocaula* Ort., *D. ferox* L., *D. metel* L., *D. meteloides* Dun., *D. quercifolia* H. B. K. Ergänzende Untersuchungen an Herbarmaterial ergaben, daß alle krautigen Arten eine weitgehende Übereinstimmung in der Verzweigung aufweisen. Auf einige Besonderheiten wird allerdings näher einzugehen sein.

Dagegen fehlen in der Literatur Angaben über die Verzweigung der ausdauernden Arten. Diese Sektion wird häufig als eigene Gattung aufgefaßt (Lagerheim 1895, van Steenis 1930, Moldenke 1943, van der Zijp 1920). Auf Grund der Blüten- und Fruchtbildung haben wir an anderer Stelle den Nachweis zu erbringen versucht (Danert 1955), daß alle 4 Sektionen so enge Beziehungen zueinander besitzen, daß eine Abtrennung nicht gerechtfertigt erscheint. Hier soll die Frage erörtert werden, ob die Verzweigung der baumförmigen Arten mit der der krautförmigen Angehörigen unserer Gattung in Einklang zu bringen ist.

Wir wollen von krautartigen Formen ausgehen und an den Anfang unserer Betrachtung *D. stramonium* L. stellen. Der Hauptsproß schließt mit einer Endblüte ab. Aus den Achseln der letzten Laubblätter entwickeln sich an der Primärachse Seitensprosse. Dabei verwachsen die Basen der Tragblätter ± mit ihren Achselprodukten. Diese Triebe I. Ordnung bringen zwei Vorblätter hervor und enden mit einer Blüte. Beide Vorblätter bilden Seitensprosse aus, die sich wie die Mutterachse verhalten.

Der Seitensproß aus der Achsel des letzten Laubblattes der Hauptachse ist am kräftigsten. Sein Tragblatt rückt fast bis zur Höhe der Endblüte des Tochtersprosses hinauf. Dagegen ist der Seitentrieb des vorletzten Laubblattes weniger stark. Auffallend ist hier, daß das Tragblatt weniger weit emporgehoben wird. Sehr häufig werden nur zwei Knospen I. Ordnung entfaltet, alle übrigen bleiben gestaucht. Es handelt sich dann also um eine dichasiale

Verzweigung. Allerdings liegen die Seitensprosse nicht in einer Ebene, da die Blattorgane an der Hauptachse eine $^2/_5$-Spirale bilden. Dementsprechend schließen die beiden Seitensprosse einen Winkel von etwa 144° ein. — Nicht selten gelangt ein weiterer Trieb I. Ordnung zur Ausbildung. Er entsteht in der Achsel des drittletzten Laubblattes und bleibt stets an Größe hinter den beiden vorgenannten zurück. Das Tragblatt rückt hier im allgemeinen nicht am Achselsproß empor.

Die Hauptachse zeichnet sich durch akrotone Verzweigung aus. Der verschiedene Grad der Anwachsung der Tragblätter an die dazugehörigen Seitensprosse deutet darauf hin, daß deren Anlegung von oben nach unten fortschreitet, also basipetal erfolgt.

Die beiden Vorblätter an Seitensprossen stimmen in Größe und Form mit normalen Laubblättern völlig überein. Ihre Stellung ist streng transversal. Dementsprechend bilden die Achselsprosse eines Vorblattpaares, im Gegensatz zu den Seitentrieben der Primärachse ein typisches Dichasium, d. h. sie schließen untereinander einen Winkel von 180° ein. Im allgemeinen werden die Vorblätter von den dazugehörigen Achselsprossen bis in Höhe der Endblüte emporgehoben. Zur näheren Erläuterung sei auf Abb. 63 hingewiesen (*D. innoxia* Mill.). E ist hier die Endblüte eines Triebes, der in der Achsel von Blatt L gebildet wurde. Seine Vorblätter sind α und β. Sie sind mit ihren Achselsprossen rekauleszent verwachsen und entfalten sich in Höhe der Endblüten nächster Ordnung (E′, E″). Die weitere Seitensproßbildung erfolgt in gleicher Weise. Die Achselprodukte von α und β sind annähernd gleichgroß.

Entwicklungsgeschichtlich liegt aber auch hier die gleiche Entstehungsfolge vor, wie wir sie bei anderen Solanaceen kennengelernt haben. Die beiden Vorblätter kommen in der Reihenfolge α —β zur Anlegung. Das jüngere Vorblatt (β) bildet zuerst eine Seitenknospe aus, die auch zuerst zur Anthese gelangt. Der zeitliche Unterschied in der Blütenentfaltung gegenüber dem Seitensproß des α-Vorblattes beträgt allerdings bisweilen nur wenige Stunden. Besonders gering ist die Differenz an Seitentrieben II. und III. Ordnung. An höheren Aufzweigungen erfolgt dagegen die Anthese der Achselsprosse eines Vorblattpaares meist in größeren Zeitabständen. Im anthokladialen Bereich hält die Ausbildung blühender Triebe verhältnismäßig lange an. Bei *D. stramonium* L. können noch Seitensprosse 12. Ordnung zur Anthese gelangen. Dies können wir vornehmlich dann beobachten, wenn wir nur die β-Sprosse verfolgen. Geht man dagegen den Seitentrieben aus den Achseln der α-Vorblätter nach, so ist festzustellen, daß bis zu gleichem Zeitpunkt die Sproßproduktion weniger weit vorgeschritten ist. Auch diese Erscheinung kennzeichnet die akrotone Verzweigung.

Eine Reduktion in der Laubblattform ist an Seitensprossen höherer Ordnung nicht festzustellen, lediglich geringe Größenunterschiede sind vorhanden. Ein allmählicher Übergang der Anthokladien zu einem endständigen Blütenstand, wie er in anderen Gruppen (z. B. *Petunia* Juss.) zu beobachten ist, tritt nicht auf.

Einige quantitativen Unterschiede sind im Sproßaufbau der krautigen *Datura*-Arten zu erkennen. Bei *Datura stramonium* L., *D. innoxia*, *D. quercifolia*, *D. ferox* L. u. a. sind unter normalen Wachstumsbedingungen die Seitentriebe aus den beiden Vorblättern bis in die letzten Aufzweigungen gestreckt. Bei Topfkultur (bei einigen Formen von *D. stramonium* auch unter normalen Bedingungen) bleibt nach anfänglich „gabeliger" Verzweigung der Seitentrieb in der Achsel des α-Vorblattes gestaucht, so daß nur der Achseltrieb des β-Vorblattes sich streckt (Abb. 64). In diesem Falle ist das gesamte Erscheinungsbild der Pflanze ein anderes. Der sich verlängernde Seitentrieb setzt nämlich die Wuchsrichtung der Mutterachse fort. Aus dem „Dichasium" wird so ein Monochasium, wie es auch bei anderen krautigen Solanaceen anzutreffen ist (*Atropa bella-donna* L. u. a.). Das β-Vorblatt (β) wird von dem dazugehörigen Achselsproß jeweils hochgeführt, während sich das α-Vorblatt (α) an der Stelle entfaltet, an der es auch angelegt wird. So beobachtet man unterhalb jeder Endblüte in gleicher Höhe zwei Blattorgane, die entwicklungsgeschichtlich verschiedenen Generationen angehören. Auch der gestaucht bleibende Trieb kommt zur Anthese. Doch beträgt der zeitliche Unterschied in der Blütenentfaltung gegenüber dem entsprechenden Achselsproß des β-Vorblattes mehrere Tage bis Wochen.

Bei den krautigen Arten der Gattung *Datura* leitet sich also die monochasiale Verzweigung von der dichasialen ab.

Von besonderem Interesse ist die Ramifikation von *Datura metel* L., da hier die Dichasienbildung meist sehr früh durch monochasiale Sproßentwicklung ersetzt wird. Es liegt nahezu ausschließlich die zuletzt besprochene Form der Seitentriebbildung vor. Dies kann man sowohl bei Topfkulturen als auch bei Auspflanzungen im Freiland und im Gewächshaus feststellen[1]). Der Aufbau einer solchen Pflanze ist aus Abb. 65 zu entnehmen. Die Signierung ist die gleiche wie in Abb. 64. Die Zusammensetzung der Sproßachse kann daraus hergeleitet werden.

Wir wollen uns jetzt den baumförmigen Arten zuwenden. Abb. 66 zeigt einen Sproß von *D. candida* (Pers.) Saff. kurz vor der Anthese. E ist die Endblüte, die die Entwicklung des Hauptsprosses abschließt. Bei den baumförmigen *Datura*-Arten neigt sich die Blütenknospe vor der Entfaltung abwärts. Seitenknospen werden in allen Laubblattachseln ausgebildet (die Blattorgane sind z. T. bereits abgefallen bzw. sie wurden der Übersicht halber entfernt). Doch nur die Achselprodukte der beiden letzten Laubblätter (L_{n-1} und L_n) gelangen zur Weiterentwicklung, alle übrigen bleiben gestaucht und verharren im allgemeinen auf dem Knospenstadium. Uns begegnet demnach hier das gleiche Bild, wie es auch für unter normalen Bedingungen sich entwickelnden krautigen Arten typisch ist (vgl. Abb. 63). Auch hier werden die Mutterblätter von den Tochtersprossen emporgehoben. Letztere bilden zwei Vorblätter aus, ehe sie zur Blütenbildung übergehen (α_1, β_1; α_n, β_n). In Abb. 66 sind bereits die Endblüten der beiden Seitentriebe sichtbar. Sie besitzen noch eine $\pm$ aufrechte Stellung. In den Achseln der Vorblattpaare α_1, β_1 und α_n, β_n sind schon Knospen erkennbar, die darauf hindeuten, daß auch die weitere Entwicklung dichasial verläuft.

Meist hält die $\pm$ gabelartige Form der Verzweigung nicht lange an. Das Dichasium geht bald in einer Monochasium über. Der Zeitpunkt kann sehr verschieden sein. An einer mehrjährigen Pflanze von *Datura canadida* (Pers.) Saff. wurden beide sympodialen Verzweigungsformen nebeneinander beobachtet. Einen monochasialen Trieb dieser Pflanze zeigt Abb. 67. Die Blütenknospe E bildet den Abschluß eines Sprosses aus der Achsel des Blattes L (abgefallen, nur die Ansatzstelle sichtbar). Die beiden dazugehörigen Vorblätter sind α und β. Der Achselsproß des β-Vorblattes (β) setzt die Wuchsrichtung der Mutterachse fort. Dagegen ist das Achselprodukt des α-Vorblattes (α) in der Entwicklung zurückgeblieben. E'' ist die Endblüte des erstgenannten Triebes, seine Vorblätter sind α_1 und β_1. Hier ist ein deutlicher Unterschied in der Entwicklungshöhe zu beobachten. Das α-Vorblatt (α_1) ist, entsprechend der früheren Anlegung, schon entfaltet, am jüngeren (β_1) ist die Knospenlage noch erkennbar. Das Größenverhältnis der dazugehörenden Seitenknospen ist demgegenüber gerade umgekehrt.

Vergleichen wir diese Form der monochasialen Entwicklung mit der von *D. stramonium* L und *D. metel* L., so stellen wir fest, daß grundsätzlich eine Übereinstimmung vorliegt. Allerdings ist bei den baumförmigen Arten die zusammengesetzte Achse einförmiger.

An Hand von Abb. 68 sei die Entwicklungsgeschichte von *D. candida* geschildert. In Fig. I ist ein Tragblatt (β) mit der Anlage eines Fortsetzungstriebes dargestellt. α' und β' sind die beiden Vorblätter. Das jüngere Vorblatt (β') wölbt sich gerade hervor, das ältere (α') ist schon als typische Blattanlage anzusprechen. Seitensproßanlagen sind zu diesem

[1]) *D. metel* ist vorzugsweise eine Pflanze der Tropen und Subtropen. Möglicherweise wird diese Wuchsweise nur unter weniger optimalen Bedingungen angenommen.

Zeitpunkt noch nicht erkennbar. Diese treten in dem Entwicklungsstadium auf, das in Fig. II festgehalten ist. Hier hat sich in der Achsel des α-Vorblattes gerade ein Vegetationspunkt hervorgewölbt (Fα). Dagegen ist am Seitensproß aus der Achsel des β-Vorblattes (Fβ) bereits eine Vorblattanlage sichtbar. Die Unterschiede in der Entwicklungshöhe der beiden Vorblätter α' und β' werden dadurch besonders deutlich, daß in dem jüngeren (β') erst die Spreitenbildung eingeleitet wird, während auf der gegenüberliegenden Seite (α') schon einige Seitennerven ausgeprägt sind. Der Vegetationspunkt E' ist zur Bildung der Endblüte übergegangen, von der die Kelchblattanlagen erkennbar sind.

Ein etwas älteres Stadium ist in Fig. III festgehalten. Der Seitensproß in der Achsel des α-Vorblattes wird von der Blattbasis verdeckt. Die beiden Vorblätter (α' und β') sitzen noch in annähernd gleicher Höhe der Sproßachse an, haben somit die gleiche Stellung wie zur Zeit der Anlegung am Vegetationspunkt (vgl. Fig. I). Im Weiterverlauf der Entwicklung ergibt sich schließlich ein Bild, wie es uns aus Abb. 67 bereits bekannt ist.

Die übrigen Arten der Sektion *Brugmansia* Bernh. stimmen im Sproßaufbau mit *D. candida* (Pers.) Saff. weitgehend überein.

Die Verzweigung der Brugmansien läßt sich mit der der krautigen Arten zwanglos in Beziehung bringen (hierzu das Schema in Abb. 69). Zunächst verläuft die Sproßentwicklung in der Blütenregion dichasial (Fig. I), wie es auch für die meisten Angehörigen der anderen 3 Sektionen charakteristisch ist. Schließlich gehen diese Triebe zu monochasialer Fortsetzung über, die wir auch bei *D. metel* beobachtet haben (Figg. II und III). Nur ein quantitativer Unterschied liegt vor: bei den baumförmigen Arten ist der monochasiale Charakter meist klarer ausgeprägt (Fig. III).

Wir kommen somit zu dem Ergebnis, daß der Sproßaufbau in der Gattung *Datura* einheitlich ist. Die Verzweigung der baumförmigen Arten läßt sich an die der krautigen Arten ohne Schwierigkeiten anschließen. Dieses Merkmal stützt unsere Meinung, daß eine Abtrennung der Sektion *Brugmansia* Bernh. von der Gattung *Datura* L. kaum vertretbar ist.

Ein Unterschied liegt demnach zwischen den *Beugmansien* und den krautigen Arten vor allem in der Lebensdauer. Doch sei vermerkt, daß auch hier insofern eine Annäherung vorliegt, als die Angehörigen der Sektion *Stramonium* (Gaertn.) Bernh., *Dutra* Bernh. und *Ceratocaulis* (Rchb.) Bernh. nicht streng hapaxanth sind. Bei Gewächshauskultur vermögen z. B. *D. meteloides* Dun., *D. metel* L. und *D. ceratocaula* Ort. den Winter zu überdauern. Eine Erneuerung erfolgt aus ruhenden Knospen unterhalb der Endblüte im Frühjahr. Diese Triebe beschließen allerdings im folgenden Herbst die Gesamtentwicklung der Pflanze. Bei den baumförmigen Arten geht dagegen die sympodiale Sproßachse am Ende der Vegetationszeit wieder zu monopodialem Wachstum über.

Markea Rich.

Aus dieser Gattung ist uns *M. coccinea* Rich. nur durch eine Abbildung bekannt geworden (Miers 1849—57). Danach besitzt diese Art offenbar einen sympodialen Sproßaufbau. Zwischen zwei aufeinanderfolgenden wickeligen Infloreszenzen, deren Blüten tragblattlos angelegt werden, sind mehrere Laubblätter eingeschaltet.

Cestrum L.

Nach Francey (1935, 1936) umfaßt die Gattung etwa 250 Arten, die den Tropen und Subtropen der Neuen Welt angehören.

Nach der Stellung der reproduktiven Organe lassen sich zwei große Gruppen unterscheiden:

1. Die Langtriebe werden durch endständige Infloreszenzen abgeschlossen (Abb. 70, Fig. I).
2. Die Blüten stehen seitlich an Kurztrieben, die aus den Achseln von Laubblättern hervorgegangen sind (Abb. 70, Fig. III).

Übergänge sind insofern vorhanden, als bei einer Reihe von Arten mit endständigem Blütenstand auch in den Achseln der obersten Laubblätter Infloreszenzen oder Einzelblüten gebildet werden können (Abb. 70, Fig. II). Die Blüten sind in Abb. 70 durch Kreise versinnbildlicht Deren Größe soll die Aufblühfolge zum Ausdruck bringen. Blüten, die zuerst zur Entfaltung gelangen, sind durch den größten Kreisumfang gekennzeichnet.

Beginnen wir unsere Übersicht mit der Darstellung von *C. elegans* (Scheidw.) Schlechtd., das in unseren Gewächshäusern häufig kultiviert wird. Es gehört der ersteren Gruppe an (Abb. 70, Fig. I).

Die Laubblätter gehen an einem Langtrieb unter Bildung weniger Übergangsformen fast unmittelbar in Hochblätter über. Letztere sind Träger von Teilinfloreszenzen. Die Achse wird durch eine Endblüte abgeschlossen.

In Abb. 71, Figg. I und II ist der obere Abschnitt eines Blütenstandes in verschiedenen Ansichten dargestellt. Deutlich ist zu erkennen, daß die Endblüte (E) in der Entwicklung vorauseilt. Die beiden Partialinfloreszenzen in den Achseln der Hochblätter 1_n und 1_{n-1} sind einfache Wickel. Die Blüten sind mit B bzw. B′ gekennzeichnet, die Indices sollen die Entstehungsfolge zum Ausdruck bringen. Jeder Blütensproß entwickelt ein Hochblatt, das transversal zur Mutterachse angeordnet ist und als Vorblatt angesprochen werden kann. Es ist das Tragblatt des folgenden Sympodialgliedes.

Jede Infloreszenz setzt sich aus fünf bis sieben Teilblütenständen zusammen. Alle Internodien bleiben im reproduktiven Bereich weitgehend gestaucht, so daß die Blüten sehr gedrängt stehen.

Von Interesse sind hier die Achselsprosse der Blattorgane, die eine Übergangsstellung zwischen Laub- und Hochblättern einnehmen. Hier werden unterhalb der Endblüte I. Ordnung zwei Vorblätter gebildet, aus denen, in basipetaler Folge, Seitenblüten hervorgehen. Es handelt sich also hier um einen dichasialen Teilblütenstand, im Gegensatz zu den monochasialen Partialinfloreszenzen im apikalen Abschnitt.

Die Endblüte eines Langtriebes kommt zuerst zur Anthese; in basipetaler Folge schließen sich die Endblüten der Teilinfloreszenzen an. Dies deutet darauf hin, daß die Seitensprosse im reproduktiven Bereich auch basipetal angelegt werden. Insgesamt ergibt sich demnach eine akrotone Förderung.

Andere Arten mit endständigeu Blütenstand weisen eine ähnliche Zusammensetzung im reproduktiven Bereich wie *C. elegans* (Scheidw.) Schlechtd. auf. Bei einigen Arten sind die Teilinfloreszenzen monochasial, bei anderen dichasial. Verschieden ist auch die Internodienlänge. So besitzen z. B. *C. albo-tomentosum* U. Dammer (Abb. 72) und *C. fragile* Francey im blühenden Bereich bedeutend längere Internodien als *C. elegans*, so daß hier der wickelige Charakter der Teilinfloreszenzen besonders deutlich zum Ausdruck kommt.

Bemerkenswert sind einige Arten, bei denen rein racemöse Blütenstände, so z. B. *C. meridianum* Pitt. und *C. euanthes* Schlechtd. Bei letzterer Art entwickeln sich Einzelblüten zunächst in den Achseln von Laubblättern (Abb. 70, Fig. II), später auch in denen der Hochblätter, zu deren Bildung die Hauptachse bald übergeht. Als Besonderheit ist hier hervorzuheben, daß offenbar nicht die Endblüte zuerst ausgebildet wird, sondern augenscheinlich können Seitenblüten in den Achseln von Laubblättern früher entstehen. Das bedeutet, daß eine basipetale Anlegungsfolge der Seitentriebe, die regelmäßig bei Solanaceen auftritt, hier kaum anzunehmen ist.

Stellen wir uns vor, daß reproduktive Organe an der Hauptachse ausschließlich akropetal angelegt werden, gelangen wir zu einem Verhalten, wie es in Abb. 70, Fig. III schematisch dargestellt ist. Die Blüten werden an Seitentrieben gebildet, wobei die Hauptachse ihre monopodiale vegetative Entwicklung beibehält. Als Beispiel sei auf Abb. 73 verwiesen (*C. bracteatum* Link et Otto). Andere Vertreter dieser Gruppe sind *C. glanduliferum* Kerber, *C. gracilliflorum* Francey, *C. hirtum* Sw.

Wir konnten insgesamt etwa 60 Arten einsehen. Da die Blüten im allgemeinen dicht gedrängt erscheinen, ist eine genaue Analyse nur auf präparativem Wege zu erreichen. Uns stand lediglich Herbarmaterial zur Verfügung, so daß wir auf eine eingehendere Untersuchung verzichten mußten.

Infloreszenzformen, wie sie in Abb. 70, Figg. II und III schematisch festgehalten sind, treten recht selten bei Solanaceen auf.

Coeloneurum Radlk.

Nur 2 Arten sind aus dieser Gattung bekannt. Wir konnten *C. ferrugineum* (Spreng.) Urb. näher untersuchen.

Die Sproßachse ist im reproduktiven Bereich monochasial zusammengesetzt. Jedes Sympodialglied bildet an den Fortsetzungstrieben niederer Ordnung 2 Vorblätter aus und wird durch eine Blüte abgeschlossen. Das jeweilige Tragblatt rückt dabei am Tochtersproß bis in Höhe der Blüte empor. Dessen erstangelegtes Vorblatt (α) kommt im Bereich des Mutterblattes zur Entfaltung. Sehr häufig berindet es aber auch den Blütenstiel und erscheint dann unmittelbar unter dem Kelch.

Dagegen ist an Fortsetzungstrieben höherer Ordnung nur noch ein einziges laubblattartiges Vorblatt sichtbar, das als Tragblatt des Folgesprosses fungiert. Halbschematisch ist eine solche Sproßknospe in Abb. 74 festgehalten. β ist das Tragblatt des Sprosses, der durch Blüte E_1 abgeschlossen wird. β_1 gehört entwicklungsgeschichtlich gleichem Trieb an, rückt aber am Fortsetzungssproß (F) empor. Letzterer endigt in Blüte E_2, nachdem das Vorblatt β_2 angelegt wurde. — Auffallend ist übrigens, daß eine Blüte nicht genau median zum dazugehörigen Tragblatt liegt. Sie ist aus dieser Ebene durch die sehr frühzeitig einsetzende Ausbildung des Fortsetzungstriebes verdrängt. Diese Erscheinung haben wir in anderen Gattungen wiederholt beobachten können (*Atropa* L., *Nicandra* Adans. u. a.).

Sessea Ruiz et Pav.

Gegen 14 Arten umfaßt diese Gattung, wohl alle Vertreter sind in den andinen Gebieten Südamerikas beheimatet.

Nach Bitter (1922b) sind sämtliche Angehörigen dieses Genus miteinander nahe verwandt. Gemeinsam ist ihnen der endständige Blütenstand. Leider enthalten die sonst sehr eingehenden Beschreibungen Bitters nur allgemeine Angaben über die Zusammensetzung der Infloreszenz. Uns standen *S. hypotephrodes* Bitt., *S. regnellii* Taubert, *S. stipulata* Ruiz et Pav. und *S. vestita* (Hook.) Miers zur Verfügung.

Den Blütenstand letztgenannter Art gibt Abb. 75 wieder. Die Hauptachse endet mit einer Blüte (E). Darunter werden in den Achseln von Hochblättern Teilblütenbestände angelegt. Die am weitesten basal stehenden Partialinfloreszenzen entwickeln mehrere Hochblätter, ehe sie durch eine Blüte abgeschlossen werden. Diese Brakteen sind Tragblätter von Doppelwickeln. Nach der Spitze zu (E) wird die Zahl der Stützblätter an den Achsen erster Ordnung geringer, so daß dicht unterhalb der Endblüte (E) die Seitentriebe unmittelbar zur Bildung von Doppelwickeln übergehen. An den einzelnen Sympodialgliedern sind zunächst noch Vorblätter sichtbar, an Aufzweigungen höherer Ordnung haben wir solche nicht mehr nachweisen können.

Die Verzweigung in der Gattung *Sessea* Ruiz et Pav. erinnert sehr an die verschiedener *Cestrum*-Arten. MIERS (1850) und BITTER (1922) weisen bereits auf die habituelle Ähnlichkeit hin.

Metternichia Mikan

Die Gattung enthält ca. 5 Arten, die in Südamerika beheimatet sind.

M. principis Mikan und *M. wercklei* Schumann besitzen wenigblütige Infloreszenzen, die endständig an Langtrieben entwickelt werden. Neben einer Endblüte werden in den Achseln schuppenartiger Hochblätter Einzelblüten oder Dichasien, bestehend aus drei Blüten, gebildet. Bei *M. wercklei* Schumann geht aus einer Laubblattachsel dicht unterhalb der reproduktiven Region ein vegetativer Fortsetzungstrieb hervor (Abb. 76). An den eingesehenen Exemplaren von *M. principis* Mikan schloß dagegen der Blütenstand die Gesamtentwicklung des Langtriebes ab.

Sclerophylax Miers

Zu dieser Gattung gehören etwa 6 Arten, die in West-Argentinien gefunden wurden. Wir untersuchten *Sc. cynocrambe* (Griseb.) O. Ktze. (Abb. 77) und *Sc. lorentzianus* O. Hoffmann. Durch ihre eigentümliche postflorale Kelchenwicklung, die an die verschiedener Chenopodiaceen erinnert, unterscheiden sich die Arten der Gattung *Sclerophylax* Miers von allen anderen Familienangehörigen. Indessen läßt schon die Verzweigung der eingesehenen Arten keinen Zweifel darüber aufkommen, daß dennoch Vertreter aus dem Verwandtschaftskreis der Solanaceen vorliegen. Das Sproßsystem aller Arten ist auf dem Boden ausgebreitet. Abbildungen bei MIERS (1850) lassen erkennen, daß *Sc. spinescens* Miers, *Sc. arnottii* Miers und *Sc. gilliesii* Miers die gleiche Wuchsform wie vorgenannte Arten besitzen.

Die Sproßachse ist sympodial zusammengesetzt. An jedem Sproßglied werden zwei Blattorgane entwickelt (Vorblätter), wobei das jüngere jeweils Tragblatt des Fortsetzungstriebes ist. Es wird während des Streckungswachstums von letzterem hochgeführt und entfaltet sich am Achselsproß in Höhe von dessen α-Vorblatt. Jedes Sympodialglied endet in einer wenigblütigen Infloreszenz. Die Blüten stehen wickelig, sie bilden sich tragblattlos.

Die „Langtriebe" in Abb. 77 sind monochasial zusammengesetzt. Die „Kurztriebe" sind Seitensprossen, die aus der Achsel des jeweiligen α-Vorblattes hervorgegangen sind. Sie bleiben an Größe hinter den Fortsetzungstrieben zurück. Auch sie setzen sich sympodial zusammen.

Ohne Zweifel stehen die Arten der Gattung *Sclerophylax* Miers den *Nolanaceen* sehr nahe. Die Anzahl der Fruchtfächer ist nach unserer Meinung kein Merkmal von so großer Wichtigkeit, das die Eigenständigkeit der Familie der *Nolanaceen* begründet erscheinen läßt. Auch der stärker betonten Dorsiventralität der Blütenkrone in der Gattung *Sclerophylax* Miers möchten wir keine so große Bedeutung beimessen und hierin nur eine Spezialisation gegenüber vorgenannter Familie sehen.

Fabiana Ruiz et Pav.

Etwa 20 Arten in Südamerika gehören zu dieser Gattung. Wir konnten folgende Arten einsehen: *F. baroisii* Phil., *F. bryoides* Phil., *F. densa* Remy, *F. denudata* Miers, *F. deserticula* Reiche, *F. imbricata* Ruiz et Pav. Alle aufgeführten Arten sind Zwergsträucher.

Die zuletzt genannte Species wird in unseren Gewächshäusern häufig als Zierpflanze geführt. Blüten bilden sich endständig an Kurz- und Langtrieben. In Abb. 78 ist ein in der Praefloration befindlicher Zweig dargestellt. E ist die Endblütenknospe eines Langtriebes, sie ist allerdings hier auf einem frühen Entwicklungsstadium stehen geblieben. In den Achseln der obersten Laubblätter (L_n und L_{n-1}) haben sich Seitensprosse gebildet, die mit den Blüten E_1 und E'_1 ihre Entwicklung abschließen. Der unterhalb der Endblüte (E) angelegte (aus L_n) setzt die Wuchsrichtung der Mutterachse fort. Etwa 8—10 Laubblätter sind an beiden Trieben sichtbar. Die letzten Laubblätter (l_n, l_{n-1} und l'_n, l'_{n-1}) sind abermals Tragblätter von Seitenknospen; die obere fungiert wiederum als Fortsetzungstrieb. Später werden auch in den Achseln der tiefer stehenden Laubblätter Seitensprosse hervorgebracht. Auch sie enden wieder mit einer Blüte und setzen sich sympodial fort.

Grundsätzlich gleichen Aufbau fanden wir bei den anderen untersuchten Arten. Wie *F. imbricata* Ruiz et Pav. verhalten sich auch *F. baroisii* Phil., *F. denudata* Miers und *F. deserticula* Reiche. Bei *F. densa* Remy entwickeln sich an jedem Trieb nur die beiden Seitenachsen dicht unterhalb der Endblüte. Weitere Seitensprosse, wie sie später bei *F. imbricata* gebildet werden, fehlen hier. Im Verlauf mehrerer Generationen ergibt sich schließlich ein kandelaberartiges Verzweigungssystem, wie es Abb. 79 zeigt. Jeder kräftigere Seitensproß (Fortsetzungstrieb) entspringt unmittelbar unterhalb der Endblüte, während der schwächere „Gabelast" an der Basis des vorhergehenden Blattes gebildet wird. Besonders das rechte Exemplar läßt diese Zusammensetzung gut erkennen.

Recht auffallend ist *F. bryoides* Phil. (Abb. 80). Die Hauptachse ist ± gestreckt. Einige Seitentriebe, die ebenfalls verlängert sind, dürften Seitensprosse aus der Nähe einer Endblüte sein. Die in den Achseln der übrigen Laubblätter gebildeten Tochtersprosse bleiben dagegen extrem gestaucht und bilden kleine Rosetten, die kaum 1 mm breit sind. Ihre Entwicklung wird mit einer Blüte abgeschlossen. Sie setzen sich sympodial fort. Auch die Langtriebe enden mit einer Blüte. Die Wuchsform gleicht also, bis auf die starke Stauchung der meisten Seitentriebe, durchaus *F. imbricata* Ruiz et Pav.

Insgesamt gesehen ergibt sich somit für alle untersuchten Fabiana-Arten ein relativ einheitliches Bild.

Vestia Willd.

Das Genus ist monotypisch. *V. foetida* (Ruiz et Pav.) Hoffmgg.[1]) ist aus Chile bekannt.

WETTSTEIN (1891) weist darauf hin, daß sich diese Art in „der Tracht" an Fabiana anschließen ließe. Gemeinsam mit den uns bekannt gewordenen Angehörigen der Gattung *Fabiana* Ruiz et Pav. ist das Vorhandensein von Einzelblüten, die endständig an Langtrieben und deren Seitensprossen zur Entwicklung kommen (Abb. 81). Doch wird an letzteren die Zahl der eingeschalteten Blattorgane nach der Sproßspitze zu immer geringer. Aus der Achsel des letzten Blattes entspringt schließlich eine Seitenknospe, die lediglich ein Vorblatt hervorbringt ehe sie mit einer Blüte abschließt (S). Hier ist also im Gegensatz zu *Fabiana*

[1]) Im allgemeinen unter *V. lycoides* Willd. bekannt. Aus Prioritätsgründen muß aber der oben angeführte Name eingesetzt werden.

eine Infloreszenzbildung angedeutet. Ob eine vegetative Erneuerung erfolgt, ist uns nicht bekannt geworden, doch scheint akrotone Fortsetzung nicht vorzuliegen.

In der Verzweigung ordnet sich *V. foetida* (Ruiz et Pav.) Hoffmgg. nicht in die bei Solanaceen verbreiteten Formen ein.

Nicotiana L.

Die Gattung *Nicotiana* L. fällt durch ihren besonderen Formenreichtum auf. Über die intragenerische Mannigfaltigkeit sind wir dank der anschaulichen Monographie von Goodspeed (1954) gut unterrichtet. Danach können insgesamt 60 Arten unterschieden werden, die man in 3 Untergattungen und 14 Sektionen zusammengefaßt hat. Fast jeder Artbeschreibung ist eine gute Abbildung des Blütenstandes beigegeben.

In einem Kapitel über die Morphologie wird eine Übersicht der Infloreszenzformen gegeben. Als phylogenetischer Grundform sieht Goodspeed eine Synfloreszenz mit verlängerter Hauptachse an, bei der die basalen Teilblütenstände besonders kräftig ausgebildet sind und das Erscheinungsbild bestimmen (Abb. 82, Fig. a). Nach der Endblüte zu wird die Größe der Seitentriebe geringer, eine sympodiale Fortsetzung der Hauptachse ist nicht ausgedehnt. Stärker betont ist dagegen die monochasiale Entwicklung an den basalen Seitentrieben, wo aber andererseits auch die monopodiale Entwicklung längere Zeit anhält. „Such an inflorescence appears basic for the genus because it is theoretically possible to develop from it the other, less common inflorescence forms occurring in species otherwise spezialized.“ (Goodspeed, p. 66). Ist es aber berechtigt, einen bestimmten Blütenstand nur deshalb als phylogenetische Ausgangsform zu postulieren, weil sich alle anderen Formen morphologisch daraus ableiten lassen? Der von Goodspeed vertretene Ausgangstyp steht recht isoliert unter den Solanaceen. Wäre es nicht sinnvoller, solche Verzweigungen an den Anfang zu stellen, die auch in anderen Gattungen verbreitet sind?

Nach Goodspeed haben sich aus dieser Grundform (Abb. 82, Fig. a) Infloreszenzen entwickelt, deren Hauptachse auch aus mehreren Internodien gebildet wird, wo aber die Seitentriebe frühzeitig zu monochasialem Wachstum übergegangen sind. Eine sympodiale Fortsetzung der Hauptachse findet kaum oder nicht statt (b, c, g). An diese Formen sollen sich Infloreszenzen mit monochasialen Zentralachsen anschließen lassen; dies unter Voraussetzung einer Reduktion der Internodienzahl an der Primärachse (Figg. d, e, h). Dieser Blütenstand könne durch Bildung von Beiknospen in den Achseln der Brakteen, die auch die Sympodialglieder der Infloreszenz hervorbringen, sekundär eine Bereicherung erfahren (Fig. j). Unter Annahme einer Stauchung der monochasialen Infloreszenz- bzw. Synfloreszenzachse werden schließlich knäuelartige Blütenstände hergeleitet (Figg. f, i).

Eine genauere Beschreibung der einzelnen Blütenstände wird nicht gegeben. Überhaupt fehlen in der Literatur über die Gattung *Nicotiana* L. genauere morphologische Angaben über die Verzweigung im reproduktiven Bereich. Lediglich bei Wagner (1907) findet man einige Erläuterungen über den Blütenstand von *N. paniculata* L., *N. langsdorffii* Weinm. und *N. tabacum* L. Diese Arten stimmen im Infloreszenzbau weitgehend überein. Die Lage der einzelnen Blüten wird durch komplizierte Formeln wiedergegeben, die leider den Gesamteindruck verwischen und die wesentlichen Grundzüge in der Entwicklung nicht zum Ausdruck bringen.

Wir wollen von *N. paniculata* L. ausgehen, einer Art, die nach Goodspeed eine dem Grundtypus sehr nahe stehende Infloreszenzform besitzen soll. Der Blütenstand ist locker und daher verhältnismäßig übersichtlich. Einen Eindruck vermittelt Abb. 83. Darin ist H die Hauptachse. Sie wird durch die Endblüte E abgeschlossen. Letztere ist mit dem in der Achsel des obersten Hochblattes gebildeten Seitensproß, der die Wuchsrichtung der Mutterachse fortsetzt, eine Strecke weit verwachsen. Am Primärsproß stehen eine größere Zahl Teilinfloreszenzen, sie sind allseitig an der Sproßachse verteilt, ihre Tragblätter setzen die $^2/_5$-Spirale der Laubblätter in der reproduktiven Region fort. Die mehr basal entwickelten Seitentriebe erscheinen kräftiger als die des oberen Bereiches[1]).

Der Bau einer Teilinfloreszenz soll unter Berücksichtigung von Abb. 84 erläutert werden. Es handelt sich dabei um den am weitesten basal ausgebildeten Seitentrieb (S), der in Abb. 83 dargestellten Pflanze. Er beginnt seine Entwicklung mit den beiden Vorblättern α und β, die dicht aufeinander folgen und beschließt sein Wachstum mit der Blüte E'. Das jüngere Vorblatt (β) entwickelt den kräftigeren Seitensproß, der die Mutterachse monochasial fortsetzt und gleichen Aufbau wie diese besitzt. α_1 und β_1 sind dessen beide Vorblätter, E_1 die Endblüte. Die einen Trieb abschließenden Endblüten werden durch den im Wachstum vorauseilenden Fortsetzungstrieb seitlich verdrängt.

Auch in den Achseln der α-Vorblätter werden Sprosse gebildet, sie bleiben aber an Größe weit hinter den Achselprodukten der β-Vorblätter zurück. Sie sind deutlich seitenständig. Auch sie wiederholen den Aufbau der Mutterachse. Der Seitensproß aus Vorblatt α endet mit der Blüte E_1'. Das dazugehörige erste Blatt α' ist etwas verdeckt, dagegen ist sein Seitentrieb deutlich, dessen Endblüte (Eα) kurz vor der Anthese steht. Aus der Achsel des Vorblattes β' erfolgt wiederum die Fortsetzung. α'', β'' und E'_2 kennzeichnen diesen Folgetrieb. Der Gesamtblütenstand wird weiterhin bereichert durch eine Anzahl Beiknospen, die vor allem an den Basen der β-Vorblätter zur Entwicklung gelangen. Dagegen entfalten die α-Vorblätter seltener ihre Beiknospen. — Insgesamt gesehen werden in den Achseln der β-Vorblätter, die der Endblüte am weitesten genähert sind, weit kräftigere Triebe ausgebildet als in den Achseln der weiter tiefer stehenden älteren α-Vorblätter. Es ist somit eine deutliche Akrotonie zu erkennen.

Auch in der Anlegung dieser Seitensprosse ist eine spitzenwärtige Förderung zu beobachten. Die Entstehung der Seitensprosse an einer Teilinfloreszenz erfolgt basipetal. Die beiden Vorblätter einer Triebgeneration werden in der Reihenfolge α, β angelegt (Abb. 85, Figg. I und II). Das β-Vorblatt (β_1, β_2) ist also jünger. In seiner Achsel ist jedoch zuerst eine Knospenanlage (E_2, F) sichtbar. Erst anschließend wird auch an der Basis des älteren Vorblattes α ein Seitensproß angelegt. Mit zunehmendem Verzweigungsgrad verzögert sich die Hervorwölbung des α-Triebes. Auf dem in Fig. II abgebildeten Entwicklungsstadium ist er bereits nachweisbar, wird allerdings durch das Tragblatt (α_1) verdeckt. Jedes Sympodialglied besteht aus zwei Vorblättern (α_1, β_1; α_2, β_2) und einer abschließenden Endblüte (E_1; E_2).

Demgegenüber erfolgt die Anlegung der Partialinfloreszenzen an der Hauptachse in anderer Weise. Ein Primärsproß, der zur Blütenstandsbildung schreitet, ist in Abb. 85, Fig. III dargestellt. Die Blattanlagen, die Blütensprosse hervorbringen, sind mit fortlaufenden Ziffern belegt (1—7). In der Achsel des jüngsten Primordiums (7) bildet sich gerade ein Seitentrieb (S_7). Der Vegetationspunkt der Hauptachse (E) beschließt dann mit der Ausdifferenzierung einer Endblüte sein Wachstum. Vergleichen wir die Achselknospen miteinander, so fällt auf, daß die der mittleren Region am kräftigsten sind. Der zuerst angelegte Seitensproß (aus Blatt 1) wird später zu der am weitesten basal stehenden Partialinfloreszenz. Die übrigen seitliche Vegetationspunkte erscheinen oberhalb und unterhalb dieser Anlegungsstelle. Die Bildung von Seitenknospen im reproduktiven Bereich der Hauptachse erfolgt also akropetal. Für unsere Betrachtung ist wesentlich, daß jener Seitentrieb, der sich zuerst an der Primärachse herauswölbt, unmittelbar zu einem Blütensproß wird. Die in basipetaler Richtung folgenden tragen dagegen vegetativen Charakter.

[1]) Oft sind alle Seitensprosse annähernd gleich stark.

Wir sind geneigt, als ursprünglich solche Verzweigungsformen anzunehmen, bei denen der zuerst angelegte Seitensproß auch an der erwachsenen Pflanze das Erscheinungsbild bestimmt. Bei Solanaceen sind Blütenstände, die die Gesamtentwicklung der Pflanze abschließen, selten. Weit häufiger wird die vegetative Achse sympodial fortgesetzt, wobei jedes Sproßglied in Einzelblüten oder in Blütenstände ausläuft. In diesem Zusammenhang gewinnt die Formenmannigfaltigkeit innerhalb der Gattung *Nicotiana* L. an Interesse: Neben jenen Arten, bei denen alle reproduktiven Organe der Pflanze in einem Blütenstand vereinigt sind, kommen in gleichem Genus auch solche vor, bei denen die Hauptachse vegetativ fortgesetzt wird. Im folgenden soll geprüft werden, ob es möglich ist, eine Beziehung zwischen diesen morphologischen Gruppen herzustellen.

Der Übergang von der vegetativen in die reproduktive Phase erfolgt in der Gattung *Nicotiana* sehr verschieden. Bei den meisten Arten sind die Blattorgane im Bereich des Blütenstandes zu Brakteen reduziert. Die Übergangsregion ist gekennzeichnet durch allmähliche Reduktion der Laubblätter. Einige Arten besitzen dagegen auch innerhalb der blühenden Zone größere Blattorgane, die sich an der Assimilation noch wesentlich beteiligen.

Wir wollen von solchen Formen ausgehen, die eine Verzweigung besitzen, wie sie auch in anderen Genera verbreitet ist und unseren vergleichenden Betrachtungen *N. quadrivalvis* Pursh[1]) zu Grunde legen, deren Sproßaufbau in ähnlicher Weise auch in der nahe verwandten Gattung *Petunia* Juss. verwirklicht wird.

In Abb. 86 ist ein Teil der Zentralachse von *N. quadrivalvis* Pursh dargestellt. Die Pflanze bildet eine wenigblättrige Rosette aus und geht sehr schnell zur Blütenbildung über. Zunächst hat man den Eindruck, daß die Blüten (hier bereits im Stadium der Fruchtreife) in den Achseln von Laubblättern, also seitlich, zur Ausbildung gelangen. Bei näherer Betrachtung fällt aber auf, daß sie nur in 2 Geradzeilen angeordnet sind, die beiden anderen Orthostichen scheinen keine Seitensprosse zu entwickeln. Ontogenetische Untersuchungen lehren jedoch, daß auch hier eine zusammengesetzte Achse vorliegt. Bemerkenswert ist, daß alle Teile eines Sympodialgliedes auch nach der Entfaltung ihre ursprüngliche Stellung beibehalten und keine kongenitalen Verwachsungen eingehen. Die Endblüte E schließt einen Fortsetzungstrieb ab. Dessen Vorblätter sind α und β. Sie kommen in gleicher Höhe zur Ausbildung, bilden also einen Wirtel. In der Achsel des jüngeren Vorblattes (β) wird ein Seitensproß entwickelt, der die Wuchsrichtung der Mutterachse einnimmt. Seine Vorblätter sind α_1 und β_1, E_1 ist die Endblüte. Das β-Vorblatt ist auch weiterhin Ursprungsort der die sympodiale Hauptachse zusammensetzenden Sproßabschnitte. Alle α-Vorblätter bringen dagegen keine Seitenknospen hervor. Diese einfache Form des Sproßaufbaues ist bei Solanaceen verhältnismäßig selten.

Jedoch ist der Aufbau der sympodialen Hauptachse nicht immer so regelmäßig, wie man auf Grund von Abb. 86 zu schließen geneigt sein könnte. Bisweilen sind beide Vorblätter gegeneinander verschoben (Abb. 87, α_1, β_1), dabei kommt das α-Vorblatt tiefer an der Sproßachse zur Entfaltung, seltener rückt das Tragblatt an der Tochterachse hoch. Treten seitenständige Sprosse auf, was an Trieben niederer Ordnung bisweilen zu beobachten ist (Abb. 87, S), so werden sie an einem Sympodialglied vorzugsweise an der Basis des älteren Blattorganes (α) ausgebildet, seltener als Beisprosse des Fortsetzungssprosses (Abb. 87, B). Andere Abweichungen beziehen sich auf die Ausbildung des α-Vorblattes überhaupt. Es wird mitunter völlig unterdrückt (Abb. 88, Triebe mit β und E, sowie β_1 und E_1), kann dann

[1]) GOODSPEED lehnt den Namen *Nicotiana quadrivalvis* Pursh (1814) ab und setzt *N. bigelovii* (Torr.) Watson (1871) ein. Sein Hinweis, daß Pursh seinen Namen auf eine abnorme Form begründet habe, ist nicht ganz einzusehen. Vierfächrige Fruchtknoten kommen bei dieser Art recht häufig neben solchen vor, die nur aus zwei Carpellen gebildet werden. Wir sind geneigt, die Mehrfächrigkeit als Primitivmerkmal zu deuten. Sie ist übrigens die Regel bei *Nicandra physaloides* (L.) Gaertn. und in der Gattung *Grabowskia* Schlechtd.

aber, sogar an gleichem Monochasium, nochmals auftreten (Abb. 88, α_2, β_2, E_2). Man ersieht hieraus, daß *N. quadrivalvis* Pursh ziemlich variabel ist.

Die Blattorgane im Blütenbereich unterscheiden sich kaum von normalen Laubblättern. Vergleichen wir den sympodialen Sproß dieser Art (Abb. 86) mit der Infloreszenz von *N. paniculata* L. (Abb. 83), so scheinen zunächst keine Vergleichsmöglichkeiten zu bestehen. Wir kommen damit zwangsläufig zur Erörterung der Frage, ob in der Gattung *Nicotiana* Übergangsformen zwischen den reproduktiven Regionen dieser Arten vermitteln. Insbesondere ist bemerkenswert, daß bei *N. quadrivalvis* Pursh die Blattorgane im reproduktiven Bereich ihren vegetativen Charakter beibehalten haben. Bei *N. paniculata* L. sind dagegen alle Blätter im Infloreszenzbereich zu Schuppen reduziert (Abb. 84). In den folgenden Abschnitten wollen wir auf das Verhältnis der vegetativen zur reproduktiven Region etwas näher eingehen. In Abb. 86 befindet sich *N. quadrivalvis* Pursh in einem Stadium, in dem die Blattorgane der monochasialen Hauptachse Laubblattcharakter tragen. Es sei erwähnt, daß während der Weiterentwicklung eine allmähliche Reduktion in der Blattgröße festzustellen ist.

Nehmen wir das in Abb. 86 dargestellte Exemplar von *N. quadrivalvis* als Maßstab, und vergleichen es mit *N. glutinosa* L. (Abb. 89, 90), so stellen wir fest, daß hier ähnliche Verhältnisse insofern zu beobachten sind, als seitenständige Sprosse an der monochasialen Hauptachse nicht zur Ausbildung gelangen, somit bei beiden Arten eine reine Wickel vorliegt.

Abb. 89 zeigt den obersten Abschnitt einer Pflanze von *N. glutinosa* L., die gerade zur Anthese übergegangen ist. Darin ist E die Endblüte (etwas verdeckt), 1 das letzte Blatt der Hauptachse, dessen Achselsproß die Fortsetzung übernimmt. Dieser beginnt mit dem Vorblatt β_1 und endet mit Blüte E_1. Ebenso sind die weiteren Sproßabschnitte (β_2, E_2, β_3, E_3 usf.) zusammengesetzt. Die Größe der aufeinanderfolgenden Vorblätter nimmt dabei sehr schnell ab. Abb. 90 soll dieses Verhältnis nochmals verdeutlichen. Die Signaturen wurden beibehalten. Bemerkenswert ist, daß die beiden Vorblätter (α', β') des obersten seitenständigen Sprosses I. Ordnung noch weitgehend ihren Laubblattcharakter beibehalten haben. (Abb. 89). Nach der Spitze zu nimmt auch hier deren Größe schnell ab. Verglichen mit *N. quadrivalvis* Pursh tritt bei *N. glutinosa* L. die Verarmung des vegetativen Anteils im reproduktiven Bereich bedeutend schneller ein.

Betrachten wir die beiden Seitensprosse unterhalb des Fortsetzungstriebes (Abb. 89), die übrigens beide mit dem Muttersproß konkauleszent vereinigt sind, so fällt zunächst auf, daß sie später zur Anthese gelangen als die endständige Infloreszenz. Der in der Achsel des vorletzten Blattes der Hauptachse (L_{n-1}) entspringende Seitensproß entwickelt zwei laubblattartige Vorblätter und ein Hochblatt, ehe die Endblüte gebildet wird. An dem darunter stehenden Seitenzweig (aus der Achsel von L_{n-2}) sind sogar nur Laubblätter sichtbar, deren jüngste die Infloreszenzknospe einhüllen. Die Zahl der Laubblätter an Seitentrieben nimmt also nach der Endinfloreszenz der Hauptachse hin allmählich ab.

Die bei *N. glutinosa* L. beschriebenen seitenständigen Triebe beteiligen sich nicht unmittelbar am Aufbau eines Blütenstandes höherer Ordnung; vielmehr muß man sie, da in verschiedenem Umfang Laubblattorgane ihre Entwicklung einleiten, als eigene Infloreszenzen ansehen. Stellen wir uns, von *N. glutinosa* ausgehend, vor, daß zwischen dem unmittelbar zur Blütenbildung schreitenden Fortsetzungstrieb und dem noch stark vegetativen Charakter tragenden darunter liegenden Seitensproß eine Anzahl weiterer Achselsprosse von Art des Fortsetzungstriebes eingeschaltet sind, gelangen wir zu einem Blütenstand wie er bei *N. tomentosa* Ruiz et Pav., *N. tomentosiformis* Goodsp. und *N. otophora* Griseb. ausgeprägt ist. Erstgenannte Art ist in Abb. 91 dargestellt. An der Hauptachse stehen hier eine größere Anzahl Sekundärsprosse, die alle unmittelbar zur Blütenbildung übergegangen sind. Die Endblüte der Hauptachse und auch die ältesten Seitenblüten sind bereits abgefallen. Jeder reproduktive Trieb ist eine reine Wickel. Laubblattartige Vorblätter fehlen im reproduktiven Bereich. Wir können somit diesen Blütenstand als Synfloreszenz ansehen. Das Hochblatt, in dessen Achsel die am weitesten basal stehende Teilinfloreszenz entwickelt wurde, besitzt in der Größe noch den Charakter einer Übergangsform zu Laubblättern. Unterhalb des Blütenstandes ist ein Seitentrieb sichtbar, an dem einige in akrovergenter Stellung befindliche Laubblätter bemerkbar sind. Auch hier entfaltet sich also, wie bei *N. glutinosa* L., ein Seitensproß unterhalb des Blütenstandes nach diesem. Verglichen mit *N. quadrivalvis* und *N. glutinosa* ist hier die Trennung zwischen vegetativer und reproduktiver Region nahezu vollkommen, eine Durchdringung findet nicht mehr statt.

Bei den meisten Solanaceen wechseln vegetative und reproduktive Zonen miteinander ab. Dabei kann entweder eine Einzelblüte oder aber ein Blütenstand die Blütenregion repräsentieren. Ersteres ist auch bei *N. quadrivalvis* noch der Fall. Verglichen mit anderen Gattungen liegt deshalb der Schluß nahe, daß ein Blütenstand, wie er bei *N. tomentosa*, *N. paniculata* u. a. vorliegt, nicht als ursprünglich betrachtet werden kann. Jedenfalls fällt es schwer, sich die angeführte Reihe entgegengesetzt vorzustellen und gerade solche Formen als abgeleitet anzusehen, die am meisten Beziehungen zu den Verzweigungsverhältnissen anderer Gattungen besitzen. Zumindest glauben wir gezeigt zu haben, daß es verschiedene Denkmöglichkeiten gibt. Eine vermittelnde Stellung zwischen Anthokladien (*N. quadrivalvis*) und Synfloreszenzen (*N. tomentosa*) nehmen Formen mit einfacherern Infloreszenzen ein, wo der vegetative Charakter auch im reproduktiven Bereich noch in Erscheinung tritt (*N. glutinosa*).

In unserer Erörterung über die Gattung *Nicotiana* L. haben wir den Blütenstand von *N. paniculata* L. an den Anfang gestellt, der nach GOODSPEED der phylogenetischen Grundform am meisten entspricht. Auch hier liegt eine Synfloreszenz vor. Die Teilinfloreszenzen sind dort aber nicht einfache Wickel (*N. tomentosa*), sondern sie sind reicher zusammengesetzt. Es fragt sich, ob auch für diese Form Vorstufen von anthokladialem Charakter oder zumindest einfache Infloreszenzen vorliegen, die eine ähnliche Zwischenstellung wie *N. glutinosa* einnehmen.

Wir wollen von *N. palmeri* Gray ausgehen, einer Art, die im Südwesten der Vereinigten Staaten beheimatet ist (Abb. 92). Infolge des starken Anteils vegetativer Organe ist der Aufbau nicht sehr übersichtlich. E ist die Endblüte der Hauptachse. Der Fortsetzungstrieb entspringt in der Achsel von 1_n (nur teilweise sichtbar, Beisproß entfernt). Er ist mit dem Primärsproß eine Strecke weit verwachsen. Seine Vorblätter sind α_1 und β_1, die Endblüte ist E_1. An der Basis von β_1 entsteht zunächst das folgende Glied der sympodialen Hauptachse, ferner ein Beisproß (B_1), das α-Vorblatt (α_1) bringt einen normalen seitenständigen Trieb hervor. Auffallend ist der laubblattartige Charakter der Vorblätter. Diese Grundgliederung kann sich mehrmals wiederholen. Schließlich tritt eine Verarmung ein, die sich einmal in einer Reduktion der Blattgröße äußert, zum anderen wird die Zahl der Vorblätter auf das β-Vorblatt beschränkt, was einer stärkeren Betonung des Infloreszenzcharakters gleichkommt. Im 1. Abschnitt der Anthese liegt, da laubblattartige Vorblätter zwischen den einzelnen Endblüten eingeschaltet sind, eine Folge von Antjokladien vor. Allmählich erhält die zentrale Achse durch Reduktion der Vorblätter das Aussehen eines Blütenstandes der sich im Aufbau schließlich der Infloreszenz von *N. glutinosa* L. nähert. An Seitensprossen höherer Ordnung ist diese Ähnlichkeit noch größer.

Verglichen mit *N. quadrivalvis* (vgl. Abb. 86) liegen hier insofern Übereinstimmung vor, als im unteren Bereich der blütenbildenden Zone (Abb. 92) zwischen den aufeinander folgenden Endblüten zwei Vorblätter von Laubblattcharakter zu beobachten sind. Dagegen unterscheidet sie sich darin, daß hier zusätzlich Seitensprosse gebildet werden, die als Seitentriebe der α-Vorblätter und als Beisprosse aus den Achseln der β-Vorblätter zu bewerten sind.

Bei *N. acuminata* (Grah.) Hook. aus Chile und dem andinen Gebiet Mittelargentiniens liegt dagegen eine weit klarere Trennung zwischen vegetativer und reproduktiver Region vor, wenn auch hier eine gewisse Durchdringung unverkennbar ist. In Abb. 93 ist die Endblüte der Hauptachse (E) in Entfaltung begriffen. Der Blütenstand ist eine einfache Infloreszenz. 1_{n-1} ist das vorletzte Blatt der Hauptachse. Es entwickelt einen Seitentrieb, von dem insgesamt vier Blattorgane sichtbar sind. Das ist die Anlage eines vegetativen Triebes, der schließlich auch zur Infloreszenzbildung übergeht. Der Achselsproß aus Blatt 1_n setzt die Hauptachse fort und endet mit Blüte E_1. Ferner ist hier eine Beiknospenanlage sichtbar (B_1). Von den beiden transversalen Vorblättern (α_1, β_1) besitzt das jüngere (β_1) den stärkeren Achselsproß und wird von diesem mit hochgeführt. Die Blüte E_1 läßt auf diesem Stadium übrigens noch deutlich erkennen, daß sie ein Sympodialglied abschließt. Erst im folgenden richtet sich der Fortsetzungstrieb auf und drängt sie zur Seite. In der Achsel des α-Vorblattes ist eine Knospe sichtbar. Alle entfalteten Blätter weisen deutlich Beziehungen zu Laubblättern auf. Die Reduktion in der Größe erfolgt allmählich.

Dieses Stadium würde annähernd der Infloreszenz von *N. glutinosa* L. in der vorher dargestellten Reihe entsprechen.

Stellen wir uns vor, daß an der Hauptachse unter klarer Trennung von vegetativer und reproduktiver Region, zwischen dem letzten Laubblatt (1_n) und der Endblüte (E) mehrere Teilinfloreszenzen eingeschaltet sind, die alle nach Ausbildung zweier Vorblätter die erste Blüte hervorbringen, gelangen wir zu einer Blütenstandsform, wie sie in Abb. 94 verwirklicht ist (*N. paniculata*)[1]. Alle Blüten der Infloreszenz von *N. acuminata* (Abb. 93) finden sich in gleicher Entwicklungshöhe an dem dargestellten Exemplar von *N. paniculata* wieder. Homologe Organe sind mit gleichen Kennzeichen versehen. 1_{n-1} ist bei beiden Arten das Tragblatt jenes Sprosses, der noch weitgehend vegetativen Charakter trägt.

Die accessorischen Partialinfloreszenzen von *N. paniculata* L. (Abb. 94) befinden sich alle auf annähernd gleicher Entwicklungsstufe. Wie wir bereits erläuterten (Abb. 85, Fig. III), erscheinen zunächst die Anlagen der basalen Teilblütenstände, anschließend werden, akropetal fortschreitend, in rascher Folge die übrigen hervorgebracht. Die dem Fortsetzungstrieb in Abb. 93 homologe Teilinfloreszenz hat bereits ihre Endblüte (E_1) entfaltet, befindet sich also auf gleicher Entwicklungshöhe wie Endblüte E. Es sei jedoch bemerkt, daß sie später zur Entfaltung gelangt als die abschließende Blüte der Hauptachse. Das Tragblatt dieses Triebes (E_1) weist übrigens noch Anklänge an Laubblätter auf.

Es scheinen im allgemeinen gewisse Relationen zwischen der Ausbildung einer endständigen Infloreszenz und einer Synfloreszenz zu bestehen. Liegt eine sympodiale Hauptachse vor, so ist die Zahl der Blüten relativ groß, das Monochasium also vielfach fortgesetzt. Dagegen ist bei Synfloreszenzen die Blütenproduktion innerhalb eines Monochasiums gering. Sie wird aber durch die vermehrte Zahl der Partialinfloreszenzen ergänzt. Im Aufbau der Teilblütenstände besteht zwischen *N. paniculata* L. und *N. acuminata* (Grah.) Hook. grundsätzliche Übereinstimmung.

Die in der vorstehend gegebenen Ableitung berücksichtigten Arten besitzen Infloreszenzformen, die recht verbreitet in der Gattung *Nicotiana* sind. Im einzelnen ergeben sich dabei verschiedenartige Abweichungen, von denen einige um das Bild abzurunden, im folgenden erörtert werden sollen. Dabei werden wir feststellen, daß zwischen beiden morphologischen Reihen, die wir kennengelernt haben, eine strenge Trennung kaum möglich ist.

Abb. 95 stellt den Blütenstand von *N. rotundifolia* Lindl. dar. Zunächst hat man den Eindruck einer weitgehenden Übereinstimmung mit *N. paniculata* L. An einer zentralen Achse entwickeln sich wie dort eine größere Zahl Seitensprosse. Bei genauerer Betrachtung

[1]) Dieser Blütenstand ist insofern nicht ganz typisch für unsere Art, als es sich um eine Topfpflanze, also eine Hungerform handelt.

fallen aber mehrere tragblattlose Blüten auf und deuten darauf hin, daß hier eine monochasiale Achse vorliegt. Bei *N. paniculata* bestimmt dagegen die monopodiale Hauptachse den Gesamteindruck der Infloreszenz.

Der Primärsproß endet bei *N. rotundifolia* Lindl. mit der Blüte E. Die Sproßfortsetzung wird vom Achselsproß des Blattes n übernommen. Dieses ist bereits abgefallen, seine Ansatzstelle ist aber durch den Ursprungsort des dazugehörigen Beisprosses zu erschließen. Der Fortsetzungstrieb entwickelt die beiden Vorblätter α_1 und β_1 bevor er mit Blüte E_1 abschließt. Das der Endblüte E_1 am nächsten stehende Vorblatt (β_1) bildet in seiner Achsel das folgende Sympodialglied der monochasialen Hauptachse, ferner eine Beiknospe, die allerdings teilweise verdeckt ist. Aus der Basis des α-Vorblattes (α_1) geht ein normaler Seitensproß hervor. Damit sind zwischen den beiden Endblüten E und E_1 zwei seitenständige Sprosse eingeschaltet. Verfolgen wir den weiteren Verlauf der monochasialen Hauptachse, so kann man bemerken, daß zwischen den folgenden Endblüten (E_1 und E_2, E_2 und E_3) nur noch ein seitenständiger Blütensproß abzweigt (aus β_2 und β_3). Wir stellen ferner fest, daß lediglich ein Vorblatt an jedem Sympodialglied angelegt ist (β_2, β_3). Es ist das jeweilige β-Vorblatt, aus dessen Achsel auch die Sproßfortsetzung erfolgt. Die beiden seitenständigen Sprosse sind ihre Beiknospen. Nicht selten kommt es vor, daß an einem Fortsetzungstrieb höherer Ordnung wieder beide Vorblätter zur Ausbildung gelangen. In diesem Falle wiederholt sich das gleiche Bild wie an der Basis des Blütenstandes. Dies bedeutet, daß hier eine einmal auftretende Reduktion im Weiterverlauf der Entwicklung durchaus nicht immer beibehalten zu werden braucht. Auch an der zur Abbildung gelangten Infloreszenz (Abb. 95) treten oberhalb der Blüte E_3 am Fortsetzungstrieb aus der Achsel des Tragblattes β_3 wiederum zwei Vorblätter auf, deren Achselprodukte leider zur Bildebene senkrecht stehen und sich daher überlagern[1]). Für ihre Bildung scheinen äußere Bedingungen verantwortlich zu sein. Diese Erscheinung war nämlich an mehreren Pflanzen zum gleichen Termin, aber in verschiedener Höhe, zu beobachten. — An seitenständigen Sprossen wiederholt sich der Aufbau der Mutterachse.

Zusammenfassend können wir feststellen: Die Infloreszenz von *N. rotundifolia* Lindl. ist ein Monochasium. Seitenständige Teilblütenstände und Beisprosse entwickeln sich aus den Vorblattachseln. Grundsätzlich ergibt sich damit eine Übereinstimmung zu *N. acuminata*. Auch *N. langsdorffii* Weinm. besitzt eine ähnliche Infloreszenzform wie *N. rotundifolia* (Abb. 96); da Blüten und Früchte größer als bei jener Art sind, tritt der sympodiale Charakter der Zentralachse deutlicher in Erscheinung. Der Hauptsproß endet mit der Blüte E. In den Achseln der letzten Laubblätter werden Seitentriebe gebildet, die auch bald zur Blütenbildung übergehen. Dabei ist bemerkenswert, daß der am tiefsten stehende Sekundärsproß (in der Achsel von L_{n-3}) am längsten vegetativ bleibt und zuletzt in die reproduktive Phase eintritt. An den weiter oben gebildeten Seitensprossen nimmt die Zahl der laubblattähnlichen Hochblätter immer stärker ab. Hand in Hand damit setzt die Blütenbildung früher ein, der Infloreszenzcharakter überwiegt immer stärker. Die sympodiale Fortsetzung übernimmt der Achselsproß von Blatt l_n. Dieser endet mit Blüte E_1. Hier wird nur noch, wie auch an allen weiteren Fortsetzungstrieben, ein einziges Vorblatt angelegt (β). B ist eine Beiknospe aus l_n.

Einen Überblick von der terminalen Infloreszenz soll Abb. 97 vermitteln. E ist die Endblüte der Hauptachse, l_n deren letztes Hochblatt, das mit dem von ihm gebildeten Seitensproß eine Strecke weit verwachsen ist. Der Trieb endet mit der Blüte E_1. Die weitere Generationsfolge ist aus den Signaturen zu entnehmen. — Vorblätter (β), Blüten (E) und Beisprosse (B), die entwicklungsgeschichtlich gleichem Sympodialglied angehören, sind durch übereinstimmende Beizahlen gekennzeichnet. Alle Vorblätter entwickeln Beisprosse. Bemerkenswert sind die Unterschiede in der Zahl der Vorblätter an den Sympodialgliedern der Hauptachse und an den Beisprossen. Der Fortsetzungstrieb in der Achsel von l_n bringt

[1]) Sommer 1955, Versuchsfeld Gatersleben.

nur ein Vorblatt hervor. Dagegen erscheinen am Beisproß B aus gleicher Blattachsel zunächst zwei Vorblätter (α'_1 und β'_1) ehe die erste Blüte entwickelt wird (E'). Weiter oben ist auch an den Beiknospen (ab B_2) einseitige Vorblattausbildung die Regel. Alle Vorblätter und alle Blüten kommen in je zwei benachbarten Orthostichen zur Entfaltung. Damit ergibt sich ein Verhalten, wie wir es bei Besprechung von *N. glutinosa* L. kennengelernt haben. Allerdings unterbleibt dort die Beiknospenbildung aus den Achseln der β-Vorblätter.

Hier läßt sich eine Form von *N. alata* Link et Otto anschließen (Abb. 98). Auch bei dieser Art werden unterhalb der Endblüte an der Hauptachse seitenständige Infloreszenzen entwickelt, doch kommen sie erst später zur Entfaltung. Als reproduktive Region erscheint daher, verglichen mit *N. langsdorffii* Weinm. nur der Teil, der dort die sympodiale Hauptachse zusammensetzt sowie die dazugehörigen Beisprosse. Die Teile eines Sympodialgliedes sind durch übereinstimmende Beizahlen gekennzeichnet[1]). Vergleicht man das Verhältnis von Vorblättern und Blüten eines Sympodialgliedes in beiden Arten (*N. langsdorffii*), so fällt hier ein kleiner Unterschied auf. Während dort das Tragblatt des Folgesprosses von diesem mit hochgeführt wird und oberhalb der Blüte erscheint, bleibt hier zunächst das Tragblatt unterhalb der Stelle, an der die dazugehörige Endblüte seitlich verdrängt wird. Relativer Hauptsproß und Seitenachse sind also eine k o n k a u l e s z e n t e Verwachsung eingegangen. Weiter oben kommt dann das Tragblatt in Höhe der Verzweigung zur Entfaltung. Schließlich kann es auch von dem dazugehörigen Achselsproß emporgehoben werden. In diesem Fall gehen Seitensproß und Tragblatt also eine r e k a u l e s z e n t e Verwachsung ein. Dieses Beispiel mag andeuten, wie eng die Beziehung entwicklungsgeschichtlich zwischen konkauleszenter und rekauleszenter Verwachsung sind. Für diese Erscheinung, die bei verschiedenen Solanaceen zu beobachten ist, hat WAGNER (1907) den Ausdruck „progressive Rekauleszenz" geprägt.

Ontogenetische Untersuchungen der Sproßknospe (Abb. 85, Fig. IV) zeigen, daß die Tragblätter in 2 Orthostichen angelegt werden (β), sie bilden untereinander einen rechten Winkel. Verfolgen wir zunächst die Verhältnisse am Vegetationskegel (Abb. 85, Fig. VI): β_5 ist das Tragblatt des als E_6 bezeichneten Komplexes. E_6 ist die Endblütenanlage eines Fortsetzungstriebes. Das dazugehörige Vorblatt (β_6) ist noch nicht differenziert, doch hebt es sich gemeinsam mit dem dazugehörigen Seitentrieb, schon als Hervorwölbung ab. Der Achselsproß eilt demnach in der Entwicklung dem dazugehörigen Tragblatt voraus. Mit dieser frühzeitigen Anlegung dieses Seitenvegetationspunktes steht im Zusammenhang, daß die Mutterblattanlage (β_5) sowohl den Tochtersproß (E_6) als auch dessen Fortsetzungstrieb umgreift. Zur näheren Erläuterung sei Fig. V herangezogen. Die dargestellte Knospe hat sich in der Achsel des Tragblattes β_3 entwickelt, letzteres umgreift den Achselsproß, zu dem Endblütenknospe E_4 (entfernt) und Vorblatt β_4 gehören. Dessen Tochtertrieb besteht aus dem Vorblatt β_5 und der Endblüte E_5. Hier ist die 1. Kelchblattanlage bereits erkennbar. Ein α-Vorblatt kommt nicht zur Anlegung.

Beiknospen sind auf diesem Stadium noch nicht sichtbar. Sie erscheinen verhältnismäßig spät. Abb. IV zeigt den Entwicklungszustand der Endknospe, auf dem sie angelegt werden. Die übereinstimmenden Signaturen (Figg. V und VI) sollen andeuten, daß hier gleiche Sproßknospe unter Einbeziehung älterer Teile Berücksichtigung fand. In der Achsel von β_2 ist die erste Anlage einer Beiknospe B_2 sichtbar, an der Basis von β_1 hat sie bereits die Vorblätter angelegt, deren eines sichtbar ist (B_1).

An der sympodialen Hauptachse wird bei *N. alata* nur das β-Vorblatt an jedem Sympodialglied angelegt. Dagegen fällt auch hier an Beisprossen auf, daß deren Entwicklung durch zwei Vorblätter eingeleitet wird.

---

[1]) Durchgehend sind nur die Endblüten signiert. In dem oberen Bereich wurden die Signaturen für die Vorblätter fortgelassen. Die Beiknospen sind durch die Lage der Vorblätter genügend charakterisiert.

In Abb. 88 bestimmen die Beisprosse wesentlich das Erscheinungsbild der Infloreszenz. Bei anderen Formen treten sie dagegen zurück und bleiben als Knospen in den Achseln der Hochblätter erhalten (Abb. 99). Hier nähert sich die Infloreszenz einer reinen Wickel (*N. glutinosa* L.).

Ebenso wie die Blütenstandsformen von *N. acuminata* (Grah.) Hook. und *glutinosa* L. in mannigfacher Weise variieren, können wir gleiches von der Synfloreszenz sagen, wie sie bei *N. paniculata* L. vorliegt. Diese Art eignet sich gut zur Darstellung, da die Hauptachse stark verlängert ist und so eine gute Übersicht gestattet. Die Pflanze bildet eine Grundrosette aus, der gestreckte Anteil gehört fast ausschließlich der reproduktiven Region an. Bei anderen Arten ist demgegenüber der Primärsproß in der Laubblattregion gestreckt. Im allgemeinen ist dann die Synfloreszenzachse meist $\pm$ zusammengezogen. Die oft auch gestaucht bleibenden Partialinfloreszenzen erscheinen dann in dichter Folge. Dies ist bei *N. tabacum* L. der Fall. Ebenso verhalten sich unter den bekannteren Arten *N. rustica* L. und *N. sylvestris* Speg. et Com.

Zunächst sei auf *N. sylvestris* Speg. et Com. hingewiesen (Abb. 100). Diese Pflanze befindet sich auf gleichem Entwicklungsstadium wie das von *N. paniculata* L. in Abb. 94 zur Darstellung gelangte Exemplar. Die Endblüte (E) ist in Anthese, der Seitentrieb aus der Achsel des letzten Laubblattes (l_{n-1}) ist zunächst vegetativ und beginnt mit der Blattentfaltung. Von den einzelnen Teilinfloreszenzen hat sich die Kronröhre der Endblüte I. Ordnung stark gestreckt und steht kurz vor der Öffnung. Jede in diesem Stadium befindliche Blüte deutet also einen Seitentrieb der Hauptachse an. Im weiteren Verlauf der Anthese verlängert sich übrigens die Primärachse etwas, so daß der Blütenstand etwas gelockert erscheint (Abb. 101). Die schon in Postfloration befindliche Endblüte (E) weist darauf hin, daß dieser Zustand verhältnismäßig schnell erreicht wird. Die Endblüten der Seitensprosse I. Ordnung sind hier entfaltet.

Abb. 102a möge den Nachweis erbringen, daß *N. tabacum* den gleichen Infloreszenzbau besitzt wie *N. sylvestris* (Abb. 101). Auch hier ist die Endblüte (E) bereits abgewelkt, die Seitenblüten I. Ordnung befinden sich in Anthese. Von *N. tabacum* wird eine große Zahl von Sorten kultiviert. Die Proportionsverhältnisse im reproduktiven Bereich können sehr verschieden sein. In vorliegender Abbildung sind die Blattorgane an der Hauptachse unterhalb der Synfloreszenz hochblattartig, Seitentriebe sind nur als kleine Knospen sichtbar. Bei anderen Formen ist dagegen eine viel stärkere Durchdringung von vegetativer und reproduktiver Region zu beobachten.

Bei dem in Abb. 102a zur Darstellung gebrachten Exemplar besteht die Infloreszenz aus insgesamt 6 Teilinfloreszenzen. Ihre Zahl kann vermehrt sein (10—12). Hungerformen sind dadurch gekennzeichnet, daß nur 2—3 Seitentriebe unterhalb der Endblüte den Blütenstand zusammensetzen. Dies bedeutet, daß unter veränderten Wachstumsbedingungen die Zahl der eingeschalteten Teilblütenstände schwanken kann (Abb. 102b).

Eine ähnliche Plastizität in der Infloreszenzform ist auch bei *N. rustica* L. zu beobachten. Hier ist eine Infloreszenz mit gestreckter Hauptachse (*N. rustica* var. *pumila* Schrank, Abb. 103) einer solchen mit sehr stark verkürztem Primärsproß gegenübergestellt (Abb. 104). Dazwischen kommen alle Übergangsformen vor. An beiden Exemplaren ist die Endblüte in Anthese. Der Aufbau der Teilblütenstände ist der gleiche wie bei *N. paniculata* und den übrigen vorstehend genannten Arten. Bemerkenswert ist hier, daß der vegetative Charakter der Hochblätter im Infloreszenzbereich der Hauptachse lange beibehalten wird. Dies gilt sowohl für Formen mit gestreckter Blütenstandsachse, als auch für solche, bei denen eine starke Stauchung zu beobachten ist. Der Aufbau einer Teilinfloreszenz ist aus Abb. 105 zu entnehmen. Die üblichen Bezeichnungen erläutern ihre Zusammensetzung.

Wir haben versucht, an Hand von Einzelbeispielen die Mannigfaltigkeit im reproduktiven Bereich der Gattung *Nicotiana* L. darzustellen. Der Übersicht halber haben wir zwei Formenreihen entwickelt, die schematisch in Abb. 106 zusammengefaßt sind. Im folgenden soll diskutiert werden, welche Gesichtspunkte sich für eine phylogenetische Erörterung ergeben.

Grundsätzlich lassen sich in der Blütenanordnung drei verschiedenen Typen unterscheiden (Abb. 106):

1. Anthokladien (Fig. I, *N. quadrivalvis* Pursh; Fig. IV, *N. palmeri* Gray),
2. Infloreszenzen [Fig. II, *N. glutinosa* L.; Fig. V, *N. acuminata* (Grah.) Hook.],
3. Synfloreszenzen (Fig. III, *N. tomentosa* Ruiz et Pav.; Fig. VI, *N. paniculata* L.).

Im einzelnen bilden die reproduktiven Achsen:

1. Monochasien (Figg. I, II und III)
2. Dichasien mit monochasialer Tendenz (Figg. IV, V und VI).

Monochasien können gegenüber Dichasien als abgeleitet angesehen werden. Wir haben sie an den Anfang unserer Betrachtung gestellt, da sie leichter zu erfassen sind. Die oben aufgezeichneten Reihen sind deshalb nur morphologische Ableitungen, nicht aber phylogenetische. Welcher Infloreszenztyp als stammesgeschichtliche Ausgangsform zu werten ist, kann wohl kaum objektiv entschieden werden. Offensichtlich gibt es mehrere Denkmöglichkeiten. Letztlich sind alle vorstehend angeführten Blütenstandstypen Endglieder eines Entwicklungsprozesses. Eine Differenzierung in einer Richtung wird wahrscheinlich eine Spezialisation in einer anderen zur Folge gehabt haben. Jedenfalls gewinnt man diesen Eindruck bei Betrachtung der Formenmannigfaltigkeit in der Gattung *Nicotiana* L. Folgende Anhaltspunkte ergeben sich aber beim Studium der Entwicklungsgeschichte:

Bei jenen Arten, die wie *N. paniculata* L. Synfloreszenzen hervorbringen (Abb. 106, Fig. III und VI), erscheint die am weitesten basal stehende Partialinfloreszenz zuerst am Vegetationskegel. Erst anschließend werden in basipetaler Richtung vegetative Triebe, in akropetaler dagegen weitere Teilblütenstände hervorgebracht. Anders bei infloreszenz- und anthokladienbildenden Arten. Hier wird als älteste Seitensproßanlage jener Trieb sichtbar, der die Hauptachse monochasial fortsetzt. Alle übrigen Tochterknospen erscheinen basipetal. Eine akropetale Seitenknospenbildung unterbleibt. Letztgenannte Verzweigungsform möchten wir als ursprünglich betrachten. Jener Achseltrieb, der zuerst angelegt wird, bestimmt hier auch an der erwachsenen Pflanze das Erscheinungsbild.

Sowohl an Infloreszenzen als auch an Synfloreszenzen ist es ein reproduktiver Sproß, der als erster seitlicher Vegetationspunkt erscheint. Wir möchten sie als homologe Triebe ansprechen. Bei Synfloreszenzen werden nun im Anschluß an die erste Seitenknospe in akropetaler Folge weitere Blütensprosse an der Hauptachse gebildet ehe die Endblüte hervorgebracht wird. Diese Triebe tragen nach unserer Auffassung also accessorischen Charakter. Hand in Hand damit geht offenbar innerhalb der Teilblütenstände die Verzweigung weniger weit, als dies an Infloreszenzen zu beobachten ist.

Verglichen mit anderen Solanaceen gehört die Bildung einer endständigen abschließenden reproduktiven Zone zu den Ausnahmen. Weit häufiger sind Anthokladien, die wir auch in der Gattung *Nicotiana* antreffen (Figg. I und III). Die Ableitung der Infloreszenzen aus Anthokladien wäre denkbar. Jedenfalls scheint uns, im Hinblick auf andere Familienangehörige, der umgekehrte Weg noch schwerer verständlich.

Eine *Nicotiana*-Art haben wir bisher von unserer Betrachtung ausgeschlossen, da sie sich in das bisher gewonnene Bild nicht ohne Schwierigkeiten einordnen läßt: *N. repanda* Willd. Diese Art ist von besonderem Interesse, da hier Anthokladien eingeschaltet werden, deren reproduktive Zone nicht von Einzelblüten, sondern von ganzen Infloreszenzen gebildet wird.

Abb. 107 zeigt eine Verzweigung höherer Ordnung. Vergleichen wir hiermit *N. acuminata* (Grah.) Hook. (Abb. 93), so ist eine große Ähnlichkeit unverkennbar. Dort wie hier schließt die in Entfaltung befindliche Blüte einen Sproßabschnitt ab. In entsprechender Weise erfolgt auch die reproduktive Fortsetzung. Bei *N. acuminata* wird in der Achsel des vorletzten Laubblattes (l_{1-n}) ein Seitensproß gebildet. Auch hier wird an dem am weitesten basalen Blatt ein Achselsproß hervorgebracht, der zunächst gegenüber der Endinfloreszenz eine untergeordnete Bedeutung besitzt. Im Weiterverlauf der Entwicklung wächst er aber stärker heran und drängt schließlich den abschließenden Blütenstand zur Seite. An Verzweigungen niederer Ordnung sind an solchen Trieben eine Anzahl laubblattartiger Organe eingeschaltet.

Einen Eindruck von dieser besonderen Form der Anthokladienbildung soll Abb. 108 vermitteln. E ist die Endblüte einer vegetativen Achse. Der kräftigere Seitensproß ist zunächst der als reproduktiver Fortsetzungstrieb anzusprechende Seitensproß aus der Achsel des letzten Blattes l_n. Dagegen ist das Achselprodukt des tiefer stehenden Blattes (l_{n-1}) vorerst schwächer (vgl. Abb. 107). Im Weiterverlauf der Entwicklung kehrt sich dann das Verhältnis um. Der reproduktive Fortsetzungstrieb aus der Achsel des letzten Blattes (l_n) wird durch den die vegetative Achse fortsetzenden Sproß (aus l_{n-1}) allmählich verdrängt. Dieser Sproß endet nach Ausbildung von vier Blattorganen (l'_{n-3}, l'_{n-2}, l'_{n-1}, l'_n) mit einer Blüte (E′). Unter Beibehaltung der Wuchsrichtung erfolgt aus der Achsel des Blattes l'_n die reproduktive Fortsetzung. Später wird dieser Sproß durch den z. Zt. noch deutlich seitenständige Stellung einnehmenden Achselsproß aus l'_{n-1} verdrängt.

Es fällt schwer, eine solche Verzweigungsform von einer Synfloreszenz abzuleiten, wie sie bei *N. paniculata* L. ausgeprägt ist. Viel leichter ist nach unserer Meinung, als Ausgangsform eine Infloreszenz anzunehmen, wie sie z. B. bei *N. acuminata* ausgeprägt ist (Abb. 106, Fig. V).

Wir sind im Verlauf unserer vergleichenden Betrachtung zu anderen Ergebnissen als GOODSPEED gelangt. Zumindest glauben wir gezeigt zu haben, daß der Versuch, Einzelmerkmale phylogenetisch herzuleiten, recht subjektiv sein kann.

Wir haben in den Mittelpunkt unserer Darstellung die Verzweigung gestellt. Eine systematische Gliederung wird nach Übereinstimmung möglichst vieler Merkmale vorgenommen. Auf diese Weise erfolgte in unserem Genus eine Unterteilung in Untergattungen und Sektionen. In der Gattung *Nicotiana* werden 3 Subgenera unterschieden:

1. *Rustica* (Don) Goodspeed,
2. *Tabacum* (Don) Goodspeed und
3. *Petunioides* (Don) Goodspeed.

In der Untergattung *Rustica* (Don) Goodspeed kommen nur Arten mit Synfloreszenzen vor. Sie entsprechen alle, bezogen auf unser Schema (Abb. 106), den Figg. III und VI[1]). Erwähnenswert ist noch, daß insgesamt 9 Arten hierher gehören.

Auch in der Untergattung *Tabacum* (Don) Goodspeed herrschen zusammengesetzte Infloreszenzen vor (Abb. 106, Figg. III und VI). Ferner ist *N. glutinosa* L. hier zu erwähnen, deren Infloreszenz eine reine Wickel ist (Fig. II).

Alle anderen bekannt gewordenen Arten — insgesamt 45 — werden auf die Sektionen der Untergattung *Petunioides* verteilt. Hier finden sich übrigens auch die Verzweigungsformen wieder, die für die Angehörigen der 1. Untergattung und für *N. glutinosa* L. erwähnt wurden.

[1]) *N. thyrsiflora* Goodspeed könnte möglicherweise eine Ausnahme bilden. Nach GOODSPEED erinnert der Blütenstand dieser Art an den von *Verbascum thapsus* L. Ob die Hauptachse hier mit einer Endblüte abschließt konnte nicht untersucht werden, der schematischen Abbildung GOODSPEEDS nach zu urteilen ist es aber der Fall (vgl. Abb. 82, Fig. b).

Aus dieser Übersicht geht hervor, daß eine Bindung bestimmter Verzweigungsformen an einzelne systematische Gruppen, nicht vorliegt. Eine Infloreszenz, wie sie *N. paniculata* L. besitzt, tritt in allen Gruppen auf, andererseits sind im Subgenus *Petunioides* nahezu alle Blütenstandsformen ausgeprägt.

Nach Goodspeed enthält die Untergattung *Rustica* die meisten primitiven Elemente. Es ist also gerade die Gruppe, die nach unserer Ansicht einen abgeleiteten Blütenstand besitzt. Bemerkenswert ist hier die Einheitlichkeit der Infloreszenzform. Eine Hauptstütze der Auffassung Goodspeeds ist gerade der Aufbau des Blütenstandes. Wir glauben zumindest gezeigt zu haben, daß auch eine andere Denkmöglichkeit vertreten werden kann.

Als weiteres primitives Merkmal sieht Goodspeed die relative Regelmäßigkeit der Wirtel im Bereich der Blüte an. Ein Vergleich mit anderen Untergattungen ergibt, daß lediglich in der Sektion *Tomentosa* Goodspeed die meisten Arten stark dorsiventral entwickelt sind (*N. tomentosa* Ruiz et Pav., *N. tomentosiforme* Goodspeed, *N. otophora* Griseb., *N. glutinosa* L.) in allen anderen Sippen liegt die Unregelmäßigkeit durchaus in gleichen Grenzen wie innerhalb der Untergattung *Rustica*. Ähnlich steht es mit den übrigen angeführten Merkmalen.

Petunia Juss.

Über diese Gattung liegt eine monographische Bearbeitung von Fries (1911) vor. Das Genus umfaßt etwa 40 Arten[1]), die alle in Südamerika beheimatet sind. Auch auf den Sproßaufbau geht Fries ein. Er benutzt die Verzweigung im reproduktiven Bereich zur Umgrenzung der Gattung. Entwicklungsgeschichtliche Untersuchungen liegen nicht vor.

Der Aufbau der Sproßachse im Bereich der Blütenregion ist sehr einförmig, er sei unter Berücksichtigung von Abb. 109 geschildet. Die Figur stellt einen Ausschnitt aus der blühenden Zone von *P. axillaris* (Lam.) B. S. P. dar. Die Achse ist sympodial zusammengesetzt. Die in Anthese befindliche Blüte E beschließt ein Sproßglied, dessen Vorblätter α und β sind; letztere sind Tragblätter von Seitensprossen. In der Achsel von Vorblatt α ist eine Seitenknospe sichtbar, die in Entfaltung begriffen ist. Ihre Weiterentwicklung schreitet nur langsam voran. Bedeutend kräftiger ist dagegen der Achselsproß von Vorblatt β. Er hat die Endblüte der Mutterachse (E) seitlich verdrängt und setzt die Wuchsrichtung letzterer fort. Auf ein langgestrecktes Hypopodium folgen die beiden Vorblätter α_1 und β_1 dicht aufeinander und — unter Einschaltung eines gestreckten Internodiums — die Endblüte E_1. Das folgende Glied des Monochasiums entspringt aus der Achsel von β_1. Der Seitensproß aus α_1 besitzt wiederum untergeordnete Bedeutung. Der weitere Aufbau ist aus den entsprechenden Signaturen zu entnehmen.

Diese Form der Verzweigung ist für alle Angehörigen der Gattung *Petunia* Juss. charakteristisch. Einige Arten zeigen insofern ein etwas abgeändertes Bild, als die Seitentriebe aus den Achseln der α-Vorblätter überhaupt nicht mehr in Erscheinung treten.

Was die Größe der Vorblätter im Bereich des Sympodiums anbetrifft, so ist bemerkenswert, daß sie mit fortschreitender Verzweigung abnimmt. Die am Ende der Vegetationsperiode entfalteten Vorblätter sind um ein mehrfaches kleiner als die zuerst gebildeten, die sich kaum von den Laubblättern der Primärachse unterscheiden.

Vergleichen wir den monochasialen Sproßaufbau in der Gattung *Petunia* mit dem anderer Solanaceen, die an den Sympodialgliedern ebenfalls nur zwei Vorblätter ausbilden, wie *Atropa bella-donna* L. so fällt ein bemerkenswerter Unterschied auf. Während dort die

[1]) Verschiedene Arten sind offenbar so nahe miteinander verwandt, daß ihre selbständige Stellung unbegründet ist (Lamprecht 1953).

beiden entwicklungsgeschichtlich zusammengehörenden Vorblätter in verschiedener Ebene zur Entfaltung gelangen, kommen sie hier in gleicher Höhe zur Ausbildung. Dies geht schon daraus hervor, daß beide Vorblätter einander gegenüberliegen. Bei *Atropa bella-donna* schließen dagegen zwei gepaart stehende Vorblätter einen rechten Winkel ein, da sie entwicklungsgeschichtlich verschiedenen Sympodialgliedern angehören.

Die Stellung der Vorblätter, wie sie für die Arten der Gattung *Petunia* charakteristisch ist, findet sich bei Angehörigen anderer Familien recht häufig, unter den Solanaceen ist sie dagegen relativ selten. Es erhebt sich die Frage, ob mit dieser Abweichung schon im Bereich des Vegetationskegels Veränderungen sichtbar sind. Dies im Vergleich zu solchen Arten, bei denen das jüngere Vorblatt mit dem dazugehörigen Achselsproß hochgeführt wird.

Abb. 110, Figg. I und II zeigen die Anlage eines Sympodialgliedes von *P. axillaris* (Lam.) B.S.P., das in der Achsel von Tragblatt β gebildet wurde. E_1 ist die Endblüte, α_1 und β_1 sind die beiden Vorblätter. Aus der Achsel des jüngeren (β_1) geht der Fortsetzungstrieb (F) hervor. Stellen wir dieses Entwicklungsstadium einem Vegetationskegel von *Atropa bella-donna* L. (Abb. 19, Fig. II) gegenüber, so ist bemerkenswert, daß bei *P. axillaris* (Lam.) B.S.P. das Vorblatt β_1 die Achselsproßanlage (F) weit umgreift und mit dem Randsaum des Unterblattes dem Muttersproß aufsitzt oder ihm doch deutlich angenähert ist. Bei *Atropa bella-donna* L. ist diese innige Verbindung dagegen nicht zu beobachten. Hier erscheint die entsprechende Blattanlage mehr am eigenen Achselsproß, von dem sie später hochgeführt wird.

Ferner ist in Abb. 110, Figg. I und II auffallend, daß die beiden Vorblätter α_1 und β_1 gegenüber Tragblatt β nicht streng transversal angeordnet sind. Namentlich das α-Vorblatt ist aus dieser Symmetrieebene etwas verschoben und — bezogen auf den Muttersproß — nach der adaxialen Seite gerückt (vgl. auch Figg. III und IV). Diese Erscheinung steht im engen Zusammenhang mit der Kelchbildung. Das erste Kelchblatt (K_1) wölbt sich zwischen Vorblatt α_1 und Tragblatt β hervor. Die Blattorgane entwickeln sich nach der $^2/_5$-Divergenz. Die Spirale wird mit der Bildung der beiden vegetativen Organe eingeleitet und unmittelbar mit der Anlegung der Kelchblattprimordien fortgesetzt ($\alpha_1 \rightarrow \beta_1 \rightarrow K_1$). Im Verlauf der Weiterentwicklung (Abb. 110, Fig. V) und im entfalteten Zustand ist diese typische Stellung der Vorblätter zum Tragblatt kaum nachweisbar.

Das zuerst gebildete Kelchblatt überragt während der Entwicklung übrigens alle später angelegten Sepalen wesentlich, was besonders deutlich aus Abb. 110, Fig. III zu ersehen ist. Erst kurz vor der Anthese werden diese Unterschiede ausgeglichen.

Nierembergia Ruiz et Pav.

Die Gattung ist neuweltlich. Alle Arten, etwa 20, stammen aus den subtropischen und gemäßigten Zonen.

In unseren Gärten wird bisweilen *Nierembergia frutescens* Dur. kultiviert. Diese Art besitzt ein reich verzweigtes Sproßsystem. Das Habitusbild (Abb. 111) ist daher wenig übersichtlich. Es zeigt den oberen Abschnitt einer mit der Anthese (E = Endblüte) beginnenden Pflanze.

Zur näheren Erläuterung sollen zunächst die entwicklungsgeschichtlichen Befunde erörtert werden. Eine junge Sproßspitze ist in Abb. 112, Fig. III festgehalten. Wir erkennen, daß die relative Hauptachse mit einer Blüte (E) endet. Sie wird durch den Fortsetzungstrieb aus der Achsel des letzten Laubblattes (L_n), zur Seite gedrängt. Der Tochtersproß nimmt annähernd die Wuchsrichtung der Mutterachse ein. Nach Ausbildung einer Anzahl Laubblätter, fünf in Fig. III, geht dieser Sproß wiederum zur Bildung einer Endblüte (E_1) über. Dabei können wir beobachten, daß die Kelchblattspirale die der Laubblätter unmittelbar fortsetzt. Auffallend ist fernerhin, wie auch aus den übrigen Figuren hervorgeht, die ungleiche Größe der Sepalen. Deren erstes (K_1 in Fig. III) eilt in der Entwicklung den übrigen voraus. Das letzte Laubblatt (L'_n in Fig. III) ist wiederum Tragblatt des Fortsetzungstriebes.

Die Bestätigung unserer Annahme, daß die Sproßachse sympodial zusammengesetzt ist, erhalten wir, wenn wir die Verhältnisse am Vegetationskegel näher in Betracht ziehen (Abb. 112, Fig. I). L_n und L_{n-1} sind die beiden letzten Laubblattorgane eines Sympodialgliedes. Die Blattanlage K_1 ist das älteste Kelchblatt. Ein weiteres Sepalum ist die Hervorwölbung K_2. Der Seitenvegetationspunkt F in der Achsel des letzten Laubblattes (L_n) ist der Fortsetzungstrieb. Ein etwas älteres Entwicklungsstadium zeigt Figg. II. Die Signaturen wurden beibehalten. Am Achselsproß F ist bereits das erste Blattorgan sichtbar. Vorblätter werden nicht ausgebildet.

Die Seitensproßbildung erfolgt basipetal, zunächst wird der Fortsetzungssproß angelegt. Dann erst kommen, nach der Basis zu fortschreitend, auch in den Achseln der übrigen Blattorgane Knospen zum Vorschein. Dies können wir erschließen, wenn wir das Größenverhältnis der Seitentriebe am Fortsetzungssproß (aus L_n) in Abb. 112, Fig. III betrachten. Diese Knospen entfalten sich im Anschluß an die Achse, die vom Laubblatt (L'_n) hervorgebracht wird.

Je nach dem Grad der Verzweigung schwankt die Zahl der ausgebildeten Laubblätter. Seitensprosse niederer Ordnung entwickeln mehr Assimilationsorgane als höhere Aufzweigungen. Abb. 113 zeigt eine Reihe von Triebgenerationen höherer Ordnung. Blüte Ex schließt einen Fortsetzungstrieb ab. Aus der Achsel des letzten Laubblattes (L_x) entwickelt sich der Folgesproß, der schon nach Ausbildung von drei Blattorganen (L_{y-2}, L_{y-1}, L_y) mit einer Blüte (E_y) endet. Am Tochtersproß aus der Achsel von L_y erkennt man gleichen Aufbau. Dieses Bild soll gleichzeitig die Akrotonie der Seitenachsen veranschaulichen. In der eingangs erwähnten Photographie, Abb. 111, ist eine Hauptachse dargestellt. Seitentriebe entwickeln sich auch hier basipetal und sind, wenn wir ihre Aufblühfähigkeit ins Auge fassen, akroton gefördert. Da an den Sekundärsprossen eine größere Zahl Laubblätter entstanden sind, bleibt die Übersicht aber etwas gestört.

Die gleiche Form der sympodialen Entwicklung ist auch für die anderen uns näher bekannt gewordenen Arten charakteristisch. Hervorgehoben zu werden verdient jedoch, daß die Zahl der Laubblätter an den Sympodialgliedern verschieden sein kann. Sie beträgt 5—3. Bisweilen, so bei Nierembergia aristata H. A., wird an den Auszweigungen letzter Ordnung nur noch ein einziges Blattorgan hervorgebracht. Fernerhin ist zu bemerken, daß nicht immer alle Seitensprosse unterhalb des Fortsetzungstriebes zur Entfaltung kommen. Sehr häufig ist es allein die oberste Knospe, die sich weiterentwickelt. Die akrotone Verzweigung tritt dann um so augenfälliger hervor.

Es konnten ferner untersucht werden: *Nierembergia angustifolia* H.B.K., *N. anomala* Miers, *N. aristata* H.A., *N. coulteri* Hemsl., *N. gracilis* Hook. fil., *N. hippomanica* Miers, *N. linifolia* Miers, *N. pulchella* Gill., *N. repens* Ruiz et Pav., *N. rigida* Miers, *N. rivularis* Ruiz et Pav., *N. stricta* Miers, *N. viscosa* Torr.

Die weitaus meisten der uns näher bekannt gewordenen Arten besitzen ein orthotrop wachsendes Sproßsystem. Eine bemerkenswerte Ausnahme ist *N. rivularis* Ruiz et Pav. Sie entwickelt sich plagiotrop und bildet sogar, was nicht häufig bei Solanaceen vorkommt, sproßbürtige Wurzeln aus, die die niederliegenden Triebe im Boden verankern.

Salpiglossis Ruiz et Pav.

Gegen 15 Arten sind bekannt (Südamerika). Ich untersuchte *S. chilensis* (Gay) Wettst., *S. juniperoides* Werderm., *S. linearis* Hooker, *S. spinescens* Clos, *S. straminea* Hook. und *S. sinuata* Ruiz et Pav. Diese Arten weisen enge Beziehungen im Blütenbau auf, verhalten sich aber im Sproßaufbau recht unterschiedlich.

Die bekannteste Art ist *S. sinuata* Ruiz et Pav. Sie wird bei uns nicht selten als Zierpflanze kultiviert. Die Sproßachse wächst aufrecht, die Laubblätter nehmen nach der Spitze zu allmählich Hochblattcharakter an. Die Entwicklung der Hauptachse wird, wie aus Abb. 114 hervorgeht, durch eine Endblüte abgeschlossen. Aus den Achseln der beiden letzten Hochblätter l_n und l_{n-1} entwickeln sich Seitentriebe, die die Bildung von Teilblütenständen einleiten. Der Achselsproß (S) des letzten Hochblattes ist der kräftigere, er setzt die Wuchsrichtung der Mutterachse fort. Vergleichen wir die Entwicklungshöhe der beiden Seitenblüten I. Ordnung miteinander, so stellen wir fest, daß die des Fortsetzungstriebes (B) unmittelbar vor der Entfaltung steht, während diejenige des Seitensprosses aus der Achsel des vorletzten Hochblattes (B_1) weniger weit ausgebildet ist.

Die Teilinfloreszenzen sind Wickel; jedes Sproßglied besteht aus zwei Vorblättern (α, β; α', β') und der Endblüte (B, B_1). Die Fortsetzung der Wickelachse übernimmt der Achselsproß des jüngeren Vorblattes. Nicht selten rückt dabei das Tragblatt am Tochtersproß eine Strecke weit hoch (β). Auch in der Achsel des jeweiligen α-Vorblattes kommt im Bereich der ersten Verzweigungen zunächst ein Seitensproß zur Anlegung. Diese Triebe gelangen nur selten zur Anthese. Später unterbleibt deren Bildung völlig.

Verfolgen wir die Entwicklungsgeschichte, so stellen wir fest (Abb. 115, Fig. I), daß der Fortsetzungstrieb (S) sehr frühzeitig angelegt wird. α ist das Tragblatt eines Blütensprosses, der nach Ausbildung zweier Vorblätter (α und β) mit einer Blüte (E) seine Entwicklung abschließt. Am Achselsproß des Vorblattes β (S) wiederholt sich dann dieser Vorgang.

Gleichen Sproßaufbau besitzt *S. straminea* Hook., die auch äußerlich eine relativ große Übereinstimmung zu *S. sinuatus* Ruiz et Pav. aufweist. *S. chilensis* (Gay) Wettst. hat dagegen einen ganz anderen Habitus als *S. sinuatus* Ruiz et Pav. Alle Blätter (Abb. 116) sind zu 1—2 mm langen schuppenförmigen Organen reduziert. Die Assimilation wird wohl hauptsächlich von der ergrünenden Sproßachse übernommen. Wir haben es also mit einer Pflanze zu tun, die man auch als „Rutenstrauch“ bezeichnen kann. Ob diese Art ausdauernd ist, vermögen wir nicht mit Sicherheit zu sagen, doch schienen die eingesehenen Pflanzen mindestens 3-jährig zu sein, weshalb der Ausdruck „Strauch“ mit einigem Recht angebracht ist. Allerdings besitzt *S. chilensis* einen $\pm$ zwergigen Wuchs. Die Sproßachse ist niederliegend, verzweigt sich allseitig und ist deshalb sehr sperrig. Die ganze Pflanze nimmt einen Durchmesser von etwa 50 cm ein, sie stellt also einen „Rutenzwergstrauch“ dar.

Die Verzweigung in der Blütenregion unterscheidet sich nicht wesentlich von jener, die wir bei *S. sinuata* Ruiz et Pav. kennengelernt haben. Trotz dieser Übereinstimmung fällt es hier schwer, von einer Infloreszenz zu sprechen, da alle Blattorgane gleich stark reduziert sind; auch wird die Internodienlänge im Blütenbereich beibehalten. Habituell bemerkt man kaum einen Unterschied zwischen der vegetativen und der reproduktiven Region.

Einen Ausschnitt aus der blühenden Zone zeigt Abb. 117. Ein Fortsetzungstrieb endet mit einer Blüte (E). Seine beiden Vorblätter sind α und β. Aus der Achsel des jüngeren Vorblattes (β) erfolgt die Sproßfortsetzung, wobei die endständige Blüte (E) zur Seite gedrängt wird. Das Tragblatt β rückt am Tochtersproß eine Strecke weit hoch. Der Fortsetzungstrieb bildet ein langgestrecktes Hypopodium und endet nach Anlegung von zwei Vorblättern (α_1, β_1) wiederum mit einer Blüte (B_1). Die weitere Zusammensetzung ist aus den Signaturen zu ersehen. Auch in den Achseln der α-Vorblätter kommen Seitentriebe zur

Ausbildung (S_a, S_{a1}). Sie bleiben aber in der Entwicklung deutlich hinter den Fortsetzungssprossen zurück. Morphologisch bestehen zwischen ihnen keine Unterschiede.

Eine große äußerliche Übereinstimmung zu ebenerwähnter Art liegt bei *S. juniperoides* Werderm. vor. Wir haben es hier ebenfalls mit einem Rutenzwergstrauch zu tun. Einen habituellen Eindruck soll Abb. 118 vermitteln. In der Verzweigung scheinen sich beide Arten gleich zu verhalten. Doch ist *S. juniperoides* Werderm. gegenüber *S. chilensis* (Gay) Wettst. noch stärker verholzt. Auch die Blütenstiele, die bei letztgenannter Art kaum nachweisbar sind und krautige Konsistenz besitzen, verholzen hier stark und bleiben schließlich als Dornen erhalten.

Bei allen vorstehend näher beschriebenen Arten entwickeln sich im reproduktiven Bereich Sympodialsprosse, die nach Ausbildung zweier Vorblätter mit einer Blüte abschließen. Beide Vorblätter bringen Seitensprosse hervor, die in ihrem Aufbau der Mutterachse gleichen.

Etwas anders ist die nun zu besprechende *S. spinescens* Clos organisiert. Abb. 119 zeigt diese Pflanze. Abb. 120a soll schematisch die Verzweigung wiedergeben. Der mit Blüte E endende Sproß (Abb. 120a) ist ein Seitentrieb unmittelbar unterhalb der Endblüte einer Hauptachse. α und β sind seine beiden Vorblätter. Das jüngere (β) bringt einen Seitensproß hervor, der der Mutterachse gleicht. Dagegen entwickelt sich das Achselprodukt des zuerst angelegten α-Vorblattes in anderer Weise. Erst nach Ausbildung einer größeren Zahl von Laubblättern schließt eine Endblüte (B'_1) den α-Sproß ab. Die beiden letzten Blätter (L_n und L_{n-1}) erzeugen Achselsprosse, von denen der unmittelbar unterhalb der Endblüte (B'_1) sich entwickelnde schon nach zwei Vorblättern wiederum eine Blüte hervorbringt, während der vorletzte Trieb sich wie die Mutterachse verhält. Die letzten Verzweigungen sind schließlich dadurch gekennzeichnet, daß nur noch die Seitensprosse in den Achseln der β-Vorblätter zur Ausbildung gelangen, mithin reine Wickel entstehen (C'_1, D'_1 usf.). Ähnliche Unterschiede sind an dem Sproßsystem zu beobachten, das aus β hervorgeht.

Schließlich haben wir noch *S. lineraris* Hook. zu nennen. Zum Verständnis der Verzweigung bei dieser Art gelangen wir, wenn wir von *S. spinescens* Clos ausgehen und uns vorstellen, daß unterhalb einer Endblüte zwei Triebe gebildet werden, die beide einen Aufbau besitzen, wie wir ihn an den α-Sprossen von *S. spinescens* Clos kennengelernt haben. Alle Triebe im reproduktiven Bereich bilden also zunächst eine Anzahl Laubblätter aus, ehe sie eine Endblüte hervorbringen (Abb. 120b).

Vergleichen wir die uns bekannt gewordenen Arten der Gattung *Salpiglossis* miteinander, so kann festgestellt werden, daß gewisse Beziehungen in der Verzweigung vorliegen, wenn die vegetativen Organe auch recht unterschiedlich gestaltet sind. Wir gingen von Formen aus, bei denen alle Blütensprosse aus zwei Vorblättern und einer Endblüte gebildet werden [*S. sinuatus* Ruiz et Pav., *S. straminea* Hook., *S. juniperoides* Werderm., *S. chilensis* (Gay) Wettst.]. Bei *S. spinescens* Clos entwickelte der Seitensproß des vorletzten Blattes mehrere Blattorgane ehe die Blütenbildung einsetzt, während der Seitentrieb unmittelbar unterhalb der Endblüte wie bei den oben angeführten Arten beschaffen ist. Endlich werden bei *S. linearis* Hook. an allen Blütensprossen mehrere Blattorgane entwickelt ehe abschließende Blüten hervorgebracht werden.

Wettstein (1891) unterscheidet innerhalb der Gattung drei Sektionen, die auf Grund der Blütengröße, sowie der Größe und Zahl der Staubblätter gebildet wurden. *S. chilensis* (Gay) Wettst., eine eigene Sektion [*Regesia* (Clos) Wettst.] bildend, unterscheidet sich danach von der Gruppe, zu der *S. sinuatus* Ruiz et Pav. und *S. straminea* Hook. gerechnet werden, Eusalpiglossis Wettst., lediglich in der Blütengröße. Wir stellen fest, daß in der Verzweigung zwar keine wesentlichen Abweichungen, aber doch bemerkenswerte Proportionsänderungen zu beobachten sind. Nicht nur durch ihre Blütengröße, sondern auch durch die Zahl der Staubblätter ist die dritte Sektion, *Leptoglossis* (Benth.) Wettst., von den beiden anderen geschieden, zu der *S. linearis* Hook. gerechnet wird. Möglicherweise ließen sich in der Gattung die einzelnen Sektionen bei Berücksichtigung der Verzweigung schärfer fassen.

Versuchen wir, eine phylogenetische Reihe aufzustellen, so ist von vorne herein hervorzuheben, daß einzelne Merkmalsgruppen (Lebensdauer, Blattform u. a.) sehr verschieden sind. Wollte man prüfen, welche Eigenschaften als primitiv und welche als abgeleitet anzusehen sind, würden sich so viele Überschneidungen ergeben, daß ein Versuch, die Phylogenie allein auf Grund der Verzweigung zu rekonstruieren, sehr stark mit spekulativen Elementen behaftet sein muß und daher wenig sinnvoll erscheint. Eine Beurteilung der Merkmale wird außerdem stets subjektiv sein. Immerhin ist aber bemerkenswert, daß überhaupt Beziehungen in der Verzweigung festzustellen sind trotz der großen Verschiedenheit vegetativer Organe.

Besonders hervorgehoben zu werden verdient die Verzweigung von *S. spinescens* Clos. Sie läßt nämlich eine Denkmöglichkeit zu, wie sich solche Sproßsysteme ableiten lassen, die Anthokladien mit eingeschalteten Infloreszenzen hervorbringen. Stellen wir uns, ausgehend von der schematischen Abb. 120a folgendes vor:

1. Die Blütensprosse mit den Endblüten E, B_1, C_1, D_1, E_1, F_1 bilden keine Vorblätter aus und folgen unmittelbar aufeinander.
2. Der vegetative Seitensproß aus der Achsel des Vorblattes α setzt die Wuchsrichtung der Mutterachse fort.

Man gelangt dann zu einer Verzweigungsform wie sie z. B. bei *Lycopersicon esculentum* Mill. ausgeprägt ist.

Schizanthus Ruiz et Pav.

Die am meisten bekannte Art aus dieser Gattung ist *Sch. pinnatus* Ruiz et Pav. Den gleichen Habitus besitzen: *Sch. alpestris* Poep., *Sch. grahami* Gill., *Sch. gracilis* Clos., *Sch. hookeri* Gill., *Sch. integrifolius* Phil., *Sch. lacteus* Phil., *Sch. laetus* Phil., *Sch. litoralis* Phil. und *Sch. retusus* Hook. Weitere Arten waren mir nicht zugängig, doch verhalten sich die genannten Vertreter in ihrer Wuchsform so einförmig, daß grundsätzliche Abweichungen kaum zu erwarten sind. Etwa 20 Arten, alle in Südamerika (Chile) beheimatet, gehören zu dieser Gattung.

Auf die Verzweigungsverhältnisse von *Sch. pinnatus* Ruiz et Pav. wollen wir näher eingehen. Im Bereich der reproduktiven Region ist die Zentralachse monochasial zusammengesetzt. In Abb. 121 befindet sich die Endblüte (E) der Primärachse in Anthese (man vergleiche hierzu auch das Schema in Abb. 122). Die Sproßfortsetzung erfolgte aus der Achsel des Blattes l_{n-1}. Dies ist das vorletzte Blatt der Hauptachse. Gegenüber den beiden tiefer stehenden Laubblättern (Abb. 121), die vegetative Seitentriebe hervorbringen, zeigt es Reduktionserscheinungen und kann deshalb als Hochblatt angesprochen werden. Das letzte Blattorgan (l_n) des Primärsprosses ist nicht mehr an der Hauptachse sichtbar. Es ist Tragblatt eines Blütensprosses und wird von diesem während des Streckungswachstums hochgeführt. Nach Anlegung zweier Vorblätter (α'_1, β'_1 in Abb. 122) geht dieser Sproß zur Bildung einer Blüte (B_1) über. Sie ist in Abb. 121 gerade in Entfaltung begriffen. Dieser letzte Seitensproß der Primärachse leitet die Bildung einer Wickel ein. Sie wird durch den Fortsetzungstrieb aus der Achsel von l_{n-1} seitlich verdrängt. Dieses ist also der kräftigere Seitensproß der Hauptachse, nicht jener, der der Endblüte der Primärachse am nächsten steht (aus l_n).

Der Fortsetzungstrieb (aus l_{n-1}) ist durch ein gestrecktes kräftiges Hypopodium ausgezeichnet. Er beschließt seine Entwicklung nach Ausbildung zweier Vorblätter (α_1, β_1) mit der Endblüte E_1. Das α-Vorblatt (α_1) ist Träger des Fortsetzungssprosses, während die Knospe aus der Achsel des β-Vorblattes (β_1) wiederum eine Wickel einleitet. Das Tragblatt β_1 entfaltet sich auch hier am Tochtersproß. Der Fortsetzungstrieb (aus α_1) wiederholt die eben geschilderte Form der Verzweigung.

Schließlich kommt ein Blütenstand zustande, wie er in Abb. 123 dargestellt ist. Die Etagierung dieser zusammengesetzten Infloreszenz wird hervorgerufen durch die langgestreckten Hypopodien der einzelnen Fortsetzungssprosse. Deren Endblüten sind: E, E_1, E_2 usf. deren Tragblätter 1_{n-1}, α_1, α_2, usf. Entsprechend sind auch die β-Vorblätter (nur die deutlich sichtbaren) gekennzeichnet, deren Achselsprosse die Bildung der wickeligen Teilblütenstände einleiten.

Ein Teilblütenstand soll am Beispiel der am weitesten basal entwickelten Partialinfloreszenz analysiert werden. Genauso sind alle Wickel aufgebaut, die in den Achseln der β-Vorblätter an den einzelnen Fortsetzungstrieben hervorgebracht werden. Man vergleiche hierzu die schematische Übersicht in Abb. 122. Das Tragblatt (1_n) ist mit dem dazugehörigen Achselsproß kongenital verwachsen. Der Trieb bringt, ehe er zur Blütenbildung (B_1) übergeht, zwei Vorblätter hervor. Das erste (α'_1) ist steril und entfaltet sich in Höhe von 1_n. Diese beiden Blattorgane, die verschiedenen Triebgenerationen angehören, bilden also einen „Wirtel". Das β-Vorblatt (β'_1) entwickelt dagegen einen Blütensproß, mit dem es verwächst. Hier wiederholt sich der gleiche Aufbau wie an der Mutterachse. Von den beiden Vorblättern α'_2 und β'_2 ist ersteres ohne Achselsproß und steht mit β'_1 in annähernd gleicher Ebene, während β'_2 von dem die Wickel fortsetzenden Achselsproß hochgeführt wird. Der weitere Aufbau ist aus den Indices zu entnehmen.

An den einzelnen Teilblütenständen unterbleibt im oberen Bereich nicht selten die Ausbildung des α-Vorblattes. Auch an der monochasialen Hauptachse wird schließlich das α-Vorblatt nicht mehr ausgebildet. Dies bringt mit sich, daß kein Fortsetzungstrieb mehr hervorgebracht werden kann. Hier ist dann eine endständige Wickel zu beobachten, die das Wachstum der gesamten Pflanze abschließt.

Verfolgen wir nun als Beleg für unsere Deutung die Entwicklungsgeschichte eines Sympodialgliedes der monochasialen Synfloreszenzachse (Abb. 115, Fig. III), so fällt zunächst der stark verbreiterte Vegetationskegel auf. Er ist das Achselprodukt eines α-Vorblattes (α_1) bzw. des vorletzten Blattes der Hauptachse (1_{n-1}). Die stärkste Hervorwölbung wird zur Endblüte E_2. Das α-Vorblatt (α_2) sitzt mit breiter Basis der Achse an. Der Vegetationspunkt, der in dessen Achsel angelegt ist, wird zum „vegetativen" Fortsetzungstrieb (F). Das β-Vorblatt (β_2) entsteht nach α_2, ist also jünger, treibt aber die kräftigere Achselknospe (S). Dieser Trieb leitet die Bildung einer Wickel, also einer Aufeinanderfolge reproduktiver Triebe ein (Abb. 115, Fig. II). Die Seitensproßanlage S (in Abb. 115, Fig. II) eilt der Entwicklung des Tragblattes (β_2) voraus. In vorliegendem Stadium, in dem sich dieses Blatt als selbständige Anlage abhebt, hat der dazugehörige Seitensproß bereits eine mächtige Ausdehnung erreicht. Das Mutterblatt (β_2) sitzt mit der Basis diesem Achselsproß an und wird schließlich während des Streckungswachstums von dem eigenen Seitensproß mit hochgeführt.

Sehr häufig ist bei Solanaceen der kräftigste Seitensproß jener, der unmittelbar unterhalb der Endblüte angelegt wird. Hier scheint, wenn wir die erwachsene Pflanze im Auge haben, eine Ausnahme von dieser Regel insofern vorzuliegen, als der stärkere Seitentrieb vom vorletzten Blatt hervorgebracht wird und die Sproßfortsetzung übernimmt. Aus Abb. 115, Fig. II ist indessen klar zu entnehmen, daß auch bei *Sch. pinnatus* Ruiz et Pav. die größere Sproßanlage in der Achsel des jüngeren Vorblattes (β_2) zu finden ist. Diese wird bei solchen Solanaceen die innerhalb der anthokladialen Region Einzelblüten hervorbringen, z. B. *Atropa bella-donna* L., zum Fortsetzungstrieb. Dies ist auch hier der Fall, allerdings übernimmt er nur die reproduktiver Fortsetzung. Bald wird er aber durch den nächsttieferstehenden, der aus der Achsel des α-Vorblattes (α_2) emporwächst, seitlich verdrängt. Zum Verständnis dieser auffälligen Erscheinung trägt bei, wenn wir die beiden Vorblätter an einem Sympodialglied miteinander vergleichen (Abb. 123). Das α-Vorblatt (z. B. α_2) besitzt im adulten Zustand weit mehr Anklänge in Form und Größe an Laubblattorgane als das β-Vorblatt (z. B. β_2). Aus letzterem gehen nur Sprosse hervor, deren Blätter diesem gleichgestaltet sind. Wie Abb. 115, Fig. III zeigt, werden an diesen Achsen ausschließlich Blüten hervorgebracht, deren Bildung immer wieder nur vom β-Vorblatt ausgeht (β'_2). Das α-Vorblatt (α'_2) ist hier ohne Achselsproßanlage. Dagegen vermitteln an der sympodialen Hauptachse die Seitentriebe der α-Vorblätter (Abb. 115, Fig. II,α_1) immer wieder zwischen vegetativer und reproduktiver Region. Diese Achselsprosse weisen neben der Endblüte (E_2) in jeder Blattachsel (α_2, β_2) einen Seitentrieb auf, wobei immer wieder die Mutterachse reproduziert, während das β-Vorblatt nur Blüten ausbildet, die die Wickel einleiten. Vergleichen wir die beiden Achselprodukte qualitativ, so erkennen wir, daß in den β-Vorblättern Seitensprosse entstehen, die nur reproduktiven Charakter besitzen, während an Trieben aus den α-Vorblättern daneben Sprosse entstehen, die noch Anklänge an die vegetative Region aufweisen. Diese Korrelationen scheinen uns wesentlich, wenn wir die Ausprägungsform der Akrotonie beurteilen. Da die zuerst angelegten β-Sprosse nur reproduktiv sind, betrachten wir sie als stärker gefördert gegenüber den an sich kräftigeren Trieben aus den α-Vorblättern. Bestimmend für die Beurteilung ist für uns also die reproduktive Entwicklungshöhe der beiden Seitensprosse.

Phylogenetisch ist die Art der Verzweigung in der Gattung *Schizanthus* Ruiz et Pav. wohl als abgeleitet anzusehen. Als primär möchten wir solche Wuchsformen betrachten, wo die zuerst angelegte Seitenknospe unmittelbar unterhalb der Endblüte auch im erwachsenen Zustand eine vorrangige Stellung einnimmt.

Anthocercis Labill.

Die Gattung enthält nach WETTSTEIN (1891) ungefähr 18 Arten, die alle in Australien beheimatet sind. Die Verzweigung innerhalb dieses Genus ist recht bemerkenswert. Nach MIERS (1849—57) stehen die Blüten in „pseudoterminalen Rispen“ oder in den Achseln von Laubblättern, nach BENTHAM[1] (1869) sind sie in terminalen Trauben oder Rispen vereinigt.

Abb. 124 zeigt eine blühende Pflanze von *A. viscosa* R. Br. Die Blüten stehen an einem vegetativen Langtrieb einzeln in den Achseln von Laubblättern. Jeder Blütensproß entwickelt zwei schuppenartige Vorblätter, die nicht selten als Tragblätter von weiteren Blüten fungieren.

Bei anderen Arten sind an den Seitensprossen mehrere Laubblätter eingeschaltet, ehe der Kurztrieb mit einer Blüte endigt. In diesem Falle tragen sehr häufig auch die obersten Laubblätter Einzelblüten, die, bezogen auf den Langtrieb, als Seitensprosse II. Ordnung anzusprechen sind.

Anthocercis ilicifolius Hook.[2]) besitzt einen zusammengesetzten endständigen rispenartigen Blütenstand. Die Partialinfloreszenzen bestehen aus einer gestreckten Achse, die mit schuppenartigen Hochblättern besetzt sind. Letztere sind Tragblätter von offenbar wickeligen Teilinfloreszenzen (vgl. Bot. Mag., tab. 4200).

In einigen Diagnosen vermerkt BENTHAM (1869), daß die Blüten den Blattorganen opponiert stünden. Dies bedeutet, daß die vegetative Achse sympodial sein müßte.

---

[1]) BENTHAM (1869) zieht zu dieser Gattung auch *Cyphanthera* Miers.

[2]) Nach BENTHAM identisch mit *A. littorea* Labill. Die von MIERS (1849—1857) gegebenen Abbildungen sprechen aber dagegen.

Leider war es mir nicht möglich, präparative Untersuchungen anzustellen. In Anbetracht der Möglichkeit, daß hier razemöse und cymöse Blütenstände vorkommen, ist diese Gattung gut geeignet um festzustellen inwieweit entwicklungsgeschichtliche Beziehungen zwischen diesen Gruppen vorliegen.

Ob *Anthocercis* Labill. in der Fassung Benthams (1869) eine natürliche Gruppe ist, kann, wenn man nur die Verzweigung berücksichtigt, angezweifelt werden.

Duboisia R. Br.

Zu dieser Gattung werden drei Arten gerechnet: *D. myoporoides* R. Br., *D. leichhardtii* F. Muell. und *D. hopwoodii* (F. Muell.) F. Muell. Sie sind nur aus Australien bekannt.

Alle Arten besitzen endständig einen rispenartigen Blütenstand, dessen Teilinfloreszenzen wickelig zusammengesetzt sind. An jedem Sympodialglied wird die Endblüte seitlich verdrängt, der Tochtersproß setzt die Wuchsrichtung der Mutterachse jeweils fort. Das Tragblatt jedes Fortsetzungssprosses scheint als kleine wulstartige Erhebung zur Ausbildung zu kommen. Nach unseren Untersuchungen wird es nicht von dem dazugehörigen Achselsproß hochgeführt, erscheint an der erwachsenen Pflanze also an der Stelle, an der sich die Endblüte des gleichen Triebes entfaltet. Unsere Befunde fanden wir in einer Abbildung bei Gardener u. Bennetts (1952) bestätigt (*D. myoporoides* R. Br.). Ein zweites Vorblatt scheint an den Sympodialgliedern nicht ausgebildet zu werden. Dagegen werden Vorblätter im mittleren Bereich der Synfloreszenz an den Rispenästen hervorgebracht. In der basalen Region des Blütenstandes werden offenbar noch weitere fertile Hochblätter gebildet ehe die Endblüte erscheint. Nach der Spitze zu nimmt deren Zahl an den Seitentrieben I. Ordnung immer stärker ab, bis schließlich eine endständige Wickel die Entwicklung der Gesamtinfloreszenz abschließt[1]).

Schwenkia L.

Gegen 20 Arten umfaßt diese Gattung. Bis auf *Sch. americana* L., die auch aus Afrika bekannt ist, sind alle Arten neuweltlich-tropisch.

Ich sah Exsiccate von *Schwenkia americana* L., *Sch. divaricata* Benth., *Sch. grandiflora* Benth., *Sch. hirta* Klotzsch, *Sch. hyssopifolia* Benth., *Sch. mandoni* Rusby, *Sch. mollissima* Nees et Mart. und *Sch. tweediana* Benth.

Die uns bekannt gewordenen Arten entwickeln zusammengesetzte Infloreszenzen. So besitzt *Sch. tweediana* Benth. einen wickeligen Blütenstand. Einen Gesamteindruck von dieser Pflanze soll Abb. 125 vermitteln. Schematisch ist die Art der Verzweigung in Abb. 126 charakterisiert. Die Hauptachse endet mit einer Blüte (E). Aus der Achsel des letzten Blattes (1_n) erfolgt die Sproßfortsetzung. Das Tragblatt rückt dabei mit dem Tochtersproß eine Strecke weit hoch. Dieser Trieb entwickelt lediglich ein Vorblatt (β_1) ehe abermals eine Blüte erscheint; letztere wird durch den Achselsproß des Vorblattes β_1 wiederum zur Seite gedrängt. Auch hier entfaltet sich das Mutterblatt oberhalb der Anlegungsstelle. Die weitere Zusammensetzung der Zentralachse ist aus den Signaturen zu ersehen. Dieses Bild wird durch die Entwicklung von Beiknospen aus den Achseln der einzelnen Tragblätter etwas kompliziert. Die Beiknospen (schraffiert in Abb. 126) verhalten sich wie die monochasiale Hauptachse, d. h. jedes Sympodialglied endet nach Ausgliederung eines Vorblattes mit einer Blüte. Neben der Endinfloreszenz können weiter unterhalb der Endblüte weitere Seitensprosse gebildet werden, die auch bald zur Blütenstandsbildung übergehen (Abb. 125).

[1]) Eine übersichtliche Abbildung (*D. myoporoides* R. Br.) auch bei Bernard (1952).

Die meisten der oben genannten Arten weisen die vorstehend geschilderte Verzweigungsform auf, wobei im einzelnen geringe quantitative Abweichungen vorkommen. So gehen bei *Sch. mandoni* Rusby die seitlichen reproduktiven Sprosse unterhalb des Fortsetzungstriebes unmittelbar nach Ausbildung eines Vorblattes zur Blütenentwicklung über. Die blühende Zone ist demnach hier eine Synfloreszenz. Bei anderen Arten, so auch bei *Sch. tweediana* werden dagegen, vor allem an den weiter basal stehenden Seitenachsen, zunächst einige laubblattartige Blätter eingeschaltet, ehe Blütenbildung einsetzt. Diese Triebe sind also eigene Blütenstände, Seiteninfloreszenzen.

Weit komplizierter ist der Sproßaufbau von *Sch. mollissima* Nees et Mart. An jedem Sympodialglied werden hier 2 Vorblätter entwickelt, von denen das jüngere (β) von dem eigenen Tochtersproß jeweils mit hochgeführt wird. Das α-Vorblatt kommt in unmittelbarer Nähe der Stelle zur Entfaltung, an der die Endblüte des betreffenden Triebes seitlich verdrängt wird. Soweit bietet der Sproßaufbau nichts wesentlich Neues. Auffallend ist nun aber, das neben dem α-Vorblatt, im allgemeinen unmittelbar unterhalb der Ansatzstelle dieses Blattes, eine tragblattlose Blütenknospe sichtbar ist. Wahrscheinlich gehört sie dem darunterliegenden Sproßglied entwicklungsgeschichtlich an, wird aber vom Fortsetzungstrieb hochgeführt. Somit werden bei *Sch. mollissima* Nees et Mart. 2-blütige Infloreszenzen an jedem Sympodialglied entwickelt.

Überschauen wir die Verzweigung bei den uns bekannt gewordenen Arten, so können wir feststellen, daß sich die einzelnen Blütenstandsformen ohne größere Schwierigkeiten in Beziehung setzen lassen.

Browallia L.

Wettstein (1891) unterscheidet 6 Arten, alle sind neuweltlich. Die Verzweigung ist in dieser kleinen Gattung nicht gleichförmig. Für unsere Untersuchung standen zur Verfügung: *B. viscosa* L. und *B. demissa* L., die im Aufbau völlig übereinstimmen sowie *B. speciosa* Benth.

Abb. 127 zeigt den oberen Abschnitt einer blühenden Pflanze von *B. demissa* L. Die Hauptachse schließt mit einem Blütenstand ab. Die Endblüte ist E. Die Fortsetzung wird von L_n übernommen, dem letzten Blattorgan der Primärachse. Dieser Trieb endet mit Blüte B_1. Nur ein Vorblatt kommt hier zur Entfaltung (β_1). Es wird von dem dazugehörenden Achselsproß hochgeführt. Dessen Endblüte ist C_1. Hier fehlt ein Vorblatt und wird auch am Folgesproß (D_1) nicht entwickelt. Dagegen ist an dem Fortsetzungstrieb, der mit E_1 endet, wiederum ein solches zu beobachten (β_4), es kommt aber am eigenen Achselsproß zur Entfaltung, dessen Endblüte (F_1) sich gerade in Anthese befindet.

Die Infloreszenz ist eine Wickel. Die Blüten erscheinen an der monochasialen Achse in zwei benachbarten Orthostichen. An jedem Sympodialglied wird neben der Endblüte nur ein Vorblatt ausgebildet, das Träger des Fortsetzungstriebes ist. Dies ist vornehmlich im unteren Bereich des Blütenstandes zu beobachten. In der oberen Region fehlen häufig die Deckblätter, sie sind auch in der Anlage nicht nachzuweisen. Daß die Fähigkeit zu ihrer Ausbildung dennoch latent vorhanden ist, zeigt Abb. 127, wo auf einige tragblattlose Sprosse wiederum ein solches (β_4) zur Entfaltung kommt. Alle Vorblätter im Bereich der Infloreszenz besitzen Laubblattcharakter, sie sind deutlich in einem Stiel und eine Spreite gegliedert. Wenn hier auch gewisse Reduktionsmerkmale festzustellen sind, ist doch hervorzuheben, daß typische Hochblätter mit völliger Unterdrückung der Stiel und Spreitenregion nicht beobachtet werden konnten. Die Tragblätter sind also entweder $\pm$ laubblattartig oder sie kommen garnicht zur Anlegung.

Von besonderem Interesse ist, daß bei *B. demissa* L. die Gesamtentwicklung der Pflanze mit der Ausbildung eines endständigen Blütenstandes nicht abgeschlossen ist. Aus Abb. 127 ist ersichtlich, daß ein vegetativer Seitentrieb unterhalb der Infloreszenz zur Ausbildung gelangt ist, der an Größe den endständigen Blütenstand übertroffen hat und seinerseits zur Bildung reproduktiver Organe übergegangen ist. Er ist in der Achsel des vorletzten Laubblattes der Hauptachse gebildet worden (L_{n-1}). Seine Entwicklung wird eingeleitet durch die beiden Blattorgane a und b. Das jüngere (b) ist wiederum Träger eines seitenständigen Sprosses (F), während das zuerst angelegte (a) noch keine sichtbare Achselknospe hervorgebracht hat. Die Endblüte E′ des vegetativen Fortsetzungssprosses aus L_{n-1} ist in Abb. 127 verdeckt.

Die Bildung des Blütenstandes leitet das dritte Blattorgan dieses Triebes ein[1]). — Übrigens sind an dem vegetativen Fortsetzungssproß (F) aus der Achsel von b bereits die Blütenknospen der nächstfolgenden Infloreszen sichtbar.

An der Hauptachse ist ein weiterer Seitentrieb zu erkennen. Er ist an der Basis des drittletzten Laubblattes entstanden (L_{n-2}). In der Entwicklung ist er hinter dem aus L_{n-1} hervorgegangenen Seitensproß zurückgeblieben.

Fassen wir die bisherigen Beobachtungen zusammen, so können wir feststellen: Die Primärachse schließt mit einer Blüte ab. Unmittelbar darunter wird die Bildung einer Wickel eingeleitet. Die Fortsetzungstriebe innerhalb des Blütenstandes bringen zunächst ein Vorblatt hervor, später erscheinen die Sympodialglieder tragblattlos. Neben dieser „reproduktiven Fortsetzung“ innerhalb der Infloreszenz läuft eine „vegetative Fortsetzung“ einher. Sie wird eingeleitet durch den Seitentrieb des vorletzten Laubblattes der Hauptachse. Insgesamt gesehen bilden schließlich alle vegetativen Fortsetzungstriebe, jeweils aus dem vorletzten Laubblatt hervorgehend, ein ähnliches Sympodium, wie es für jeden Blütenstand typisch ist; dessen Bildung erfolgt aus der Achsel des letzten Laubblattes.

Bei *Browallia demissa* L. werden demnach Anthokladien gebildet.

Ein etwas älteres Entwicklungsstadium von gleicher Art ist in Abb. 128 festgehalten. Hier sind insgesamt drei vegetative Fortsetzungssprosse (F_2, F_3, F_4) sichtbar, die alle mit einem wickeligen Blütenstand enden (I_1, I_2, I_3).

Die Zahl der Laubblätter nimmt an den einzelnen vegetativen Sympodialgliedern ständig ab. Werden schließlich nur noch zwei Blattorgane entwickelt, ist das ältere Träger des folgenden vegetativen Sprosses, während aus dem jüngeren β-Vorblatt die Wickelbildung eingeleitet wird. Erstgenannter Trieb bringt nur noch ein Blatt unterhalb der Endblüte hervor. Sein Achselsproß wird darum unmittelbar zu einem Blütensproß. Mit anderen Worten: eine vegetative Fortsetzung kommt nicht mehr zustande. Auf einen Blütenstand folgt sofort eine zweite Infloreszenz, die die Entwicklung der Gesamtpflanze abschließt. Die Laubblattzone der einzelnen vegetativen Fortsetzungstriebe wird also mit voranschreitender Verzweigung immer stärker eingeschränkt und unterbleibt schließlich ganz.

Neben der Seitensproßentwicklung im oberen Bereich der Hauptachse erfolgt übrigens bei *Br. demissa* L. außerdem basale Erneuerung. Diese Sprosse wachsen $\pm$ plagiotrop. In ihrer Weiterentwicklung verhalten sie sich wie die Hauptachse.

Die Entwicklungsgeschichte sei an Hand von Abb. 129 geschildert. Alle drei Figuren stellen junge Sympodialglieder dar. Von den drei Blattorganen a, b und c bringt b den vegetativen, c den reproduktiven Fortsetzungstrieb hervor.

Fig. I gibt ein Stadium wieder, in dem die Endblüte sich gerade ausdifferenziert, K_1 ist eine Kelchblattanlage. In der Achsel des letzten Laubblattes (c) ist jene Seitensproßanlage

[1]) Es sei vermerkt, daß in Abb. 127 ein Seitentrieb abgebildet worden ist und hier als Primärachse beschrieben wurde. Es handelt sich also um die relative Hauptachse. Der vegetative Fortsetzungstrieb I. Ordnung entwickelt im allgemeinen weit mehr Laubblätter, ehe er zur Blütenbildung übergeht.

sichtbar, die die Wickelbildung einleitet. An der Basis des vorletzten Laubblattes (b) ist noch keine Knospe wahrzunehmen. Der die reproduktive Achse fortsetzende Trieb wird demnach zuerst ausgebildet.

Anschließend erfolgt dann, wie aus Fig. II ersichtlich ist, auch aus b die Ausgliederung einer Seitensproßanlage (F). Sie setzt später die vegetative Achse fort. Die Knospe des letzten Laubblattes (c) hat sich indessen weiter ausdifferenziert. Neben der Blüte I. Ordnung (B_1) ist bereits eine weitere Sproßanlage wahrzunehmen; sie wird in der Achsel von Vorblatt β gebildet, das dem Blütentrieb B_1 angehört. Die Entwicklung des Tragblattes (β) bleibt aber hinter der des dazugehörigen Achselsprosses zurück. Die vorauseilende Entwicklung der Blütensprosse kommt auch darin zum Ausdruck, daß das Tragblatt zum eigenen Achseltrieb nicht eine mediane Stellung einnimmt (Fig. III), wie es die Regel ist, sondern auch noch dessen Tochtersproß umfaßt. B_1 gehört also zu c^1)[1], während β das Tragblatt der Blütenanlage C_1 ist. — Der vegetative Fortsetzungstrieb (F) aus Laubblatt (b) hat übrigens schon zwei Blattanlagen hervorgebracht. Eine Knospe in der Achsel des ältesten Blattes (a) ist auf diesem Stadium noch nicht zu sehen.

Bei *Browallia demissa* L. und *Br. viscosa* L. wird demnach zuerst der Seitentrieb ausgebildet, der am stärksten reproduktiven Charakter besitzt. Anschließend erscheint der vegetative Fortsetzungssproß. Zuletzt wird der Achselsproß des drittletzten Blattes sichtbar. In der Seitensproßbildung liegt demnach eine deutliche Akrotonie vor, die Anlegung erfolgt basipetal. Im Endzustand ergibt sich dann gegenüber den Verhältnissen am Vegetationskegel ein umgekehrtes Bild, indem schließlich die basalen Triebe das Erscheinungsbild bestimmen, also eine Basitonie zu beobachten ist.

Zum Verständnis der Verzweigungsverhältnisse bei *B. speciosa* Benth. gelangen wir, wenn wir von *B. demissa* L. ausgehen und uns vorstellen, daß hier nur jene Fortsetzung erfolgt, die wir vorstehend als die „reproduktive" gekennzeichnet haben (Abb. 130). An jedem Sympodialglied werden aber zwei laubblattartige Vorblätter (α, β) und eine Endblüte (E) gebildet. Nur in der Achsel des unmittelbar unterhalb der Endblüte angelegten Blattorganes kommt ein Seitentrieb zur Entfaltung. Dagegen verharrt das Achselprodukt des vorletzten Blattes, das bei *B. demissa* die vegetative Achse fortsetzt, im allgemeinen im Knospenzustand.

In beiden einander gegenübergestellten Arten werden Anthokladien gebildet. Während bei *B. speciosa* Benth. eine einfache Folge von Sympodialgliedern vorliegt, bei denen an jedem Trieb Laubblätter und Einzelblüten zur Ausbildung kommen, sind vegetative und reproduktive Region bei *B. demissa* L. auf verschiedene Sproßgenerationen verteilt.

Man kann sich phylogenetisch die Ableitung von *B. demissa* L. so vorstellen, daß, ausgehend von *B. speciosa* Benth., der vegetative Anteil innerhalb der Anthokladien immer stärker reduziert wird, so daß es zur Entwicklung selbständiger Infloreszenzen kommt; dafür wird aber unterhalb jedes Blütenstandes eine neue vegetative Zone hervorgebracht. Bei *B. demissa* L. liegt damit gegenüber *B. speciosa* Benth. ein Verzweigungssystem höherer Ordnung vor.

Streptosolen Miers

Bei *St. jamesoni* (Bent.) Miers stehen die Blüten in wickelartigen Infloreszenzen. Sie bilden sich endständig an Langtrieben, sowie in den Achseln der obersten Laubblätter. In letzterem Falle sind einige Blätter eingeschaltet ehe die Blütenbildung einsetzt. Bemerkenswert ist, daß auch die Deckblätter der Blüten zur Entwicklung gelangen. Sie tragen Hochblattcharakter. Habituell erinnert diese Art damit an verschiedene Cestrum-Arten.

[1]) Hier insgesamt 7 Kelchblattanlagen, eine nicht sehr seltene Anomalie.

Brunfelsia Sw.

Die Blüten stehen bei den einzelnen Arten solitär, oder sie sind zu wenigblütigen wickeligen Infloreszenzen vereinigt. Die vegetative Hauptachse wird sympodial erneuert. Mehrere Laubblätter entwickeln sich ehe der Fortsetzungssproß wiederum zur Bildung reproduktiver Organe übergeht.

Nolanaceae

Die Stellung dieser Familie ist umstritten gewesen, da die Arten Merkmale aufweisen, die bei Solanaceen, Convolvulaceen und Boraginaceen wiederkehren. Seit langem ist bekannt, daß *Nolana humifusa* (Gouam) Johnst. und *N. paradoxa* Lindl. eine ähnliche Wuchsform besitzen, wie sie uns von verschiedenen Solanaceen bekannt ist (z. B. *Atropa bella-donna* L.). Über den Sproßaufbau anderer Arten habe ich keine Angaben gefunden.

In der monographischen Bearbeitung von Johnston (1937) wird aufgezeigt, daß die *Nolanaceen* den *Solanaceen* am nächsten stehen. Leider geht Johnston nicht auf die Verzweigung ein.

Abb. 131 zeigt einen blühenden Zweig von *Nolana paradoxa* Lindl. Die Sproßachse ist ein Monochasium. An jedem Sympodialglied werden zwei Blattorgane (α und β) und eine Endblüte (E) hervorgebracht. In Abb. 131 sind Blätter und Blüten, die entwicklungsgeschichtlich zusammengehören, mit gleichen Ziffern versehen. Man erkennt, daß das jeweilige β-Vorblatt Träger des Fortsetzungstriebes ist. Es verwächst mit dem Tochtersproß und entfaltet sich in Höhe von dessen α-Vorblatt.

Mehrere andere Arten verzweigen sich ebenso. Nach Johnston (1937) enthält die Familie 63 Arten, von denen allein 57 auf die Gattung *Nolana* L. entfallen. Die restlichen gehören *Alona* Lindl. an. Beide Gattungen lassen sich nur auf Grund von Fruchtmerkmalen trennen. Eine Gliederung in mehr Gruppen ist nach Johnston nicht zweckmäßig.

Leider stand uns nur sehr wenig Untersuchungsmaterial zur Verfügung. Bemerkenswert ist, daß, verglichen mit *N. paradoxa* Lindl., auch andere Formen der Sproßentwicklung zu beobachten sind.

Das Studium der Verzweigung ist hier von besonderem Interesse. Zunächst gilt es zu prüfen, ob in dieser Gruppe andere Wuchsformen als in der Familie der Solanaceen auftreten, oder ob die Ramifikation eine ähnliche Variationsbreite aufweist bzw. in gleichen Grenzen bleibt. Nach unseren Ergebnissen ist letzteres der Fall. Allerdings haben wir nur 13 Arten einsehen können. Die verwandtschaftlichen Beziehungen zwischen beiden Familien könnte man bei Berücksichtigung der Verzweigung sicher klarer erfassen.

Außerdem wäre zu untersuchen, ob sich die Wuchsformen innerhalb der beiden Gattungen in eine kontinuierliche Reihe bringen lassen. Nicht unwahrscheinlich ist nämlich, daß die Nolanaceen eine heterogene Gruppe darstellen. Möglicherweise sind hier Arten zusammengefaßt worden, die sich von verschiedenen Sippen der Solanaceen herleiten lassen und denen nur der Fruchtbau gemeinsam ist.

Bekanntlich sind alle Nolanaceen Halophyten. Bemerkenswerterweise sind es gerade einige Salzpflanzen und Xerophyten der Nachtschattengewächse, die in der Struktur des Gynoeceums gewisse Anklänge an die Nolanaceen besitzen (*Phrodus* Miers, *Grabowskia* Schlechtd., *Lycium* L., *Sclerophylax* Miers, *Cacabus* Bernh., *Nicandra* Adans.).

DISKUSSION

a) Die Verzweigung als Gruppenmerkmal

Überschauen wir die einzelnen Gattungen, so stellen wir fest, daß die Form der Verzweigung sehr verschieden manifestiert sein kann. Bei einer Anzahl Verwandtschaftskreise besitzen alle Arten einen ± identischen Sproßaufbau (*Physalis* L., *Hyoscyamus* L., *Saracha* Ruiz et Pav., *Cyphomandra* Sendt., *Petunia* Juss. u. a.). In anderen Genera ließen sich die einzelnen Ramifikationsformen unschwer miteinander in Beziehung setzen (*Datura* L., *Salpiglossis* Ruiz et Pav., *Lycium* L., *Browallia* L., *Nicotiana* L.). Schließlich haben wir solche Gattungen kennengelernt, in denen einzelne Arten auffallend abweichen (*Solanum* L., *Anthocercis* Labill.) oder auch ganze Gruppen sich nur schwer in eine Reihe bringen lassen (*Cestrum* L.). Allerdings muß eingeräumt werden, daß es uns nicht möglich war, einen vollständigen Überblick über die Mannigfaltigkeit innerhalb der einzelnen Gattungen zu erhalten. Es ist deshalb nicht ausgeschlossen, daß unsere Angaben bei genauerer Kenntnis der einzelnen Gruppen Erweiterungen oder Einschränkungen erfahren werden. Letztere insofern, als Arten, die nach unseren Befunden offenbar eine isolierte Stellung einnehmen, sich durch Zwischenglieder an andere Vertreter anschließen lassen könnten.

Bei der Darstellung der Sproßentwicklung haben wir uns an die einzelnen Gattungen gehalten, solche Gruppen also, die sich im Verlauf langjähriger vergleichender Untersuchungen haben herausarbeiten lassen. Sie wurden auf Grund von Übereinstimmungen in möglichst vielen Merkmalen aufgestellt. Für eine Entscheidung, ob eine Art in einem bestimmten Genus zu belassen ist oder nicht, muß deshalb eine größere Zahl von Charakteren berücksichtigt werden. Es war daher nur möglich auf solche Arten aufmerksam zu machen, die durch eine abweichende Verzweigung auffallen.

Für die Beurteilung phylogenetischer Fragen sind solche Gattungen von besonderem Wert, in denen sich die einzelnen Verzweigungsformen in eine möglichst kontinuierliche Reihe bringen lassen. Sie liefern Anhaltspunkte, zu erkennen, wie eine Wuchsform sich möglicherweise aus einer anderen entwickelt haben kann. Welch Maßstab verwendet werden kann, soll einstweilen dahingestellt bleiben, wesentlich ist hier, daß derartige Beziehungen überhaupt geknüpft werden können. Solche Zusammenhänge können auch die Organisationsstufe solcher Gattungen erläutern, in denen die Verzweigung einförmig ist.

In der Systematik der Solanaceen ist die Ramifikation als Gruppenmerkmal kaum berücksichtigt worden. Wie wir gezeigt zu haben glauben, kann die Verzweigung in den weitaus meisten Gattungen zur Charakterisierung und Umgrenzung mit herangezogen werden. Auch in solchen Sippen, bei denen eine gewisse Variationsbreite vorliegt, ist dieses Merkmal beachtenswert, liefert es doch Anhaltspunkte, ob sich eine einzuordnende Art in die bekannte Mannigfaltigkeit eingliedern bzw. an sie anschließen läßt.

Jetzt soll die Frage geprüft werden, ob die Verzweigung zur Unterteilung der Familie in Gruppen oberhalb der Rangstufe einer Gattung ausgewertet werden kann.

Eine solche Gruppierung ist im allgemeinen nur auf Grund weniger Merkmale möglich. Wir wollen aufzeigen, welche Eigenschaften in unserer Familie zur Systembildung geführt haben. Der Systematiker ist bestrebt, phylogenetische Gruppen zu erfassen. Man wählt dabei meist den Weg, daß man an den Anfang einer Gliederung Gattungen stellt, die möglichst viele Primitivmerkmale aufweisen. Daran werden Gattungsgruppen mit fortgeschrittenen Merkmalen angeschlossen. Möglicherweise können uns solche Reihen Anhaltspunkte geben, welche Verzweigungsformen innerhalb der Solanaceen als ursprünglich anzusehen sind. Besonders verdienen solche Verzweigungsformen als Gruppenmerkmal Aufmerksamkeit, die konstant über mehrere Gattungen verbreitet sind.

Als eines der ersten wohlbegründeten Systeme kann das von G. Don (1838) gelten. Seine Einteilung basiert auf der Knospenlage der Blütenkrone, der Zahl und Öffnungsweise der Staubblätter, der Form des Fruchtknotens, der Konsistenz der Frucht und der Form des Embryos. Bemerkenswert ist hier, daß der Verwandtschaftskreis um *Nolana* L. in die Familie der Solanaceen einbezogen wird. Hervorgehoben zu werden verdient, daß zur Tribus *Nolanieae* Don neben *Nolana* L. auch *Triguera* Cav. und *Grabowskia* Schlechtd. gerechnet werden.

Endlicher (1841) gliedert die Solanaceen in zwei Unterfamilien:

1. *Curvembryae* Endl.
2. *Rectembryae* Endl.

Wie schon in den Namen zum Ausdruck kommt, ist das einteilende Prinzip die Form des Embryos im Samen. Alle Arten, bei denen der Embryo gekrümmt ist (*Curvembryae*) besitzen außerdem halbzylindrische Cotylodonen. Bei den *Rectembryae* sollen dagegen die Keimblätter eine deutlichere Blattnatur besitzen.

Auf Grund der Fruchtmorphologie teilt Endlicher (1841) beide Unterfamilien in 6 Triben ein. Die Nolanaceen werden als eigene Familie behandelt. — Die Gattungen *Salpiglossis* Ruiz et Pav., *Schizanthus* Ruiz et Pav., *Anthocercis* Labill., *Browallia* L., *Brunfelsia* Sw., *Anthotroche* Endl., *Duboisia* R. Br. werden nach dem Vorbild von Bentham (1835) und Brongniart (1843) zu den Scrophulariaceen gestellt.

Die durch Don (1838) literarisch festgelegten Gruppen wurden zum großen Teil von Endlicher (1841) übernommen. Doch ist festzustellen, daß einige Gattungen zu anderen Triben gestellt werden. Eine solche Emendierung haben eigentlich alle späteren Autoren, die sich mit der Einteilung der Solanaceen beschäftigt haben, vorgenommen. Selbst wenn gleiche Merkmale für eine Einteilung herangezogen wurden, kann man dies beobachten. Eine solche Behandlung deutet darauf hin, daß man die Merkmale, die für die Einteilung herangezogen wurden, verschieden beurteilt hat.

Einige neue Charaktere benutzte Dunal (1852) in seiner monographischen Bearbeitung für eine Gliederung. Es werden zwei Triben unterschieden, die in eine Anzahl Subtriben geteilt werden.

Vergleichen wir die Systeme von Endlicher (1841) und Dunal (1852), so fällt zunächst auf, daß die Familienumgrenzung beider Autoren verschieden ist. Gegenüber Endlicher (1841) werden die Nolanaceen wiederum in die Solanaceen einbezogen. Neben jenen Merkmalen die Endlicher für seine Gruppierung verwendet, erscheinen hier andere: Form der Blütenkrone, Fruchtknotenbau und -form, Samenform, Kelchform. Leider wird nicht in allen Gruppenbeschreibungen etwas über diese Charaktere ausgesagt, so daß man allein aus den Diagnosen nicht ersehen kann, ob sie sich zur Kennzeichnung aller angeführten Gruppen verwerten lassen. Von besonderem Interesse ist, daß in einigen Fällen, ähnlich wie bei Don (1838), Angaben über die Ästivation gemacht werden.

Für unsere Zwecke ist auch hier die wesentliche Feststellung notwendig, daß einige Gruppen zwar unter demselben Namen, aber in verschiedenen Rangstufen in beiden Systemen auftreten. Bemerkenswert ist wiederum, daß die Gattungen, die sie umfassen, teilweise andere sind.

Auch Dunal stellt die *Salpiglossideae* zu den Scrophulariaceen. Miers (1850), einer der besten Kenner der Solanaceen, grenzte beide Familien gegeneinander ab. Wohl zum ersten Male wird darauf aufmerksam gemacht, daß zwischen beiden Verwandschaftskreisen wesentliche Unterschiede in der Form der Verzweigung lägen. Nach dem Vorbild von R. Brown (1810)[1]) schlägt Miers vor, die Solanaceen in zwei Unterfamilien zu gliedern. Im

[1]) Miers (1850) hebt hervor, daß diese Gruppierungen auf Brown (1810) zurückginge. Bei Brown fanden wir diese Trennung aber nicht durchgeführt.

wesentlichen sind es die Lagebeziehungen der Petalen in der Knospe, die zu der Teilung geführt haben[1]).

Die Bearbeitung der Scrophulariaceen in De Candolle's „Prodromus" stammt von BENTHAM (1846). Hier fanden wir als eigene Tribus den Verwandtschaftskreis um *Salpiglossis* L. In den „Genera Plantarum" (BENTHAM et HOOKER 1876) wird dagegen diese Gruppe in die Familie der Solanaceen einbezogen. Die Einteilung wird hier nach folgenden Merkmalen vorgenommen: Knospenlage der Blütenkrone, Fertilitätsgrad der Staubblätter, Fruchtform, Samenform, Embryolage im Samen. Gegenüber den vorgenannten werden neue Merkmale in der Folgezeit nicht mehr herangezogen, lediglich einige Verfeinerungen in deren Erfassung sind zu beobachten. *Sclerophylax* Miers wird als „Genus anomalum" bezeichnet (Fruchtknoten einfächerig). *Nolana, Alona* und *Dolia* erscheinen bei den Convolvulaceen.

Das System von BAILLON (1886) unterscheidet sich von dem vorerwähnten insofern nicht wesentlich, als die einzelne Triben[2]) ähnlich umgrenzt werden. Nur geringfügige Abweichungen sind zu verzeichnen.

Bemerkenswert ist die Wiederaufnahme der Nolanaceen in unsere Familie, die *Salpiglossideae* werden erneut zu den Scrophulariaceen gestellt. Besonders überrascht aber, daß ein großer Teil der Loganiaceen unter den Nachtschattengewächsen erscheint. Diese Behandlung hat aber keine Nachahmung gefunden. Es sei vermerkt, daß die Loganiaceen sich auch in der Verzweigung wesentlich von den Solanaceen unterscheiden.

Eine erneute zusammenfassende Darstellung finden wir bei WETTSTEIN (1891, 1892). Es wird geltend gemacht, daß die Triben von BENTHAM und HOOKER (1876) wesentlich voneinander abweichende Gattungen umfaßten, und daß andererseits Gattungen, die auf Grund der Einteilungsprinzipien in verschiedene Gruppen gestellt werden, zueinander verwandtschaftliche Beziehungen aufweisen würden. Die Form der Blütenkrone betrachtet WETTSTEIN als ein sekundäres Merkmal, die Knospenlage stehe in unmittelbarem Zusammenhang zur Form der Corolle. Außerdem ließen sich innerhalb einer Gattung verschiedene Typen der Knospenlage nachweisen. Ähnlich werden die Fruchtmerkmale beurteilt. Dennoch wird auch hier auf diese Charaktere bei der Gruppenbildung zurückgegriffen. WETTSTEIN weist also auf das Künstliche der Gruppierung hin, behält aber dennoch die gleichen Merkmale für seine Einteilung bei.

Aus neuerer Zeit liegt ein System von BAEHNI (1946)[3]) vor. Er benutzt die Form der Blütenkrone als Hauptmerkmal. Die Anordnung ist so getroffen, daß Gruppen mit aktinomorpher Blütenkrone an den Anfang gestellt werden. Die Kronlappen besitzen hier eine valvate Knospenlage, die Frucht ist eine Beere, der Embryo ist gekrümmt. Als abgeleitet werden demgegenüber solche Formen angesehen, bei denen die Corolle zygomorph ist. In der Präfloration weisen die Kronlappen dann im allgemeinen eine imbrikate oder quinkunicale Ästivation auf, die Frucht ist eine Kapsel, der Embryo ist gerade.

Bemerkenswert ist aber, daß all diese Merkmale in den einzelnen Genera durchaus nicht immer konstant sind. So ist z. B. in der Gattung *Petunia* Juss. der Embryo bei einigen Arten gestreckt, bei anderen gekrümmt. An anderer Stelle haben wir darauf hingewiesen, daß in der Gattung *Datura* L. sowohl Kapseln als auch Beeren verbreitet sind (DANERT 1955). Derartige Beispiele ließen sich noch mehr anführen. Sie deuten darauf hin, daß die benutzten Merkmale nicht durchgängig ausgeprägt sind. BAEHNI stellt in den Mittelpunkt seiner Ausführungen die Knospenlage. Es müßte an einem umfangreichen Material geprüft werden, ob die Merkmale der angeführten Beispiele tatsächlich bei allen Gattungsangehörigen in

[1]) An Hand von Diagrammen wird auf die Knospenlage näher eingegangen. Nur die Corolle wird in diesen Diagrammen berücksichtigt.

[2]) von BAILLON (1886) als „Series" bezeichnet.

[3]) BAEHNI (1946) führt übrigens *Lycianthes* (Dun.) Hassl. als selbständige Gattung.

gleicher Weise ausgebildet sind. In der Gattung *Solanum* gibt es neben Arten, die eine aktinomorphe Corolle ausbilden, auch solche, die ± zygomorphe Blütenkronen aufweisen. Doch schließt dies nicht aus, daß die Knospenlage dennoch gleich sein kann.

Überschauen wir die einzelnen Gliederungen, so ergibt sich, daß die Einteilung von allen Autoren nach gleichen oder doch sehr ähnlichen Merkmalen vorgenommen wurde. Um so auffallender ist, daß einzelne Gattungen trotz übereinstimmender Gruppierungsprinzipien zu verschiedenen Triben bzw. Subtriben gestellt wurden. Die Zuordnung einzelner Gruppen kann demnach bis zu einem gewissen Grade subjektiv sein. Wir kommen somit zu der Schlußfolgerung, daß ein System der Solanaceen — bei alleiniger Zugrundelegung der gebräuchlichen Merkmale — an verschiedenen Stellen künstlich sein muß.

Legen wir uns nun die Frage vor, ob es möglich ist, die Verzweigung als Basis für eine Gruppenbildung zu verwerten, so müssen wir folgendes vorausschicken: Wir haben in der Einleitung zu diesem Kapitel hervorgehoben, daß in mehreren Genera eine Ramifikationsform in mannigfacher Weise variiert. Als ideales Gruppenmerkmal könnte die Wuchsform dann Verwendung finden, wenn sie innerhalb der Gattungen einheitlich wäre. Unterliegt sie dagegen einer ± großen Variation innerhalb eines Genus, kann sie als Kriterium für eine Ordnung kaum in Frage kommen.

Wie wir festgestellt haben, steht es aber ähnlich mit all den Merkmalen, die für eine Einteilung bisher herangezogen wurden. Es ist deshalb kaum möglich, ein völlig befriedigendes System zu entwickeln.

Ist es nicht möglich, solche Merkmale, die in einer gewissen Variationsbreite in einer Gattung ausgeprägt sind, zur Gruppierung heranzuziehen, so können sie doch für phylogenetische Betrachtungen von ganz besonderem Wert sein. Wir haben die Möglichkeit, auf dem Wege des Vergleiches uns eine Vorstellung über die Entwicklung einer bestimmten Struktur zu machen. Im folgenden wollen wir versuchen, Einzelmerkmale einer Merkmalsgruppe in kontinuierliche Reihen zu bringen und uns bei der Anordnung von solchen Gattungen eiten lassen, bei denen dieser Weg vor gezeichnet ist.

b) Vergleichende Betrachtungen

Wir wollen versuchen die einzelnen Verzweigungsformen vergleichend darzustellen. Es sollen morphologische Reihen erarbeitet werden, die die Formenverwandtschaft zum Ausdruck bringen. Es sei betont, daß es sich nicht um phylogenetische Entwicklungslinien handelt. Wie wir im vorangegangenen Kapitel gezeigt haben, wiederholen sich in verschiedenen Sippen einzelne Merkmale. Wir fassen hier solche Formen zusammen, die zwar eine Eigenschaft, nämlich die Sproßentwicklung, gemeinsam haben, die aber in vielen anderen Charakteren nicht übereinstimmen. Auf diese Weise soll ermittelt werden, welche Verzweigungsform als ursprünglich und welche als abgeleitet anzusehen ist. Zwar werden hier spekulative Züge nicht zu vermeiden sein, da eine solche Beurteilung bis zu einem gewissen Grade stets subjektiv bleibt. Doch glauben wir unseren Ausführungen durch die Ergebnisse der entwicklungsgeschichtlichen Untersuchungen eine gewisse Beweiskraft geben zu können.

Zunächst sollen die leitenden Grundsätze, die wir unserer Beurteilung zu Grunde legen, aufgezeigt werden. Wir wollen den Seitensproß, der sich an einem Sympodialglied als erster vorwölbt, bei allen Arten als gleichwertig, als homolog ansehen.

1. Als ursprünglich möchten wir solche Verzweigungsformen betrachten, in denen alle Seitensprosse im reproduktiven Bereich die gleiche Organisation aufweisen.
2. Als abgeleitet sollen demgegenüber solche Wuchsformen gewertet werden, bei denen die in basipetaler Folge erscheinenden Seitentriebe verschieden organisiert sind (reproduktiv und vegetativ).

3. Entwickeln sich im Anschluß an die zuerst gebildete Seitenknospe außerdem auch in akropetaler Richtung Seitensprosse, so möchten wir auch diese Anordnung als eine Sekundärerscheinung auffassen.

Unter Berücksichtigung der schematischen Darstellung in Abb. 132 wollen wir nun auf die einzelnen „Gruppen" näher eingehen.

In allen Figuren sind jene Seitensprosse, die zuerst angelegt wurden, mit „1" bezeichnet. Wir betrachten sie als einander homolog. Fortlaufende Ziffern geben die weitere Entstehungsfolge an. Tragen zwei Seitenzweige eines Sympodialgliedes die gleiche Zahl, so soll damit angedeutet werden, daß sie annähernd zur gleichen Zeit sichtbar werden. Aufeinanderfolgende Sproßgenerationen sind durch eine verschieden starke Konturierung hervorgehoben. Damit haben wir auch die Möglichkeit, die kongenitalen Prozesse zu charakterisieren. Auf Einzelheiten in der Verzweigung soll hier nicht mehr eingegangen werden.

Wir wollen von Fig. I ausgehen, einer Wuchsform, wie sie z. B. bei *Datura stramonium* L. und anderen Arten dieser Gattung zu beobachten ist. Auch Eichler (1875) stellt diesen Typ der dichasialen Verzweigung an den Anfang (vgl. Abb. I, Fig. A). Gleichen Sproßaufbau fanden wir in anderen Genera, z. B. *Capsicum* L., *Cacabus* Bernh., *Nectouxia* H. B. K., *Physialis* L. Jedes Sympodialglied bildet 2 Vorblätter (α und β) aus und endet mit einer Blüte (E). Die beiden Blattorgane entwickeln unmittelbar nacheinander Seitensproßanlagen (1,2) und werden von diesen bei Einsetzen des Streckungswachstums hochgeführt. Beide Achseltriebe sind gleichgestaltet. Der zuerst angelegte Achselsproß (1) ist der kräftigere, doch ist die Differenz oft nur geringfügig. Alle Vorblattorgane tragen Laubblattcharakter. An Aufzweigungen höherer Ordnung weisen die Achselprodukte eines Vorblattpaares nicht selten größere quantitative Unterschiede auf (Abb. 1, Fig. B). In diesem Falle liegt auch in der Anlegungsfolge ein größerer Zwischenraum.

Der Achselsproß des α-Vorblattes kann schließlich soweit reduziert sein, daß er $\pm$ gestaucht bleibt oder im Knospenstadium verharrt. Wir kommen dann zu einer Verzweigungsform, wie sie in Fig. II dargestellt ist (vgl. auch Abb. 1, Fig. C). Sie ist auch in den Gattungen *Datura* L. und *Physalis* L. nicht selten, ist aber besonders charakteristisch für eine Reihe weiterer Genera: *Alona* Lindl., *Atropa* L., *Chamaesaracha* A. Gray, *Dolia* Lindl., *Lycium* L., *Nolana* L., *Przewalskia* Maxim., *Salpichroa* Miers, *Scopolia* Jacq. Der Übersicht halber wurde in Fig. II die Achselknospe von Vorblatt α_1 fortgelassen. Jedes Tragblatt eines Fortsetzungstriebes entfaltet sich am eigenen Tochtersproß in Höhe von dessen α-Vorblatt.

Eine gewisse Sonderstellung nehmen die Arten der Gattung *Petunia* Juss. ein, sowie bisweilen auch *Nicotiana quadrivalvis* Pursh. Hier unterbleibt nämlich die rekauleszente Verwachsung, so daß beide Vorblätter eines Sympodialgliedes in gleicher Höhe zur Entfaltung kommen.

Betrifft die Reduktion nicht nur den Seitensproß des α-Vorblattes sondern auch sein α-Vorblatt (α_1), so gelangen wir zu einem Verhalten, wie es in Fig. III abgebildet ist. Es ist verwirklicht in den Gattungen *Nicandra* Adans., *Hyoscyamus* L., *Nicotiana* L., *Coeloneurum* Radlk. und *Schwenkia* L. Im allgemeinen werden an den Seitensprossen I. Ordnung zwei Vorblätter ausgebildet, erst an den weiteren Fortsetzungstrieben erscheint nur noch ein einziges Vorblatt (β). Wir haben dies auch in unserem Schema zum Ausdruck gebracht. Daß es in den Achseln der Vorblätter zur Anlegung von Beiknospen kommen kann, sei nur erwähnt, ist aber besonders typisch für die Arten dieser Gruppe.

Wir haben in unserer Reihe bisher nur Reduktionsformen kennengelernt. In Fig. IV ist der Sproßaufbau der uns näher bekannt gewordenen Arten der Gattung *Saracha* Ruiz et Pav. schematisch charakterisiert. Er unterscheidet sich grundsätzlich nicht von dem in Fig. II dargestellten Bild. Allerdings werden anstelle der Einzelblüten Infloreszenzen ausgebildet. Hervorzuheben ist, daß hier, ebenso wie bei den Arten, die dem aus Fig. III bekannten Typ folgen, als erste Seitensproßanlage der Fortsetzungstrieb (1) hervorgebracht wird. Wir betrachten aus diesem Grunde diese Sprosse als homolog. In der Gattung *Saracha* Ruiz et Pav. werden im Anschluß an die Bildung des vegetativen Fortsetzungstriebes in akropetaler Folge zwei weitere Blattanlagen sichtbar, deren Achselprodukte (2, 3) zu Blüten werden. Daneben wird außerdem, basipetal, eine Seitenknospe vom α-Vorblatt hervorgebracht (2). Die Besonderheit dieser Art der Infloreszenzbildung wird augenfällig, wenn wir bedenken, daß bei anderen Solanaceen, die einen Blütenstand hervorbringen, am Vegetationspunkt eines Sympodialgliedes als erste Seitensproßanlage (1) ein reproduktiver Trieb erscheint (z. B. in der Gattung *Solanum* L.).

Alle vorstehend dargestellten Sproßsysteme sind Anthokladien im Sinne Goebels, d. h. zwischen aufeinanderfolgenden Blüten (bzw. Infloreszenzen) sind zwei Laubblattorgane (seltener nur eines) eingeschaltet (Fig. I—IV). Wenn wir von Fig. I ausgehen und uns vorstellen, daß alle Blätter auf einem frühen Entwicklungsstadium stehen bleiben und außerdem, daß an allen Achsen ein Streckungswachstum unterdrückt wird, gelangen wir zu einem Verhalten, wie es in Fig. VI dargestellt ist (*Physochlaina* G. Don).

Eine vermittelnde Stellung zwischen Fig. VI und Fig. I nimmt in gewisser Hinsicht die Gattung *Schizanthus* Ruiz et Pav. ein (Fig. V). Die Seitensprosse sind hier qualitativ verschieden. Die zuerst angelegte Seitenknospe (1) eines Sympodialgliedes besitzt die Merkmale eines Blütensprosses, ähnlich *Physochlaina* G. Don. Diese Sproßachse bleibt $\pm$ gestaucht, die Blattorgane tragen Hochblattcharakter. Die weitere Verzweigung erfolgt nur aus den β-Vorblättern. Dagegen trägt der später angelegte Achselsproß des α-Vorblattes (α) noch deutliche Züge eines vegetativen Triebes. Das erste Internodium ist gestreckt, das älteste Vorblatt (α_I) ist laubblattähnlich. Die zuerst hervorgebrachte Achselknospe (aus β bzw. β_I) wird im Weiterverlauf der Entwicklung von dem später sichtbar werdenden Seitentrieb des α-Vorblattes an Größe übertroffen und schließlich zur Seite gedrängt.

Während in Figg. II—IV die vegetative Achse von dem jeweiligen β-Sproß gebildet wird, übernimmt hier der α-Trieb diese Funktion. Der β-Sproß leitet aber — und dies scheint uns wesentlich für das Verständnis der Akrotonie in dieser Gruppe — die Bildung eines Blütenstandes ein. Man erkennt hier Beziehungen zwischen Pflanzen mit Einzelblüten (Fig. II, Fig. III) und solchen, die Infloreszenzen hervorbringen. Die qualitativen Unterschiede der Seitensprosse eines Vorblattpaares und die damit in engem Zusammenhang stehenden quantitativen Differenzen sind für uns der Grund, diese Verzweigungsform als abgeleitet zu betrachten.

Die Infloreszenz ist eine Wickel und besitzt den gleichen Aufbau wie er auch aus Fig. II entnommen werden kann. Allerdings sind hier die Blattorgane auf einem sehr frühen Entwicklungsstadium stehen geblieben, so daß der reproduktive Charakter dieses Sproßsystems stärker in den Vordergrund rückt. Außerdem werden nur in den Achseln der β-Vorblätter Knospen höherer Ordnung angelegt. Stellen wir uns vor, daß die Vorblätter im Blütenstandsbereich überhaupt nicht mehr zur Anlegung kommen, dann wird uns das Verständnis für die Verzweigung jener Arten eröffnet, die u. a. für die Gattungen *Lycopericon* Mill. und *Solanum* L. typisch sind.

In ähnlicher Beziehung wie die Figg. I und VI stehen entsprechende Formen, die wir an Fig. II und Fig. III anschließen können. Wir wollen sie in anderem Zusammenhang erörtern.

Eine ebenso einfache Organisationsstufe, wie wir sie in Fig. I kennengelernt haben, finden wir in Fig. VII vor. Der Unterschied gegenüber Fig. I liegt darin, daß hier mehrere Blattorgane entwickelt werden, ehe die Achse mit einer Endblüte abschließt, während dort nur zwei Blattorgane zur Ausbildung kommen bevor die Endblüte erscheint (Fig. I). Von den in basipetaler Richtung sich anlegenden Seitensprossen (nur 1 und 2 eingezeichnet), ist der

der Endblüte am nächsten stehende am kräftigsten. Er setzt die Wuchsrichtung der Mutterachse ± fort. Alle Achseltriebe sind gleichgestaltet. Die in Fig. VII abgebildete Verzweigungsform ist z. B. in den Gattungen *Fabiana* Ruiz et Pav., *Nierembergia* Ruiz et Pav. und *Phrodus* Miers ausgeprägt.

Besonders wertvoll für unsere Betrachtung ist, daß diese Wuchsweise auch bei *Salpiglossis linearis* Hook. verwirklicht ist. In dieser Gattung kommen nämlich daneben Arten vor, die sich in etwas anderer Weise verzweigen. So entwickelt *Salpiglossis spinescens* Clos (Abb. 120a) ein Sproßsystem, wie es schematisch nochmals in Fig. VIII gezeigt wird. Man vergleiche hierzu auch die Abb. 119. Hier erscheint als erste Seitensproßanlage die der Endblüte am nächsten stehende Achselknospe (1 in Fig. VIII). Die weiteren Triebe werden in basepetaler Folge angelegt. Die älteste Sekundärachse bildet zwei ± reduzierte Blattorgane aus und endet mit einer Blüte. Sie leitet eine Infloreszenz ein, trägt also reproduktiven Charakter. Qualitativ davon verschieden ist die Achselknospe des nächst tieferen Blattorganes (2). Dieser Sproß entwickelt wie die Mutterachse eine Anzahl Laubblätter, ehe er mit einer Blüte abschließt. Er übertrifft an Größe wesentlich den älteren reproduktiven Sproß (1) und drängt ihn schließlich zur Seite.

Somit ergibt sich ein Verhalten wie wir es ähnlich oben bereits zu diskutieren hatten (Figg. I und V). Während dort aber sowohl an der Ausgangsform (Fig. I), als auch an der daraus abgeleiteten Form jener Trieb, der vegetativen Charakter trägt, nur zwei Blattorgane hervorbringt, sind es hier deren mehrere (Figg. VII und VIII). Die in Fig. VIII skizzierte Art der Sproßentwicklung ist ferner bei einigen Angehörigen der Gattung *Browallia* L. vertreten. Auch bei *Nicotiana repanda* Willd. trafen wir sie an. Bemerkenswert ist, daß bei *Browallia speciosa* Benth. eine Verzweigung auftritt, wie sie in Fig. II skizziert ist. Die beiden Reihen, die wir entwickeln, sind also keineswegs voneinander isoliert.

Wenn wir von Fig. VII ausgehen und uns vorstellen, daß beide Seitenknospen, die der Endblüte benachbart sind, reproduktiven Charakter besitzen, gelangen wir zu einer Verzweigungsform, wie sie vereinfacht in Figg. IX abgebildet ist. Vereinfacht insofern, als hier an jedem Sympodialglied nur ein Vorblatt dargestellt ist. Wie wir bei Behandlung der Gattung *Nicotiana* L. gesehen haben, kommen dort einmal solche Arten vor, bei denen an einem Blütentrieb zwei Blattorgane auftreten, zum anderen solche, wo nur ein Blattorgan hervorgebracht wird (vgl. Abb. 90). Wir gelangen so zu Formen, wo ein Endblütenstand die Gesamtentwicklung einer Pflanze abschließt. Auch *Salpiglossis sinuatus* Ruiz et Pav. besitzt eine solche Infloreszenz.

Große Ähnlichkeit besteht zwischen dieser Blütenstandsform und jenen Anthokladien, wie wir sie in Figg. I—III kennengelernt haben. Jedes Sproßglied endet in beiden Reihen nach Ausbildung von 1—2 Blattorganen mit einer Blüte. Während dort aber die Blätter als Assimilationsorgane fungieren und wie Laubblätter gestaltet sind, tragen sie hier Hochblattcharakter. Man könnte Fig. IX an Fig. I anschließen und sie als Bindeglied zu Fig. VI ansehen. Dieser Weg wäre denkbar. Wir wollen Fig. IX zur Erläuterung einer anderen Infloreszenzform heranziehen. In den Gattungen *Salpiglossis* Ruiz et Pav. und *Nicotiana* L. liegen nämlich etwas andere Organisationsverhältnisse vor.

Betrachten wir die Figg. I, II und III, so stellen wir fest, daß an jedem Sympodialglied das Hypopodium gestreckt ist, während zwischen den beiden Vorblättern die Sproßachse gestaucht bleibt. Das Epipodium wird in allen Fällen zum Blütenstiel[1]).

Bei verschiedenen *Nicotiana*- und *Salpiglossis*-Arten gelangt dagegen im allgemeinen ein Mesopodium zur Ausbildung. Es kommen somit auch keine „gepaarten" Vorblätter zustande,

[1]) Bisweilen wird die Meinung vertreten, daß z. B. bei *Atropa bella-donna* L. ein Mesopodium zur Entwicklung käme. Dies ist nicht der Fall. Die Entfaltung der Blätter in verschiedener Sproßhöhe wird durch die kongenitale Verwachsung mit dem Tochtersproß bedingt. An letzterem streckt sich nur das Hypopodium.

wie es aus den Figg. I—III zu entnehmen ist. Wir sind geneigt, die in Fig. IX skizzierten reproduktiven Triebe als solche zu charakterisieren, bei denen die Zahl der Blattorgane ursprünglich größer war, jetzt aber auf zwei bzw. eins reduziert ist. Ob zwischen Figg. I und VII gleiche Beziehungen anzunehmen sind, ist nicht ausgeschlossen. Bezeichnenderweise fanden wir diese besondere Art der Sproßentwicklung nur in den Gattungen *Nicotiana* L. und *Salpiglossis* Ruiz et Pav. Daß wir nur ein Blatt an jedem Sympodialglied eingezeichnet haben, geschah aus Übersichtsgründen.

Wir möchten an Fig. IX solche endständigen Blütenstände anschließen, die höher zusammengesetzt sind (Fig. X). Hier werden unterhalb der Endblüte mehrere Teilinfloreszenzen hervorgebracht. Wie wir bei Besprechung der Gattung *Nicotiana* L. feststellen konnten, wird z. B. bei *N. paniculata* L. der am weitesten basal sich entwickelnde Teilblütenstand zuerst angelegt. Die übrigen folgen in akropetaler Richtung. Wir möchten aus diesem Grunde den zuerst gebildeten Trieb (1) mit jenem homologisieren, der bei dichasialer Verzweigung ± die Wuchsrichtung der Mutterachse einnimmt (vgl. Fig. IX). Alle anderen Partialinfloreszenzen sind danach sekundärer Natur. Auffallend ist noch, daß an allen Blütentrieben auch Tragblätter sichtbar sind.

Inwieweit unsere Befunde sich verallgemeinern lassen, muß dahingestellt bleiben, da wir in anderen Gattungen nur ungenügend die Möglichkeit hatten, entwicklungsgeschichtliche Untersuchungen in entsprechender Breite anzustellen. Endständige zusammengesetzte Blütenstände fanden wir ferner in den Gattungen *Acnistus* Schott, *Cestrum* L., *Duboisia* R. Br., *Grabowskia* Schlechtd., *Sessea* Ruiz et Pav., *Metternichia* Mikan.

Wir haben aber auch Belege dafür, daß bei Bildung abschließender Synfloreszenzen die Anlegung der Partialinfloreszenzen basipetal erfolgen kann (Einzelheiten bei *Mandragora officinarum* L., Abb. 62). Das in Fig. X gegebene Schema wäre somit dahingehend zu verändern, daß jener Trieb, der der Endblüte am nächsten steht, mit der Ziffer 1 zu belegen wäre. Die weitere Numerierung müßte in absteigender Folge vorgenommen werden.

Auch bei *Cestrum elegans* (Scheidw.) Schlechtd. werden offenbar die Anlagen der Teilblütenstände in basipetaler Folge hervorgebracht. Man ersieht daraus, daß Synfloreszenzen, trotz großer Ähnlichkeit in der Zusammensetzung, auf verschiedene Weise enstanden sind.

Zur Ableitung weiterer Verzweigungsformen wollen wir wiederum auf Fig. VIII zurückgreifen. Unter der Annahme, daß an dem Blütentrieb unmittelbar unterhalb der Endblüte die Sonderung zwischen vegetativer und reproduktiver Region soweit geht, daß nicht einmal mehr das Tragblatt des unmittelbaren Blütensprosses zur Ausbildung kommt, gelangen wir zu einem Sproßaufbau, wie er bei vielen *Solanum*-, den meisten *Lycopersicon*-Arten sowie in der Gattung *Jochroma* Benth. ausgeprägt ist (Fig. XI). Der zuerst angelegte Seitensproß eines Sympodialgliedes entsteht tragblattlos und leitet die Bildung einer wickeligen Infloreszenz ein. Auch alle folgenden Blütentriebe lassen ein Stützblatt vermissen. Die vegetative Fortsetzungsknospe (2) erscheint in basipetaler Richtung als zweite Seitensproßanlage.

In der Gattung *Lycopersicon* Mill. und bei vielen *Solanum*-Arten werden zwischen zwei aufeinanderfolgenden wickeligen Blütenständen drei (bisweilen nur zwei) Laubblätter an einem Sympodialglied entwickelt. Bei anderen Arten kann man häufig eine Vermehrung der Blattzahl beobachten; es kommt dann oft zur Ausbildung von Doppel- und Mehrfachwickeln (Fig. XII). Daß dieser Infloreszenztyp als abgeleitet anzusehen ist, wurde durch die entwicklungsgeschichtlichen Untersuchungen belegt. Stets erscheint nämlich auch in diesen Fällen als erste Seitensproßanlage die am weitesten basal entstehende Partialinfloreszenz (1). Dann werden in akropetaler Richtung weitere reproduktive und in basipetaler dagegen vegetative Triebe hervorgebracht (2). In unserem Schema haben wir nur zwei Teilblütenstände berücksichtigt. Es können deren mehrere sein. Diese Verzweigung ist in den Gattungen *Cyphomandra* Sendt. und *Solanum* L. verbreitet. Auch *Trechonaetes* Miers ist hier zu nennen.

Bei verschiedenen Arten aus dem Genus *Solanum* L., sowie bei *Withania* Pauq., *Brachistus* Miers und *Bassovia* Aubl. können wir schließlich beobachten, daß an jedem Sympodialglied die vegetativen Blattorgane gepaart stehen und einen wickeligen Blütenstand miteinander einschließen. Die in gleicher Höhe zur Entfaltung kommenden Blätter gehören verschiedenen Sproßgenerationen an. Es ergibt sich somit ein habituell ähnliches Bild, wie wir es bereits in der Gattung *Saracha* beobachtet haben (Fig. IV). Während dort aber als erste Seitensproßanlage jener Trieb erscheint, der die vegetative Achse fortsetzt, ist es hier (Fig. XIII) eine Seitenblüte (1), die als älteste Sekundärachse anzusprechen ist. Ontogenetisch handelt es sich also um zwei verschiedene Formen.

In allen vorstehend angeführten Gattungen ist in der Seitensproßbildung eine Akrotonie zu beobachten, die in mannigfacher Weise variiert. Bemerkenswert ist nun, daß einige Verwandtschaftskreise sich nicht in unser Schema (Abb. 132) unterbringen lassen. Dies sind insbesondere die Gattungen *Latua* Phil., *Anthocercis* Labill. und *Cestrum* L. Aus letzterem Genus vor allem solche Formen, bei denen reproduktive Organe seitlich an Kurztrieben stehen. Ob diese Sippen sich bei Betrachtung anderer Merkmalsreihen in unsere Familie ohne größere Schwierigkeiten einordnen lassen kann nicht entschieden werden. Die Übersicht, die wir uns an Hand der eingesehenen Exsiccate verschaffen konnten, reicht für eine solche Beurteilung nicht aus. Nach unserer Meinung sind aber die Gattung *Anthocercis* Labill. und einige Arten der Gattung *Cestrum* L., wenn wir nur den Sproßaufbau berücksichtigen, gegenüber den anderen Sippen weit stärker isoliert als dies bei den *Nolanaceen* der Fall ist. Beachtenswert ist übrigens der Hinweis von GOTTSCHALK (1954), daß *C. elegans* und *C. hartwegii* durch abweichende Spiralisationsverhältnisse der Chromosomen während des meiotischen Teilungsablaufs gegenüber anderen Solanaceen ausgezeichnet seien. Wahrscheinlich könnten vergleichende cytologische Untersuchungen, an einem umfangreichen Material durchgeführt, wesentlich zur Klärung der Umgrenzung und zur Charakterisierung einzelner Sippen beitragen.

c) Die Vorblätter der Solanaceen

Als Vorblätter bezeichnen wir die beiden ersten Blattorgane eines Seitensprosses. Bei Dispersion unterscheiden sie sich von den Folgeblättern durch ihre transversale Stellung gegenüber der Abstammungsachse, ordnen sich also nicht in die Blattspirale ein. Ist diese Voraussetzung nicht erfüllt, liegt kein Grund vor, sie besonders zu kennzeichnen. Nicht selten weisen sie gegenüber Laubblättern Reduktionserscheinungen auf.

Für eine Reihe Solanaceen läßt sich der Nachweis erbringen, daß überall dort, wo es zur Ausbildung von Vorblättern kommt, sich auffallende Unterschiede in der Anlegungsfolge ergeben. Wir sind damit in der Lage, den Begriff der Vorblätter auch entwicklungsgeschichtlich zu begründen. Inwieweit unsere Ergebnisse verallgemeinert werden können, muß einstweilen dahingestellt bleiben.

An anderer Stelle wurde bereits angedeutet (DANERT 1957), daß verschiedene *Solanum*-Arten (z. B. *S. tuberosum* L.) Vorblätter nur an seitenständigen Sprossen ausbilden (vgl. Abb. 42). Am vegetativen Fortsetzungstrieb vermißt man sie dagegen. Hier setzt die Blattspirale unmittelbar mit der Anlegung der beiden ersten Primordien ein. Gleiche Verhältnisse fanden wir in der Gattung *Lycopersicon* Mill. Bei verschiedenen Arten dieser Genera besitzen die Vorblätter gegenüber Laubblättern eine einfachere Organisationsstufe, ferner bleiben an seitenständigen Trieben das Hypo- und das Mesopodium gestaucht.

Wir beobachteten bei allen untersuchten Solanaceen, bei denen die beiden ersten Primordien zu Vorblättern werden, daß die Blattbildung nach Anlegung dieser Blattorgane eine Zeitlang sistiert und dann wieder kontinuierlich aufgenommen wird. Als Maßstab besitzen wir das Größenverhältnis der Blattanlagen. Wir nehmen an, daß überall dort die Blattbildung eine Unterbrechung erfährt, wo die Größendifferenz der beiden ältesten Blattanlagen (α und β) kleiner ist, als zwischen dem zweiten und dem dritten Primordium (β und erstem Folgeblatt). Schreitet dagegen die Anlegung gleichmäßig fort, kommen Vorblätter nicht zur Ausbildung, d. h. die beiden ersten Blattorgane unterscheiden sich ihrer Stellung und ihrer Form nach nicht von Laubblättern. Daß von vorne herein Übergangsformen zu erwarten sind, liegt auf der Hand.

In dem vorangegangenen Kapitel haben wir zwei Reihen hergeleitet, von denen die erste (Abb. 132, Fig. I—VI) dadurch ausgezeichnet war, daß, abgesehen von Fig. III, an jedem Sympodialglied zwei Blätter hervorgebracht werden ehe Blütenbildung erfolgt. Wir haben sie als Vorblätter bezeichnet. In der anderen Reihe sind dagegen solche Sproßachsen vorherrschend, in denen die Blätter an einem vegetativen Fortsetzungstrieb eine gleichförmige Spirale bilden. Man könnte geneigt sein, generelle Unterschiede zwischen diesen beiden Reihen anzunehmen.

Zunächst sei bemerkt, daß auch bei solchen Arten, bei denen mehrere Blattorgane an einem Fortsetzungstrieb gebildet werden, verschiedentlich Vorblätter zu beobachten sind. So ist z. B. bei *Browallia demissa* L. (vgl. Abb. 129, Figg. I—III) zu erkennen, daß der Größenunterschied (das Plastochron) zwischen den beiden ältesten Blattorganen (a und b) geringer ist als zwischen der zweiten (b) und der dritten (c) Blattanlage.

Es ergibt sich nun die Frage, ob andererseits bei jenen Arten, die nur zwei Blattorgane an einem Sympodialglied hervorbringen, deren transversale Stellung stets gewahrt ist. Ist dies nicht der Fall, so sehen wir auch darin einen Hinweis, daß beide Reihen (Abb. 132) phylogenetisch keineswegs zu trennen sind. Anderseits wird damit aber auch beleuchtet, wie schwierig die Aufstellung von Entwicklungsreihen wird, sobald wir eine Ableitung auf möglichst viele Merkmale stützen.

Zunächst sei auf *Physalis peruvianum* L. (Abb. 32) und *Datura candida* (Pers.) Saff. (Abb. 68, Fig. II) hingewiesen. Die beiden ersten Blattorgane stehen einander streng opponiert. Die Blattbildung sistiert nach Ausgliederung von α und β eine Zeitlang. Gleiches beobachten wir, wenn wir die jüngsten Entwicklungsstadien von *Solanum nigrum* L. (Abb. 56, Fig. II) und *Saracha edulis* (Schlechtd.) Thell. (Abb. 34) betrachten.

Anders liegen dagegen die Verhältnisse z. B. bei *Petunia axillaris* (Lam.) B.S.P. (Abb. 110, Fig. I—IV). Hier folgt auf die Anlegung des zweiten Vorblattes, das wir aus Übersichtsgründen mit β_1 bezeichnet haben, unmittelbar die Hervorwölbung der ersten Kelchblattanlage (K_1). Alle drei Primordien ordnen sich dabei in eine gleichförmige Spirale ein.

Es lassen sich noch mehr solcher Beispiele anführen, u. a. *Nolana paradoxa* L., *Atropa bella-donna* L. Bei all diesen Arten liegt also eine kontinuierliche Entstehungsfolge der Blattorgane der vegetativen und der reproduktiven Region vor. Mit Laubblättern haben die beiden Blattorgane des Fortsetzungstriebes in der Gattung *Petunia* Juss. die $^2/_5$-Stellung gemeinsam, mit Vorblättern die Entfaltung in gleicher Höhe.

Streng genommen, handelt es sich demnach bei *Petunia* Juss. an den Fortsetzungstrieben gar nicht um Vorblätter, sondern um Laubblätter.

An der erwachsenen Pflanze läßt sich die ursprüngliche Stellung der beiden ältesten Blattorgane bei solchen Arten, die nur zwei Assimilationsorgane an einem Sympodialglied entwickeln, ohne Kenntnis der Verhältnisse am Vegetationskegel kaum nachweisen. Im allgemeinen sind nämlich die Triebe durch eine plagiotrope oder hemitrope Wuchsrichtung ausgezeichnet; dabei ändern sich die Lageverhältnisse der Blätter insofern, als stets die Spreite senkrecht zum einfallenden Licht ausgebreitet wird.

d) Die wickeligen Blütenstände der Solanaceen

Was die Bildung cymöser Infloreszenzen in unserer Familie anbelangt, so ist hervorzuheben, daß rein dichasiale Verzweigungen auf solche Arten beschränkt sind, in denen die Vorblätter Laubblattcharakter aufweisen (*Physalis* L., *Datura* L.). Einschränkend ist aber hervorzuheben, daß jener Trieb, der einer Endblüte am nächsten steht, in allen beobachteten Fällen der kräftigere ist. Wahrscheinlich sind solche Unterschiede in allen Verwandtschaftskreisen, denen disperse Beblätterung eigen ist, zu beobachten. Dichasien, bei denen beide Triebe zur gleichen Zeit dieselbe Entwicklungshöhe aufweisen, sind unserer Meinung nach nur in solchen Gruppen zu erwarten, in denen dekussierte Blattstellung vorliegt.

Bei Solanaceen kann man feststellen, daß an Dichasien während der Individualentwicklung in mehr oder weniger starkem Umfange allmählich eine monochasiale Tendenz auftritt. Dies sowohl bei solchen Arten, bei denen die Vorblätter laubblattartig sind (*Atropa bella-donna* L., Abb. 18 und 19; *Physalis peruviana*, Abb. 30 und 32), als auch, wie wir am Beispiel verschiedener *Nicotiana*-Arten gesehen haben, bei solchen, in denen ein Blütenstand die Gesamtentwicklung abschließt. Hier werden alle Blütentragblätter zu Hochblättern.

Die Akrotonie in der Seitensproßbildung kann hier soweit gehen, daß nur noch jener Sproß sich entfaltet, der der Endblüte benachbart ist. Von den beiden Vorblättern eines Sympodialgliedes bringt also nur noch das β-Vorblatt eine Achselknospe zur Ausbildung, den Fortsetzungstrieb. Die Reduktion kann soweit fortschreiten, daß ein Seitensproß in der Achsel des α-Vorblattes nicht einmal mehr zur Anlegung gelangt (*Schizanthus pinnatus* Ruiz et Pav., Abb. 115, Fig. III).

Als weiterer Schritt in dieser Reduktionsreihe wäre das völlige Fehlen des α-Vorblattes selbst zu nennen (*Nicandra* Adans., Abb. 11; *Hyoscyamus* L., Abb. 25; *Schwenkia* L., Abb. 126; *Nicotiana* L., Abb. 90). Erwähnenswert ist, daß in diesen Gattungen an Seitensprossen niederer Ordnung bisweilen noch 2 Vorblätter auftreten können.

Als Endglied sind schließlich solche Formen zu betrachten, bei denen auch das β-Vorblatt nicht mehr zur Ausbildung gelangt. Derartige Infloreszenzen sind für die Gattungen *Lycopersicon* Mill. (Abb. 7), *Solanum* L. (Abb. 39), *Cyphomandra* Sendt. (Abb. 59), *Brachistus* Miers (Abb. 37), *Withania* Pauq. (Abb. 29), *Bassovia* Aubl. u. a. charakteristisch. Eine Übergangsstellung nimmt *Browallia demissa* L. ein (Abb. 129), hier bleiben die Vorblätter erst an Aufzweigungen höheren Grades aus.

Nicht nur zwischen Dichasien und tragblattlosen Wickelästen vermitteln Übergangsformen, auch für solche Infloreszenzen lassen sich Vorstufen nachweisen, in denen der cymöse Aufbau eines Blütenstandes nicht mehr ohne Schwierigkeiten erkennbar ist.

In unserer Familie betrifft das besonders die Gattung *Hyoscyamus* L. Zunächst ist hier bemerkenswert, daß an jedem Sympodialglied ein laubblattartiges Vorblatt zur Entfaltung kommt. Die pseudomonopodiale Entwicklung läuft also nicht paralell mit der Einschränkung der Zahl der Vorblätter an einem Sproßabschnitt.

Vergleichen wir z. B. die Gattungen *Hyoscyamus* L. und *Nicandra* Adans. miteinander, so ist in der Zusammensetzung der Sproßachse grundsätzlich eine Übereinstimmung festzustellen. Stellen wir dagegen die jüngsten Entwicklungsstadien nebeneinander, so fallen einige bemerkenswerte Unterschiede auf. Bei *Hyoscyamus niger* L. (Abb. 25, Fig. I) folgen die einzelnen Blüten sehr rasch aufeinander. Dies kann man aus der wenig verschiedenen Organisationshöhe der einzelnen Blütenanlagen entnehmen. Stellen wir diesem Vegetationskegel die Abb. 11, Fig. I zur Seite [*Nicandra physaloides* (L.) Gaertn.] so ist zu bemerken, daß nacheinander erscheinende Blüten bedeutend stärker in der Größe differieren, was bedeutet, daß sie in größeren Zeitabständen gebildet werden.

Während bei dieser Art die monochasiale Achse annähernd geradlinig verläuft, krümmt sie sich in der Gattung *Hyoscyamus* L., bedingt durch die rasche Aufeinanderfolge der einzelnen Forsetzungstriebe, in die Richtung, in der die Knospen gebildet werden, ein. Eine vermittelnde Stellung zwischen beiden wickelartigen Infloreszenzformen nimmt übrigens die Blütenstandsachse von *Cyphomandra betacea* (Cav.) Sendt. ein (Abb. 59, Fig. III). Dies sowohl in der Anlegungsfolge der Blüten als auch in der Wuchsrichtung der Wickelachse.

ZUSAMMENFASSUNG

1. Führt man morphologisch-entwicklungsgeschichtliche Untersuchungen innerhalb natürlicher Gruppen durch, so hat man eine besser gesicherte Vergleichsgrundlage als wenn nicht verwandte Sippen miteinander in Beziehung gesetzt werden. Auf diese Weise ist die Möglichkeit gegeben, ursprüngliche und abgeleitete Strukturen zu erkennen, deren Beurteilung allerdings subjektiv sein kann. Bei mehreren Sippen angewandt, werden sich Gruppencharaktere herausarbeiten lassen, die geeignet sind, Verwandtschaftskreise zu kennzeichnen und zu umgrenzen.

2. Wir untersuchten die Verzweigung im reproduktiven Bereich der Solanaceen. Dabei sind wir von den Gattungen ausgegangen, wie sie in den „Natürlichen Pflanzenfamilien" niedergelegt sind. Es werden einige morphologische Beziehungen aufgezeigt, die einzelne Arten innerhalb eines Genus untereinander aufweisen. Soweit es möglich war, haben wir unsere Aussagen durch entwicklungsgeschichtliche Untersuchungen fundiert. Dabei ergab sich, daß trotz habitueller Ähnlichkeit bisweilen Unterschiede in der Art der Anlegung zu beobachten waren.

3. In der Variation der Ramifikation verhalten sich die einzelnen Genera recht verschieden:

   1. Die Verzweigung kann innerhalb einer Gattung ± gleich sein.
   2. Die Wuchsformen lassen sich unschwer voneinander ableiten.
   3. Einzelne Arten oder Artengruppen nehmen eine isolierte Stellung ein.

4. Die Form der Verzweigung sowie deren Variationsbreite ist in den weitaus meisten Fällen ein wertvolles Gattungsmerkmal. Es wird begründet, weshalb es nicht zweckmäßig ist, die Sproßentwicklung zur Gruppenbildung oberhalb der Rangstufe einer Gattung heranzuziehen.

5. Es wird geprüft, welche Verzweigungsformen als ursprünglich und welche als abgeleitet anzusehen sind. Kriterien für diese Beurteilung ergeben sich aus der Anlegungsfolge der Seitensprosse am Vegetationskegel. Als einfach organisiert betrachten wir solche Formen, bei denen die zuerst angelegte Seitenknospe auch an der erwachsenen Pflanze das Erscheinungsbild bestimmt. Es wird aufgezeigt welche anderen Verzweigungsformen sich daraus herleiten lassen. Wir versuchen unsere Beurteilung durch die Ergebnisse der ontogenetischen Untersuchungen zu begründen.

6. Kommt es zur Ausbildung von Vorblättern, so wird nach Anlegung der beiden ersten Primordien ein größeres Plastochron eingeschaltet ehe die Bildung weiterer Blätter wieder kontinuierlich fortgesetzt wird. Unterbleibt diese Unterbrechung in der Anlegungsfolge, verläuft die Blattspirale über die gesamte Sproßachse regelmäßig.

7. Berücksichtigt man bei Beurteilung morphologischer Besonderheiten verwandte Arten, so werden sich begrifflich schwer faßbare Strukturen als Glieder einer Reihe darstellen lassen. Unter diesem Gesichtspunkt werden verschiedene Formen der Wickelbildung miteinander in Verbindung gebracht.

Auf Grund unserer Untersuchungen läßt sich die Verzweigung innerhalb der einzelnen Gattungen folgendermaßen charakterisieren.

Nicandra Adans.

Die Sproßachse ist ein Monochasium. An jedem Sympodialglied werden ein laubblattartiges Vorblatt und eine Endblüte gebildet (seltener zwei Vorblätter). Jeder Fortsetzungstrieb geht mit dem dazugehörigen Tragblatt eine rekauleszente Verwachsung ein. Beiknospen in den Achseln der Vorblätter.

Grabowskia Schlechtd.

1. Blüten in rispenähnlichen Infloreszenzen, deren Teilblütenstände wickeligen Charakter besitzen. Vegetative Triebe gehen allmählich in reproduktive über.

2. Wenigblütige wickelige Infloreszenzen an Sproßdornen in den Achseln der Vorblätter, an beblätterten Seitentrieben in den Achseln der Laubblätter und offenbar auch endständig.

3. An Sproßdornen (Seitensprosse II. Ordnung) Einzelblüten in den Achseln von Vorblättern. Morphologische Beziehungen konnten in der Verzweigung nicht festgestellt werden.

Lycium L.

1. Die Sproßachse ist sowohl an Lang- als auch an Kurztrieben monochasial zusammengesetzt. An jedem Sympodialglied zwei laubblattartige Vorblätter und eine Endblüte. Sproßfortsetzung aus der Achsel des jüngeren Vorblattes. An Langtrieben ist das Hypopodium jeweils gestreckt. Das Tragblatt des Fortsetzungstriebes verwächst mit letzterem rekauleszent.

2. Unterhalb der Endblüte können an einem vegetativen Fortsetzungstrieb weitere Blüten gebildet werden, die wickelig angeordnet sind.

Dunalia H.B.K.

1. Im reproduktiven Bereich ist die Sproßachse ein Monochasium. Jedes Sympodialglied entwickelt zwei laubblattartige Vorblätter und endet mit einer wickeligen oder doppelwickeligen Infloreszenz, deren Achse gestaucht bleibt. Das Tragblatt des vegetativen Fortsetzungstriebes entfaltet sich am Tochtersproß in Höhe von dessen Endblüte.

2. Einzelblüten endständig an Kurztrieben II. Ordnung (bezogen auf den vorausgegangenen Langtrieb).

Unmittelbare morphologische Beziehungen existieren zwischen beiden Gruppen nicht.

Acnistus Schott

Die vegetative Achse endet mit einer 3—5-blütigen Wickel. In den Achseln der dicht aufeinanderfolgenden letzten Laubblätter bilden sich ebenfalls cymöse Blütenstände. Die Achse der Infloreszenzen bleibt gestaucht.

Jochroma Benth.

Die vegetative Achse ist in der reproduktiven Zone sympodial zusammengesetzt. Zwischen zwei Blütenständen (Wickel) sind 2—4 Laubblätter eingeschaltet.

Aus den Gattungen *Poecilochroma* Miers und *Phrodus* Miers sind uns einzelne Arten nur durch Abbildungen bekannt geworden, so daß die beschriebenen Verzweigungsformen nur als Mutmaßung gewertet werden können.

Latua Phil.

Einzelblüten endständig an Kurztrieben. In allen beobachteten Fällen waren letztere Seitensprosse II. Ordnung (bezogen auf einen vorausgegangenen Langtrieb).

Hebecladus Miers

Die Sproßachse ist ein Monochasium. An jedem Sympodialglied zwei Vorblätter und ein endständiger Blütenstand, der aus 2—3 Blüten besteht, seltener Einzelblüten. Hypo- und Epipodium gestreckt. Das Tragblatt eines jeden Fortsetzungstriebes wird bis in Höhe von dessen erstem Vorblatt hochgeführt.

Margaranthus Schlechtd.

Die Verzweigung ist zunächst dichasial, später monochasial. An jedem Sympodialglied entstehen zwei laubblattartige Vorblätter und eine Endblüte. Tragblatt und erstes Vorblatt eines Triebes entfalten sich in gleicher Höhe.

Atropa L.

Die Sproßachse ist monochasial zusammengesetzt. An jedem Trieb werden zwei Laubblätter und eine Endblüte gebildet. Der Fortsetzungssproß geht mit seinem Tragblatt eine rekauleszente Verwachsung eine. Anisophyllie.

Cacabus Bernh.

C. mexicana Wats. verzweigt sich wie die Arten der Gattung *Physalis* L.

Triguera Cav.

Jeder Fortsetzungstrieb der sympodial zusammengesetzten Sproßachse bildet zwei Laubblätter, die in verschiedener Höhe an der Mutterachse erscheinen und eine zwei-blütige Infloreszenz aus.

Scopolia Jacq.

Die erste Verzweigung ist di- oder trichasial, dann streng monochasial. Jedes Sympodialglied bringt neben der Endblüte zwei Vorblätter hervor, von denen das jüngere den Fortsetzungstrieb ausbildet und sich an diesem dort entfaltet, wo auch das ältere Vorblatt des Tochtersprosses inseriert.

Physochlaina G. Don

Blüten in abschließenden Tri- oder Pleiochasien. Partialinfloreszenzen wickelig, deren Achse gestaucht. An jedem Sympodialglied neben der Endblüte zwei schuppenartige Vorblätter. Gamoprophyllie aufeinanderfolgender Sproßgenerationen.

In dieser Gattung kommen daneben Blütenstände vor, die weit lockerer sind. Inwieweit eine Übereinstimmung in der Zusammensetzung vorliegt, bleibt zu prüfen.

Przewalskia Maxim.

Die Sproßachse ist ein Monochasium. Zwei Laubblätter und eine Endblüte kennzeichnen jeden Fortsetzungstrieb. Letzter geht jeweils mit dem dazugehörigen Tragblatt eine rekauleszente Verwachsung ein.

Hyoscyamus L.

Die Achse ist ein Monochasium. Neben der Endblüte wird an jedem Sympodialglied nur ein laubblattähnliches Vorblatt gebildet, das als Tragblatt des Fortsetzungstriebes von diesem hochgeführt wird und sich in Höhe von dessen Endblüte entfaltet.

Chamaesaracha A. Gray

Die Zentralachse verzweigt sich monochasial. An einem Trieb erscheinen zwei Vorblätter und eine Endblüte. Zwei Vorblätter aufeinanderfolgender Sproßgenerationen sind miteinander gepaart.

Withania Pauq.

1. Jede Sproßgeneration der sympodial zusammengesetzten Sproßachse besteht aus zwei Vorblättern und einem endständigen wickeligen Blütenstand. Das Tragblatt des Fortsetzungstriebes entfaltet sich dort, wo auch dessen älteres Vorblatt zur Ausbildung kommt. Anisophyllie.

2. An jedem Sproßglied werden mehrere Laubblätter und eine endständige Einzelblüte hervorgebracht.

Physialis L.

Die Verzweigung ist zunächst dichasial, später monochasial. An jedem Sproßglied entwickeln sich zwei Vorblätter und eine endständige Blüte. Alle Triebe, deren Hypopodium gestreckt ist, gehen mit dem Mutterblatt eine rekauleszente Verwachsung ein.

Saracha Ruiz et Pav.

Monochasiale Verzweigung. An jedem Sympodialglied entfalten sich zwei Vorblätter, die verschiedenen Sproßgenerationen angehören. Der abschließende Blütenstand ist ein wenigblütiges Dichasium. Seitenblütenanlagen erscheinen erst nach Hervorwölbung des vegetativen Fortsetzungstriebes.

Capsicum L.

Die Sproßachse verzweigt sich zunächst di- später monochasial. Jeder Trieb bringt zwei Vorblätter und eine Endblüte hervor, seltener werden daneben einige weitere Blüten entwickelt, die tragblattlos entstehen. Überall dort, wo das Hypopodium gestreckt ist, geht der Trieb mit dem dazugehörigen Tragblatt eine rekauleszente Verwachsung ein.

Brachistus Miers

Die vegetative Achse in der reproduktiven Region ist ein Monochasium. Jedes Sproßglied bringt zwei Vorblätter hervor und endet

1. mit Einzelblüten
2. mit einfachen wickeligen Infloreszenzen
3. mit Tetrachasien.

Zwei Vorblätter aufeinanderfolgender Sproßglieder sind miteinander gepaart.

Bassovia Aubl.

Jedes Sympodialglied der monochasialen (seltener zunächst dichasialen) Sproßachse bildet zwei Vorblätter und endet mit einer cymösen Infloreszenz. Das Tragblatt eines Fortsetzungstriebes entfaltet sich dort, wo auch dessen älteres Vorblatt inseriert. Bisweilen verwächst auch der endständige Blütenstand mit dem Folgesproß konkauleszent. Infloreszenzachse meist gestaucht, seltener verlängert. Einige Arten mit ausgeprägter Anisophyllie.

Solanum L.

1. Die Sproßachse ist sympodial zusammengesetzt. An jedem Fortsetzungstrieb zwei bis mehrere Laubblätter und ein wickeliger, doppelwickeliger oder pleiochasialer Blütenstand. Im letzteren Falle im allgemeinen eine größere Zahl Laubblätter an jedem Sympodialglied.

Kommen mehr als eine Partialinfloreszenz zur Anlegung, entstehen sie in akropetaler Folge. Bisweilen Ausbildung des Tragblattes der am weitesten basal stehenden Wickel [Sect. *Tuberarium* (Dun.) Bitt.]. Werden nur zwei Laubblätter an einem Sympodialglied hervorgebracht, sind sie nicht selten gepaart. Die in gleicher Höhe entfalteten Blätter gehören verschiedenen Generationen an (Rekauleszenz). Bisweilen auch konkauleszente Verwachsung zwischen Endinfloreszenz und Fortsetzungstrieb [Sect. *Morella* (Dun.) Bitt.].

2. An jedem Sympodialglied ein Niederblatt, ein Laubblatt und eine abschließende Einzelblüte. Eine konkauleszente Verwachsung findet nicht statt (*S. violifolium* Schott).

Lycopersicon Mill.

Die Achse ist ein Monochasium. Nach Ausbildung von drei Laubblättern schließt ein Sympodialglied mit einem cymösen Blütenstand ab. Wickel, Doppelwickel, seltener Mehrfachwickel. Partialinfloreszenzen entstehen in akropetaler Folge. Fortsetzungstrieb und Tragblatt gehen eine rekauleszente Verwachsung ein. Bisweilen Ausbildung von Beiknospen innerhalb der Infloreszenz.

Cyphomandra Sendtn.

An jedem Sproßglied der monochasialen Achse meist drei Laubblätter und ein abschließender dichasialer oder trichasialer Blütenstand. Die Teilblütenstände werden akropetal angelegt. Jeder Folgesproß verwächst rekauleszent mit seinem Tragblatt.

Salpichroa Miers

Verzweigung zunächst di-, später monochasial. Zwei Vorblätter und eine Endblüte an jedem Sympodialglied. Alle Triebe, deren Hypopodium gestreckt ist, gehen mit dem Tragblatt eine rekauleszente Verwachsung ein.

Nectouxia H.B.K.

Ramifikation wie bei *Salpichroa* Miers.

Jaborosa Juss.

Verzweigung wie bei *Trechonaetes* Miers (sequ.).

Trechonaetes Miers

Die Sproßachse ist ein Monochasium. An jedem Sympodialglied zwei laubblattartige Vorblätter, ein Laubblatt, ein Hochblatt, eine abschließende Endblüte und ein pleiochasialer Blütenstand, der aus der Achsel des Hochblattes hervorgeht. Nur das Hypopodium ist an jedem Fortsetzungstrieb gestreckt; dessen Tragblatt ist jeweils das Laubblatt. Es geht mit dem Achselsproß eine rekauleszente Verwachsung ein und entfaltet sich in Höhe von dessen Vorblättern.

Mandragora L.

Mit abschließendem Blütenstand. Unterhalb der Endblüte in basipetaler Folge Ausbildung von dichasialen Partialinfloreszenzen, im Basalbereich häufig Trichasien, seltener nur Einzelblüten. Tragblätter vorhanden.

Datura L.

Dichasien, die bald in Monochasien übergehen. An jedem Trieb zwei Vorblätter und eine endständige Blüte. Überall dort, wo das Hypopodium gestreckt ist, geht oder Folgesproß mit dem Stützblatt eine rekauleszente Verwachsung ein.

Markea Rich.

Die Sproßachse ist sympodial zusammengesetzt. An jedem Fortsetzungstrieb mehrere Laubblätter und ein abschließender wickeliger Blütenstand.

Cestrum L.

1. Endständige di- bis pleiochasiale Blütenstände. Die darunter befindlichen vegetativen Triebe gehen allmählich in Partialinfloreszenzen über.
2. Ährige bis traubige Blütenstände in den Achseln von Laubblättern.
3. Einzelblüten in den Achseln von Laub- und Hochblättern.

Coeloneurum Radlk.

Monochasiale Verzweigung. An jedem Fortsetzungstrieb zunächst zwei Vorblätter, später nur eines und eine Endblüte. Das Tragblatt rückt am Tochtersproß bis in Höhe der Blüte hoch.

Sessea Ruiz et Pav.

Mit abschließendem pleiochasialen Blütenstand. Die am weitesten basal sich entwickelnden Teilinfloreszenzen weisen noch Anklänge an die vegetative Region auf.

Metternichia Mikan

Die Sproßachse ist sympodial zusammengesetzt oder schließt mit einem rispenartigen Blütenstand ab, dessen Partialinfloreszenzen cymös sind. In ersterem Falle an jedem Fortsetzungstrieb mehrere Laubblätter, der Blütenstand ist zusammengesetzt.

Sclerophylax Miers

Die Sproßachse ist monochasial. An jedem Trieb werden zwei Blattorgane und eine wenigblütige wickelige Infloreszenz gebildet. Der Fortsetzungssproß geht mit seinem Tragblatt eine rekauleszente Verwachsung ein.

Fabiana Ruiz et Pav.

Sympodienbildung. Jeder Trieb entwickelt eine größere Anzahl Blattorgane und endet mit einer Einzelblüte.

Vestia Willd.

Die Sproßachse ist sympodial zusammengesetzt. An jedem Fortsetzungstrieb zunächst mehrere Laubblätter und eine Endblüte. Mit zunehmender Verzweigung wird die Zahl der Blattorgane ständig geringer, so daß schließlich eine Fortsetzung nicht mehr möglich ist.

Nicotiana L.

1. Zentralachse monochasial zusammengesetzt. An jedem Sympodialglied zwei laubblatt- oder hochblattartige Vorblätter und eine Endblüte, seltener nur ein Vorblatt. Fortsetzungstriebe aus den Achseln der jüngeren Vorblätter. Sehr häufig seitenständige Sprosse, die von den jeweils älteren Vorblättern hervorgebracht werden, sowie als Beiknospen der Tragblätter der Fortsetzungstriebe. Konkauleszenz und Rekauleszenz.
2. Unterhalb der Endblüte können mehrere Partialinfloreszenzen zur Ausbildung kommen. Sie entstehen akropetal und sind in der oben beschriebenen Weise zusammengesetzt. Bei einjährigen Arten wird die Gesamtentwicklung der Pflanze durch einen solchen Blütenstand abgeschlossen, bei mehrjährigen Arten erfolgt eine vegetative Fortsetzung.

3. Blütenstände wickelig, wie unter 1 beschrieben. Unterhalb der Infloreszenz ein vegetativer Fortsetzungstrieb, der nach Ausbildung einiger Laubblätter wiederum mit einer Infloreszenz abschließt.

Petunia Juss.

Die Achse ist ein Sympodium. Jede Triebgeneration mit zwei laubblattartigen Vorblättern, die sich in gleicher Höhe entfalten und einer Endblüte. Sproßfortsetzung aus der Achsel des jüngeren Vorblattes.

Nierembergia Ruiz et Pav.

Sympodienbildung. Jeder Fortsetzungstrieb zunächst mit mehreren Laubblättern und einer Endblüte. Mit zunehmender Verzweigung wird die Zahl der Laubblätter ständig geringer.

Salpiglossis Ruiz et Pav.

1. Der Blütenstand ist eine dichasiale Infloreszenz, in der die der Endblüte genäherte Wickel die kräftigere ist. An jedem Sympodialglied zwei Vorblätter (Hochblätter), die sich in verschiedener Höhe entfalten und eine Endblüte.

2. An die Stelle von Hochblättern können Laubblätter treten.

3. Aus der Achsel des vorletzten Blattes unterhalb der Endblüte erscheint statt einer wickeligen Partialinfloreszenz jeweils ein Seitensproß, der erst nach Ausbildung mehrerer Laubblätter mit einer Blüte abschließt.

4. Beide Seitensprosse unterhalb der Endblüte entwickeln mehrere Laubblätter, ehe sie mit einer Blüte abschließen.

Schizanthus Ruiz et Pav.

Synfloreszenzachse sympodial zusammengesetzt. Jede Sproßgeneration besteht aus zwei hochblattartigen Vorblättern und einer endständigen Blüte. Das jüngere Vorblatt bringt einen wickeligen Teilblütenstand hervor, das ältere setzt die monochasiale Hauptachse fort. Nur innerhalb der cymösen Partialinfloreszenz sind die Vorblätter aufeinanderfolgender Sympodialglieder miteinander gepaart.

Anthocercis Labill.

1. Einzelblüten, seltener wenigblütige cymöse Partialinfloreszenzen in den Achseln von Laubblättern.

2. Blüten an beblätterten Kurztrieben, endständig und in den Achseln der obersten Laubblätter.

3. Synfloreszenzen. An Seitensprossen I. Ordnung in den Achseln von Hochblättern offenbar wickelige Partialinfloreszenzen.

Duboisia R. Br.

Synfloreszenzen. Im Basalbereich an Seitentrieben I. Ordnung in den Achseln von Hochblättern wickelige Teilblütenstände. In der oberen Region ebensolche Partialinfloreszenzen als unmittelbare Seitensprosse.

Schwenkia L.

1. Monochasial zusammengesetzte Endinfloreszenz. Jedes Sympodialglied mit einem Vorblatt und der abschließenden Endblüte. Beisprosse.

2. Synfloreszenzen. Mehrere Seitensprosse unterhalb der Endblüte verhalten sich wie der unter 1 beschriebene Fortsetzungstrieb unterhalb der Endblüte.

3. Wie 1, aber an jeder Sproßgeneration zwei Vorblätter und unterhalb jeder Endblüte eine tragblattlos angelegte Seitenblüte.

Browallia L.

1. Sympodienbildung. Jede Sproßgeneration mit mehreren Laubblättern, deren Zahl mit fortschreitender Verzweigung ständig abnimmt und einem lockeren wickeligen Blütenstand; jedes Sympodialglied hier aus einem laubblattartigen Vorblatt (bisweilen fehlend) und einer Endblüte bestehend. Die vegetative Fortsetzung erfolgt aus der Achsel des vorletzten Laubblattes.

2. Sympodienbildung. Jede Sproßgeneration aus zwei laubblattartigen Vorblättern und einer Endblüte. Die Vorblätter aufeinanderfolgender Sympodialglieder sind miteinander gepaart.

Streptosolen Miers

Mit wickelartigen Endinfloreszenzen. Ebensolche Blütenstände abschließend an Seitentrieben aus den Achseln der obersten Laubblätter. Sie tragen hier aber zunächst vegetativen Charakter.

Brunfelsia Sw.

Die Sproßachse ist monochasial zusammengesetzt. An jedem Sympodialglied mehrere Laubblätter und eine Endblüte oder eine wenigblütige wickelige Infloreszenz.

LITERATUR

BAEHNI, Ch. (1946): L'ouverture du bouton chez les fleurs des Solanées. Candollea X (1943—46) 399.

BAILLON, H. E. (1886): Histoire des plantes IX, 326, Paris.

BARKLEY, F. A. (1953): „*Lycium*" in Argentina. Lilloa XXVI, 177.

BENTHAM, G. (1835): Scrophularinearum revisio. Lindley Bot. Register (n. v.).

BENTHAM, G. (1846): Srophulariaceae in DC., Prodr. X; Paris.

BENTHAM, G. (1869): Flora austr. IV, 178.

BENTHAM, G. und HOOKER, J. D. (1876): Genera plantarum II/2, 882, London.

BERNARD, C. (1952): The Duboisias of Australia. Economic Botany VI, 3—17.

BERTOLONI, A. (1835): Commentarius de Mandragoris. Bononiae.

BITTER, G. (1919): Solana nova vel minus cognita XVI. Rep. spec. nov. XV, 93.

BITTER, G. (1920): Die Gattung *Lycianthes*. Abhandl. Nat. Ver. Bremen XXIV, 293.

BITTER, G. (1921): Eine verkannte *Hebecladus*-Art und ihre Bedeutung für die Stellung der Gattung in der Tribus der *Solaneae*. Rep. spec. nov. XVII, 246.

BITTER, G. (1921a): Zur Gattung *Cacabus* Bernh. Rep. spec. nov. XVII, 243.

BITTER, G. (1921b): Zur Gliederung der Gattung *Saracha* und zur Kenntnis einiger ihrer bemerkenswerten Arten I. Rep. spec. nov. XVII, 338.

BITTER, G. (1921c): Aufteilung der Gattung *Bassovia* (im Dunalschen Sinne) zwischen *Solanum, Capsicum* und *Lycianthes*. Rep. spec. nov. XVII, 328.

BITTER, G. (1921d): *Cyphomandra dolichocarpa* Bitt. nov. spec. Rep. spec. nov. XVII, 327; Additamenta ad Genus Cyphomandram I, l. c. 346.

BITTER, G. (1922): Zur Gliederung der Gattung *Saracha* und zur Kenntnis einiger ihrer bemerkenswerten Arten II. Rep. spec. nov. XVIII, 99.

BITTER, G. (1922a): Ein neues *Capsicum* aus der Sektion *Decameris*. Rep. spec. nov. XVIII, 126.

BITTER, G. (1922b): Zur Gattung *Sessea*. Rep. spec. nov. XVIII, 199.

BITTER, G. (1924): Weitere Untersuchungen über *Hebecladus* I. Rep. spec. nov. XX, 372.

BITTER, G. (1924a): Zur Gliederung der Gattung *Saracha* und zur Kenntnis einiger ihrer bemerkenswerten Arten III. Rep. spec. nov. XIX, 265.

BITTER, G. (1924b): Zur Gliederung der Gattung *Saracha* und zur Kenntnis einiger ihrer bemerkenswerten Arten IV. Rep. spec. nov. XX, 362.

BITTER, G. (1924c): *Capsicum guatemalense* Bitt. nov. spec. Rep. spec. nov. XX, 377.

BÖRNER, C. (1912): *Solanopsis* Börn. Abh. Nat. Ver. Bremen XXI, 282.

BOUQUET, A. G. B. (1932): An analysis of the charakters of the inflorescence and the fruiting habit of some varieties of greenhouse tomatoes. N.Y. (Cornell) Agric. Exp. Sta. Mem. 139, 42 pp.

BRAVAIS, M. M. L. und A. (1837/1838): Essai sur las disposition symmetrique des inflorescences. Ann. sc. nat., II, sér., VII u. VIII, 193 ff.

BRITTON, N. L. (1892): Ann. N.Y. Acad. sci. VII, 180.

BRONGNIART, A. T. (1843): Enumeration des genres de plantes, 58. Paris.

BROWN, R. (1810): Prodromus florae Novae Hollandiae et insulae Van-Diemen, 125. London.

CALDWELL, J. (1930): A note on the dichotomous branching of the main stem of the Tomato (*L. esculentum*). Ann. Bot. XLIV, 495.

DE CANDOLLE, A. P. (1827): Organographie végétale I, 426. Paris.

CAUVET, D. (1864): Des Solanées. Strasbourg.

CHAUDAT, P. (1916): Bull. Soc. Bot. Genève, Sér. 2, VIII, 128.

CLOS, M. D. (1855): Generalité du phénomène de partition dans les plantes. Bull. Soc. bot. fr. II, 499. Dédoublement et Partition, 1. c. III (1856) 608. Nouvel aperçu sur la théorie de l'inflorescence, 1. c. VIII (1861) 11.

COOPER, D. C. (1927): Anatomy and development of tomato flower. Bot. Gaz. LXXXIII, 399.

DAMMER, U. (1919): Zwei neue Solanaceen, *Jochroma weberbaueri* und *Cacabus multiflorus* aus Peru. Rep. spec. nov. XV, 266.

DANERT, S. (1955): Ein Beitrag zur Kenntnis der Gattung *Datura* L. Feddes Repert. LVII, 231.

DANERT, S. (1957): Über den Sproßaufbau und die Blattentwicklung bei der Kartoffel. Der Züchter XXVII, 22.

DON, G. (1838): A general History of the Dichlamydeous plants, vol. IV, 398. London.

DUNAL, F. (1852): Solanaceae in DC., Prodr. XIII/2. Paris.

ENDLICHER, S. (1841): Enchiridion Botanicum, 330, 326. Leipzig.

EICHLER, A. W. (1875): Blütendiagramme, Bd. I, 35, 199. Leipzig.

FRANCEY, P. (1935—36): Monographie du genre *Cestrum* L. Candollea VI, 46 ff.

FRIES, R. E. (1911): Die Arten der Gattung *Petunia*. Kungl. Svenska Vetensk. Handl. XLVI, 5.

GARDENER, C. A. und BENNETTS, H. W. (1952): Poison plants of western Australia. 1. Pituri. Journ. of Agric. West. Australia I, 3—6.

GOEBEL, K. v. (1880): Über die dorsiventrale Infloreszenz der Boragineen. Flora LXIII, 419.

GOEBEL, K. v. (1881): Über die Verzweigung dorsiventraler Sprosse. Arb. Bot. Inst. Würzburg II, 353.

GOEBEL, K. v. (1898): Organographie der Pflanzen I, ed. 1, Jena.

GOEBEL, K. v. (1928): Organographie der Pflanzen I, ed. 3, Jena.

GOEBEL, K. v. (1931): Blütenbildung und Sproßgestaltung. Jena.

GOODSPEED, TH. H. (1954): The Genus *Nicotiana*. Waltham, Mass.

GOTTSCHALK, W. (1954): Die Chromosomenstruktur der Solanaceen unter Berücksichtigung phylogenetischer Fragestellungen. Chromosoma VI, 539.

HAYWARD, H. E. (1951): The structure of economic plants. New York, 674 pp.

HELM, J. (1951): Vergleichende Betrachtungen über die Entwicklung der Infloreszenz bei *Lycopersicum esculentum* Mill. und bei einer Röntgenmutante. Züchter XXI, 89.

HITCHCOCK, Ch. L. (1932): A monographic Study of the Genus *Lycium* of the Western Hemisphere. Ann. Miss. Bot. Gard. XIX, 179.

HOCHSTETTER, Ch. F. (1850): Über Anwachsungen der Blattstiele oder Blattscheiden, Äste und Blütenstiele verschiedener Pflanzen, mit eingestreuten Bemerkungen über Blattstellung. Flora XXXIII, 177.

HONTSCHICK, A. (1944): Beitrag zur Morphologie der Tomate. Ztschr. f. Pflanzenzüchtg. XXVI, 127.

HUNZIKER, A. T. (1950): Synopsis of the Genus *Capsicum* L. Darwiniana IX, 102.

JOHNSTON, J. M. (1937): A study of the *Nolanaceae*. Proc. Americ. Acad. arts and sc. LXXI, 1.

KRAUS, G. (1871): Über den Aufbau wickeliger Verzweigungen, besonders der Infloreszenzen. Bot. Ztg. XXIX, 119.

KUNTZE, O. (1891): Revisio generum plantarum II, 447.

LAGERHEIM, G. (1895): Monographie der ecuadorianischen Arten der Gattung *Brugmansia* Pers. Englers Bot. Jahrb. XX, 655.

LAMPRECHT, H. (1953): *Petunia axillaris* (Lam.) B.S.P. und ihre Synonyme *P. violacea* Lindl. und *P. inflata* R. Fries, mit Betrachtungen zum konventionellen und naturbedingten Artbegriff. Agri Hortique Genetica XI, 83.

MAKINO, T. (1908): Tokyo Bot. Magaz. XXII, 18.

MAKINO, T. (1955): Illustrated Flora of Japan, ed. 1955. Tokyo.

MIERS, J. E. (1850, 1849—57): Illustrations of south American plants, vol. I u. II. London.
MOLDENKE, H. U. (1943): Nomenclatural Notes II. Boissiera VII, 1.
MÜLLER, W. (1905): Beiträge zur Entwicklungsgeschichte der Infloreszenzen der Boragineen und Solaneen. Flora XCIV, 385.
MULLER, C. H. (1940): A revision of the genus *Lycopersicon*. U.S.-D.A. Misc. Publ. No. 382, 28 pp.
NAEGELI, K. und SCHWENDENER, S. (1867): Das Mikroskop, 604. Leipzig.
NAUDIN, M. Ch. (1842): Etudes sur la vegetation des Solanées, la disposition de leurs feuilles et leurs inflorescences. Compt. Rend. acad. sc. XV/2, 147.
PASCHER, A. (1909): Species novae generis *Physochlainae*. Rep. spec. nov. VII, 166.
PEDERSEN, R. (1873): Hvilken rolle spiller vaextspidsens klovning ved forgreningen hos Blomster-planterne. Bot. Tidsskr. III (2. Folge) 33.
SAFFORD, W. E. (1921): Synopsis of the genus *Datura*. Journ. Wash. Acad. sc. XI, 173.
SCHUMANN, K. (1889): Untersuchungen über das Boragoid. Ber. dt. bot. Ges. VII, 53.
SCHUMANN, K. (1890): Neue Untersuchungen über den Blütenanschluß. Leipzig.
SENDTNER, O. (1846): ‚*Solanaceae*‘ in Martius, Flora brasiliensis X.
SIIM-JENSEN, J. (1901): Beiträge zur botanischen und pharmakognostischen Kenntnis von *Hyoscyamus niger* L. Bibl. Bot. LI.
SLEUMER, H. (1950): Estudios sobre el genero *Dunalia* H.B.K. Lilloa XXIII, 117.
STEENIS, C. G. G. J. van (1930): *Brugmansia* or *Pseudodatura*? Bull. Gard. bot. Buitenzorg, ser. 3, XI, 15.
THIELKE, Ch. (1948): Beiträge zur Entwicklungsgeschichte unifazialer Blätter. Planta XXXVI, 154.
TROLL, W. (1937): Vergleichende Morphologie der höheren Pflanzen. Berlin.
TROLL, W. (1954): Praktische Einführung in die Pflanzenmorphologie 1. Teil. Jena.
VENNING, F. V. (1949): Investigations on the morphology, anatomy and secundary growth in the main axis of Marglobe tomato (*Lycopersicum esculentum*). Amer. Journ. Bot. XXXVI, 559.
VITO, G. (1895): Della ramificazione nelle Solanacee. Bollett. Soc. nat. Napoli, ser. 1, IX, 38.
VOGEL, St. (1954): Blütenbiologische Typen als Grundlage der Sippengliederung. Jena.
WAGNER, R. (1907): Zur Morphologie des Tabaks und einiger anderer *Nicotiana*-Arten. Sitz.ber. Akad. Wissensch. Wien, Math.-nat. Kl. CXVI, 61.
WARMING, E. (1869): Nogle Bemaerkninger om *Scopolia atropoides* og andre Solaneer. Bot. Tidsskr. III, 39.
WARMING, E. (1872): Forgreningsforhold hos Fanerogamerne. Kopenhagen.
WENT, F. W. (1944): Morphological observations on the tomato plant. Bull. Torr. Bot. Cl. LXXI, 77.
WETTSTEIN, R. v. (1891): *Solanaceae* in Engler, A. und Prantl, K. Die natürlichen Pflanzenfamilien IV/3b, 1.
WETTSTEIN, R. v. (1892): Über die Systematik der *Solanaceae*. Sitzber. Zool.-bot. Ges. Wien XLII, 29.
WETTSTEIN, R. v. (1915): Die natürlichen Pflanzenfamilien. Ergänzungsheft III, 272.
WILLKOMM, M. und LANGE, J. (1870): Prodromus florae Hispanicae II, 524.
WITASEK, J. (1931): *Solanaceae*. Denkschr. Akad. Wissensch. Wien, math.-nat. Kl. LXXIX/2, 313.
WYDLER, H. (1843): Über die dichotome Verzweigung der Blütenachsen dicotyledonischer Gewächse. Linnaea XVII, 153.
WYDLER, H. (1844): Morphologische Mitteilungen. Bot. Ztg. II, 689.
WYDLER, H. (1851): Über die symmetrische Verzweigungsweise dichotomer Infloreszenzen. Flora XXXIV, 386.
WYDLER, H. (1857): Über die Blatt- und Blütenstellung von *S. nigrum* und den verwandten Arten. Flora XL, 225.
WYDLER, H. (1859): Morphologische Mitteilungen. Flora XLII, 17.
WYDLER, H. (1861): Kleinere Beiträge zur Kenntnis einheimischer Gewächse. *Solaneae*. Berner Mittheil. Nr. 469,1.
WYDLER, H. (1866): Morphologische Mitteilungen. Flora XLIX, 513.
WYDLER, H. (1871): Berner Mittheil. 281 (n. v.).
ZIJP, van der (1920): Natuurk. Tijdschr. voor Ned. Indie LXXX, 24 (n. v.).

ABBILDUNGEN 1–132

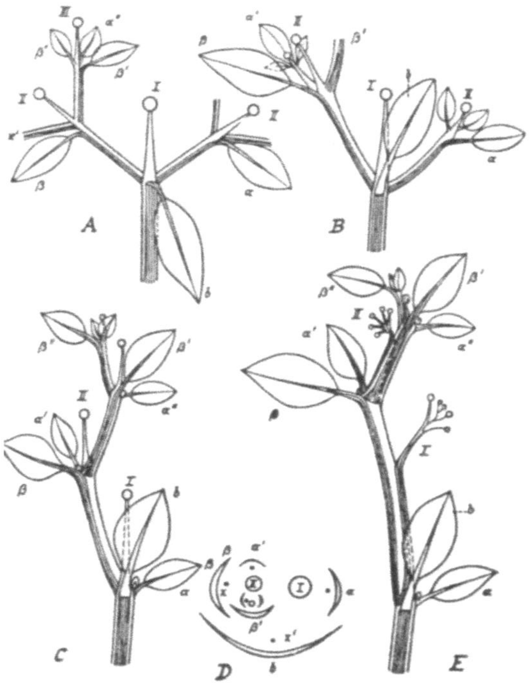

Abb. 1. Eichlers Schema zur Erläuterung der Verzweigungsverhältnisse und der kongenitalen Verwachsungen (nach Eichler 1875)

Abb. 2. *Lycopersicon hirsutum* Humb. et Bonpl. L ist das letzte Laubblatt, I_1 die Endinfloreszenz der Hauptachse. Der Fortsetzungstrieb aus L entwickelt drei Blattorgane (L_{n-2}— L_n) ehe auch er mit einem Blütenstand abschließt

Abb. 3. VENNINGS „Nachweis", daß die Verzweigung bei der Tomate auf eine Dichotomie zurückgehe. Querschnitt durch eine Achse im Bereich einer „Gabelstelle". MF = Infloreszenzachse; MV = Achse des Fortsetzungstriebes. P = Tragblatt der Achselknospe A. (VENNING 1949)

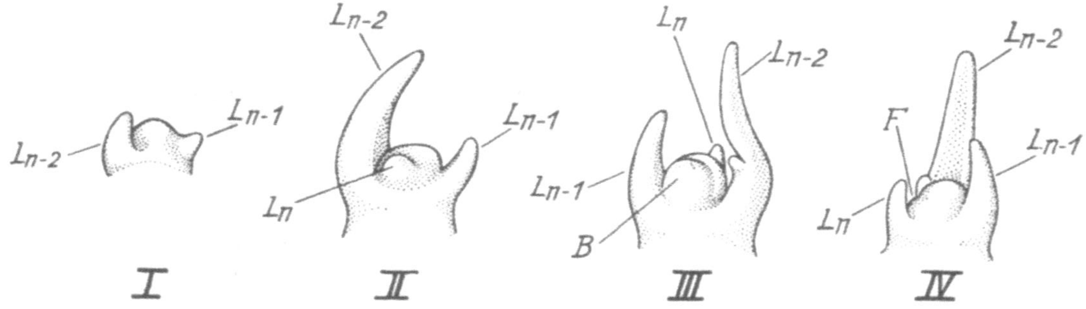

Abb. 4. *Lycopersicon hirsutum* Humb. et Bonpl. Entwicklungsgeschichte eines Sympodialgliedes. L_{n-2} — L_n = Laubblätter, B = Blütensproß, F = vegetativer Fortsetzungstrieb

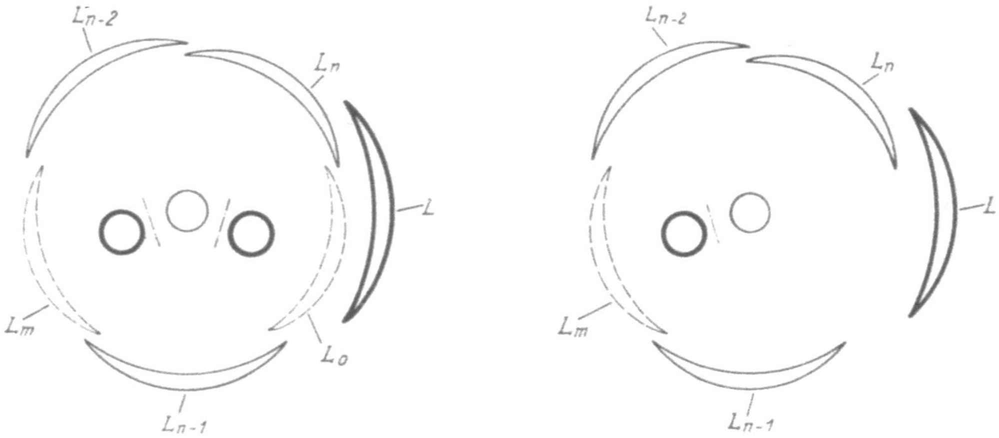

Abb. 6. *Lycopersicon* Mill. Diagramm eines Fortsetzungstriebes (aus L), die Stellung der Seitenblüten I. Ordnung an wickeligen (rechts) und doppelwickeligen (links) Infloreszenzen erläuternd. L_m und L_o = theoretisch zu erwartende Blattanlagen, die die Laubblattspirale (L_{n-2} — L_n) fortsetzen

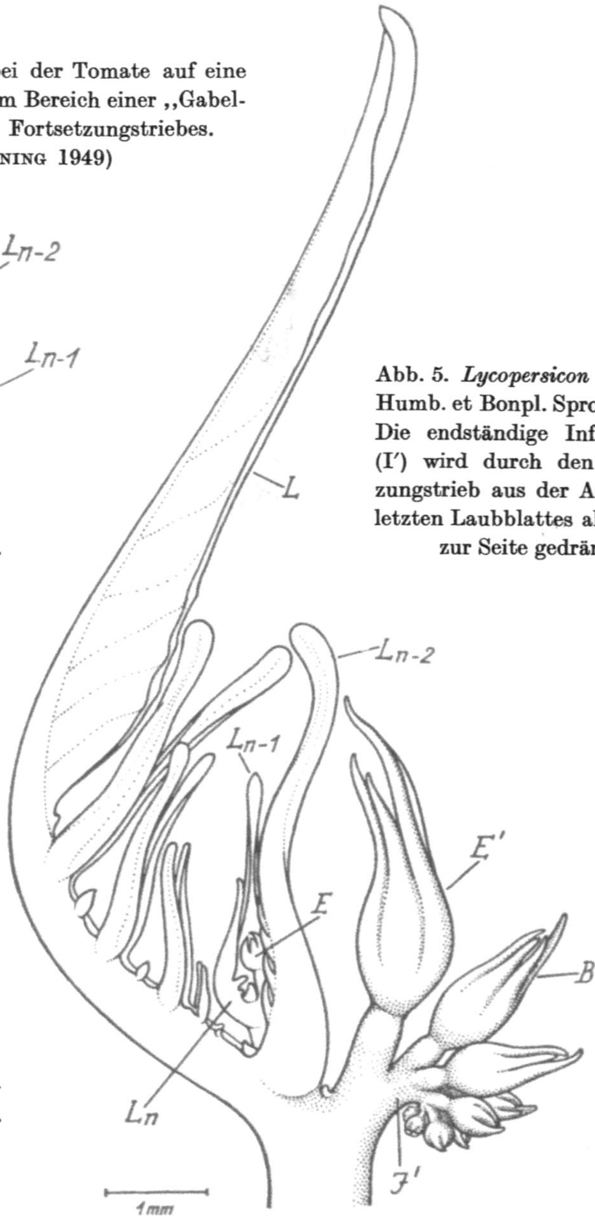

Abb. 5. *Lycopersicon hirsutum* Humb. et Bonpl. Sproßknospe. Die endständige Infloreszenz (I') wird durch den Fortsetzungstrieb aus der Achsel des letzten Laubblattes allmählich zur Seite gedrängt

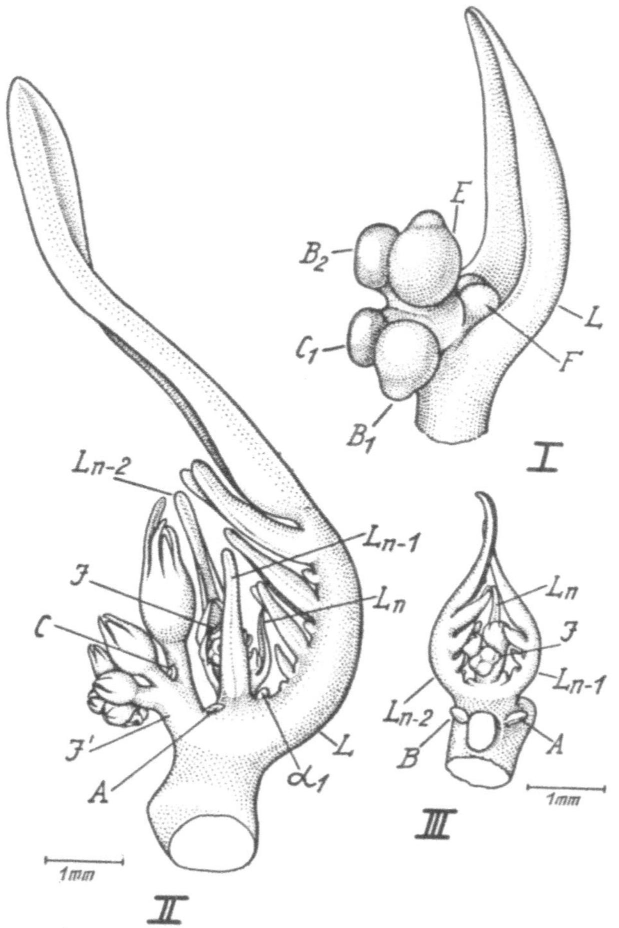

Abb. 7. *Lycopersicon hirsutum* Humb. et Bonpl. Fig. I. Anlage einer Doppelwickel. E = Endblüte und L = letztes Laubblatt der Hauptachse. B_1 und B_2 = Seitenblüten I. Ordnung, C_1 = Seitenblüte 2. Ordnung, F = vegetativer Fortsetzungstrieb. — Figg. II und III. Sproßknospe. L = letztes Laubblatt, I' = Endinfloreszenz der Hauptachse. L_{n-2} — L_n = Laubblätter und I = Blütenstand des Fortsetzungstriebes. A, B, C und α_1 = Vorblätter von Beiknospen

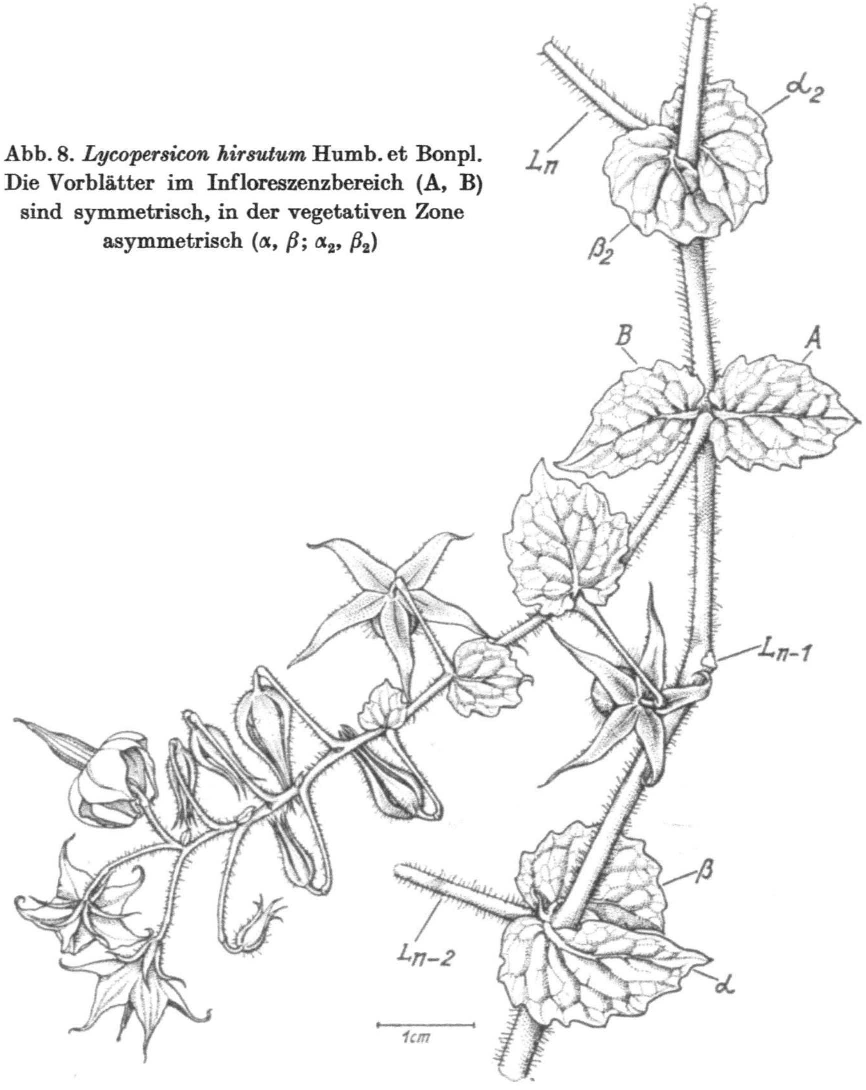

Abb. 8. *Lycopersicon hirsutum* Humb. et Bonpl. Die Vorblätter im Infloreszenzbereich (A, B) sind symmetrisch, in der vegetativen Zone asymmetrisch (α, β; α_2, β_2)

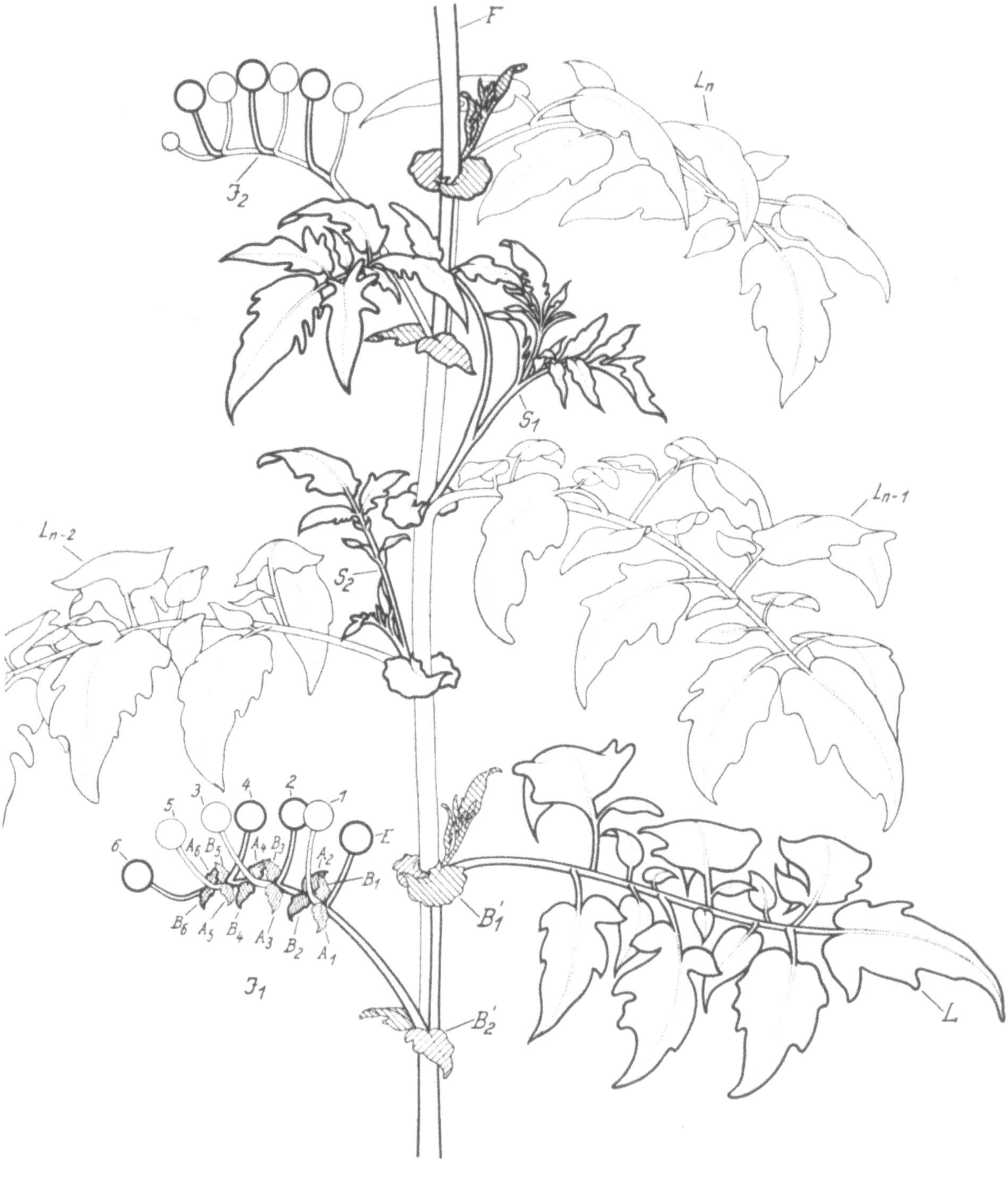

Abb. 9. *Lycopersicon* Mill. Verzweigungsschema. Aufeinanderfolgende Sproßgenerationen sind verschieden stark konturiert. Die Vorblätter von Beiknospen sind durch Schraffur besonders kenntlich gemacht

Abb. 10. *Nicandra physaloides* (L.) Gaertn. Die Achse ist sympodial zusammengesetzt. Nur ein Vorblatt wird an jedem Sproßglied ausgebildet. Vorblätter und Blüten, die demselben Fortsetzungstrieb entwicklungsgeschichtlich angehören, tragen gleiche Indices

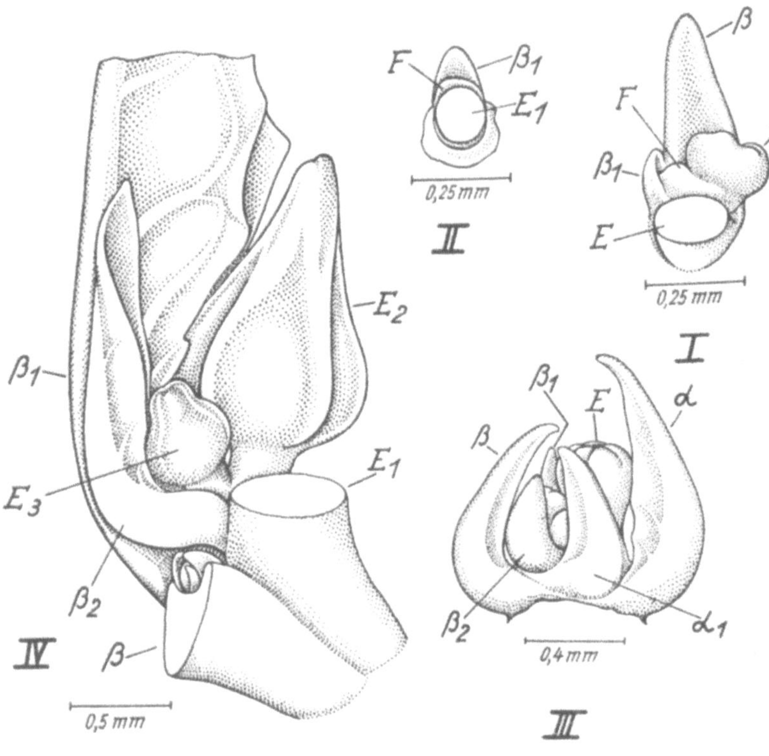

Abb. 11. *Nicandra physaloides* (L). Gaertn. Entwicklungsgeschichte

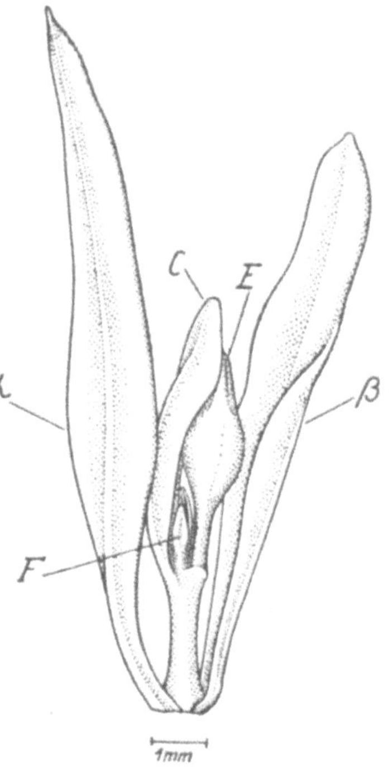

Abb. 13. *Lycium halimifolium* Mill. Kurztrieb. Er endet nach Ausbildung zweier Vorblätter (α und β) und eines Laubblattes (c) mit einer Endblüte. F = Fortsetzungsknospe. Das Epipodium verholzt im Weiterverlauf der Entwicklung und wird zu einem Sproßdorn

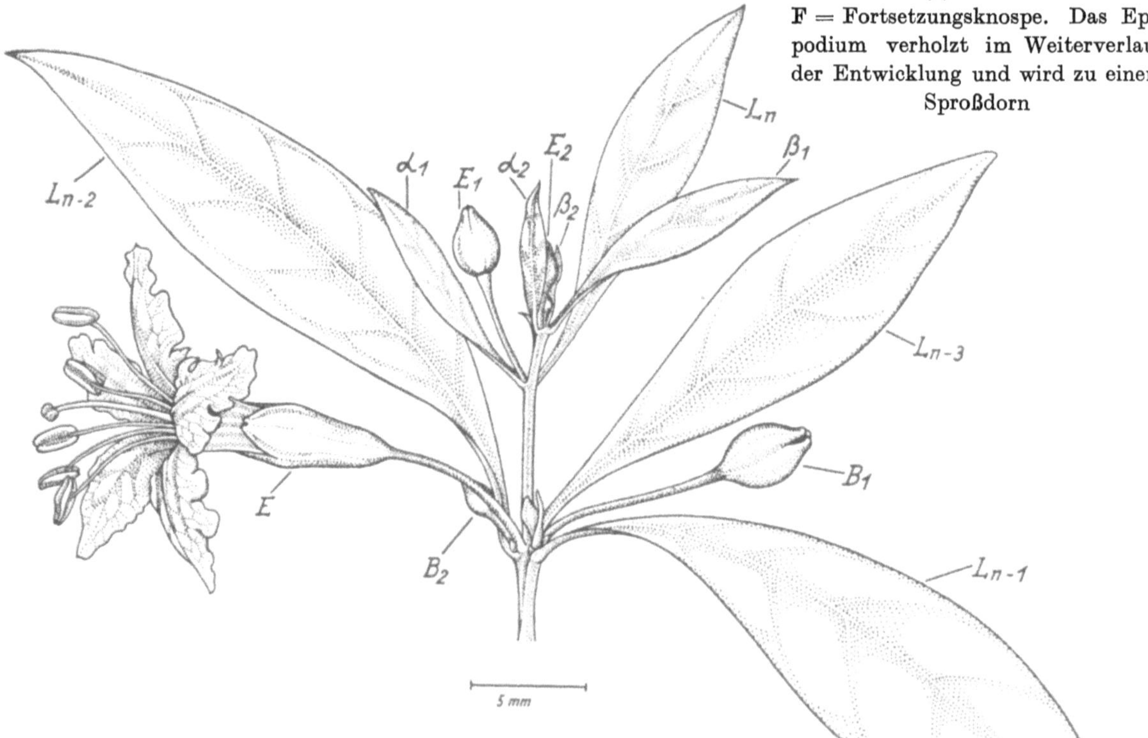

Abb. 12. *Lycium halimifolium* Mill. Sproßspitze eines Langtriebes. Die Achse ist sympodial zusammengesetzt. L_{n-3} — L_n = die letzten Laubblätter der relativen Hauptachse, E = deren Endblüte, E_1 und E_2 = Endblüten, α_1, β_1 und α_2, β_2 = Vorblätter der Fortsetzungstriebe

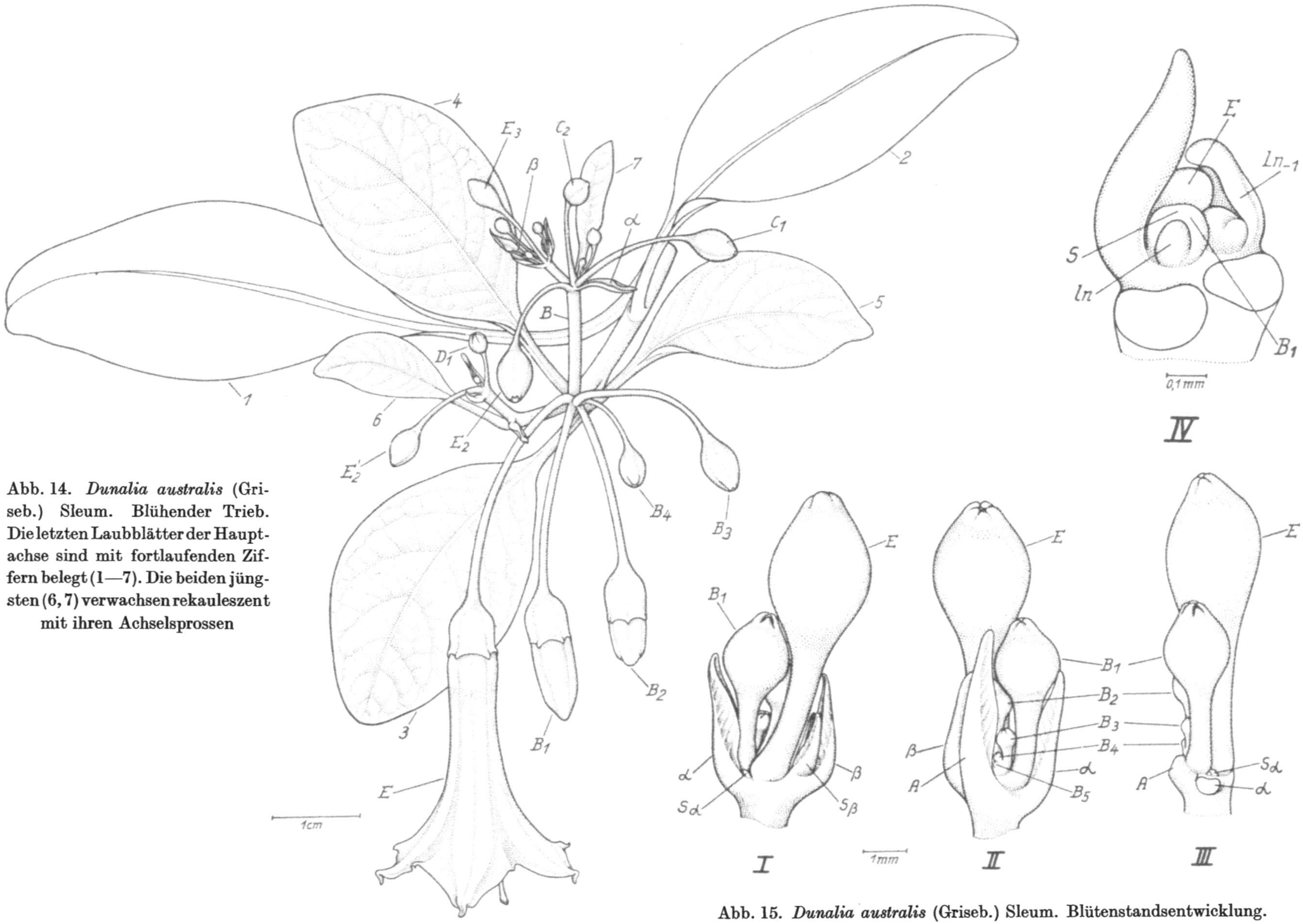

Abb. 14. *Dunalia australis* (Griseb.) Sleum. Blühender Trieb. Die letzten Laubblätter der Hauptachse sind mit fortlaufenden Ziffern belegt (1—7). Die beiden jüngsten (6, 7) verwachsen rekauleszent mit ihren Achselsprossen

Abb. 15. *Dunalia australis* (Griseb.) Sleum. Blütenstandsentwicklung. Die Infloreszenzen sind wickelig zusammengesetzt

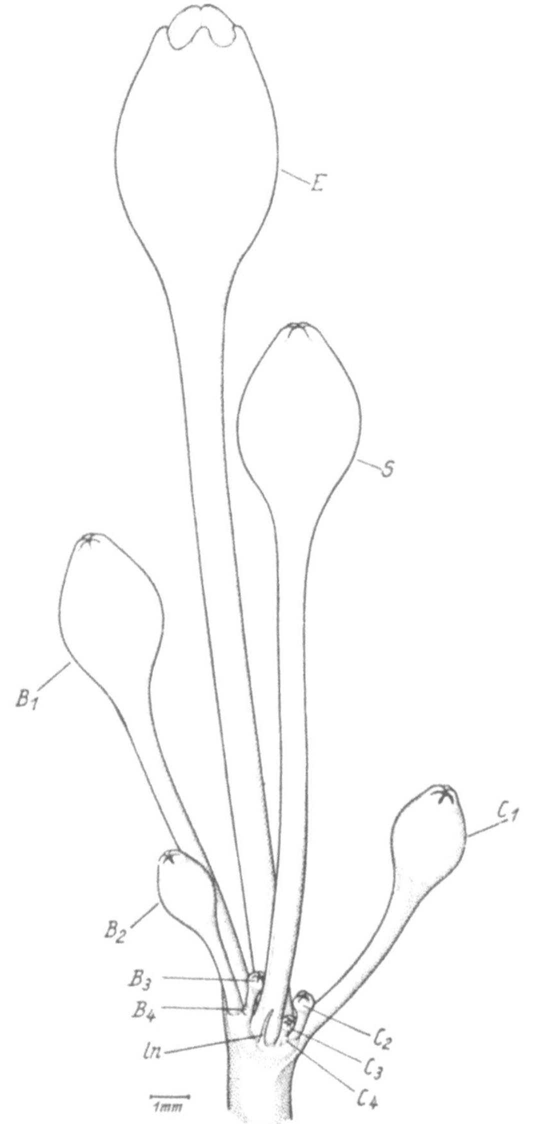

Abb. 16. *Dunalia australis* (Griseb.) Sleum. Junge Doppelwickel

Abb. 17. *Jochroma warscewiczii* Rgl. Habitus

Abb. 18. *Atropa bella-donna* L. Die Achse ist sympodial zusammengesetzt. Entwicklungsgeschichtlich gleichem Sympodialglied angehörende Blüten (E) und Blätter (α, β) tragen übereinstimmende Indices

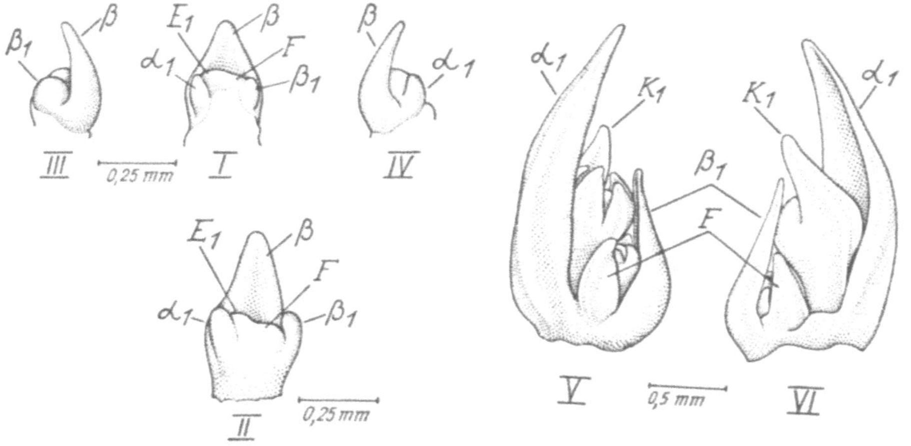

Abb. 19. *Atropa bella-donna* L. Entwicklungsgeschichte

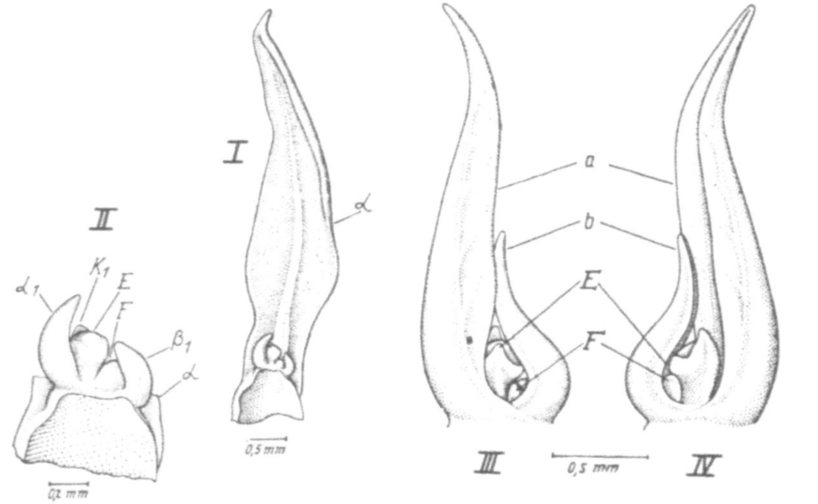

Abb. 20. Figg. I und II. *Atropa bella-donna* L. α-Vorblatt mit Achselknospe. — Fig. III. *Scopolia carniolica* Jacq. a und b = Laubblätter, E = Endblüte eines Sympodialgliedes, F = Fortsetzungsknospe

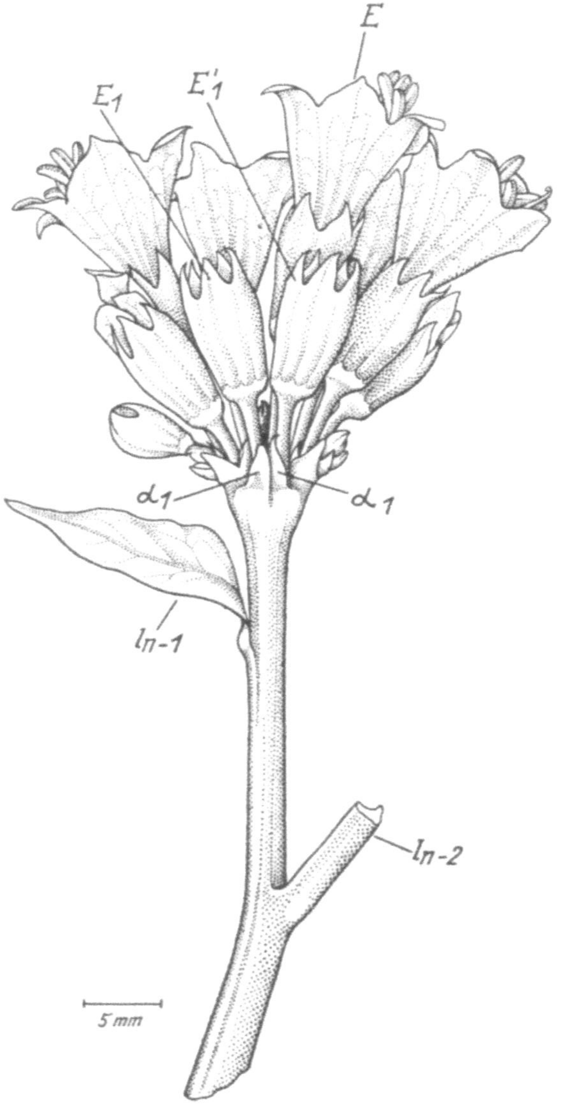

Abb. 21. ***Physochlaina orientalis*** G. Don. Endinfloreszenz. E = Endblüte. E_1 = Endblüte des Seitensprosses aus l_{n-1}, E_1' aus l_{n-2}; α_1 und α_1' = deren Vorblätter

Abb. 23. *Hyoscyamus niger* L. Blüten und Blattorgane bilden je zwei Orthostichen

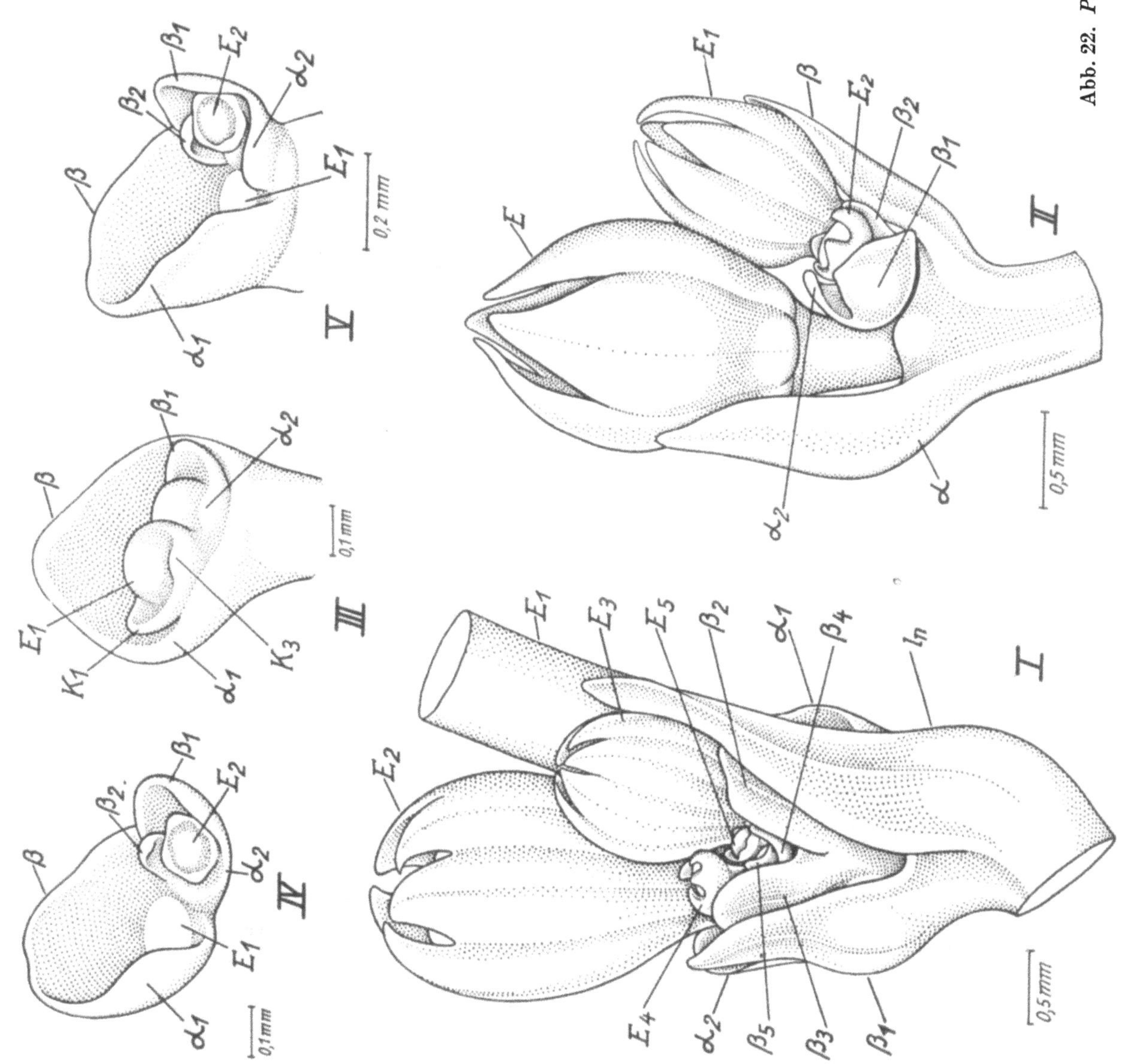

Abb. 22. *Physochlaina orientalis* G. Don. Infloreszenzentwicklung

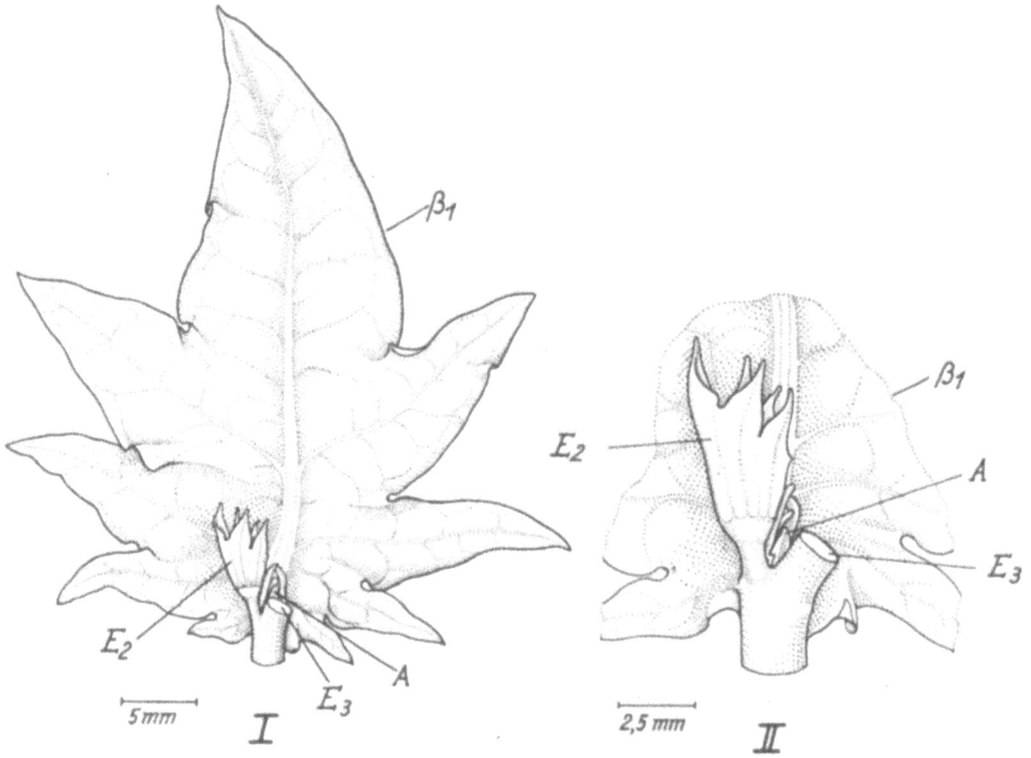

Abb. 24. *Hyoscyamus niger* L. β_1 ist das Tragblatt des Blütentriebes E_2. Das zu diesem gehörige Vorblatt wurde vom Tochtersproß (E_3) hochgeführt. A = Beiknospe

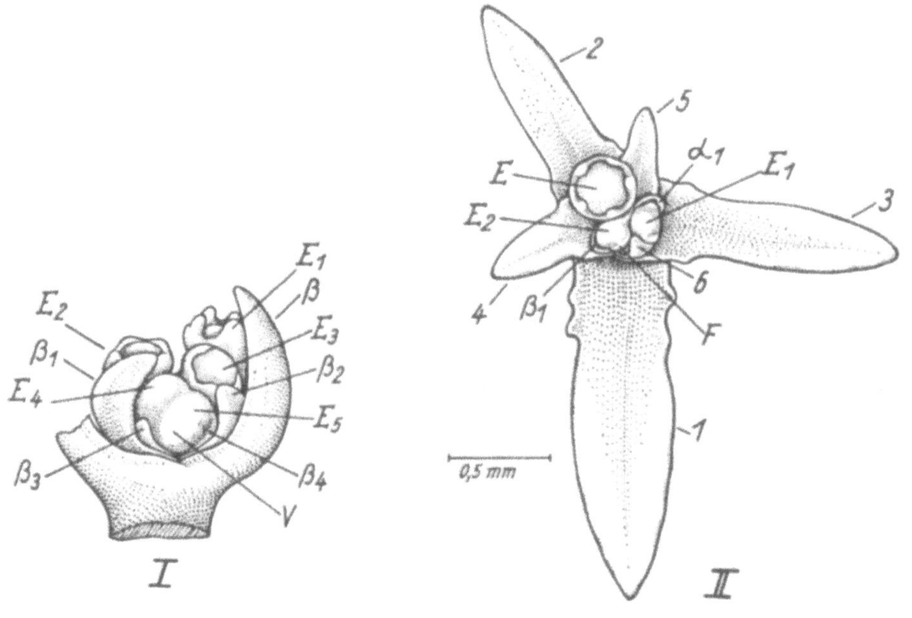

Abb. 25. *Hyoscyamus niger* L. Fig. I. Die Blütenknospen (E) werden in dichter Folge angelegt. Blüten und Vorblätter, die gleichem Sproßglied ontogenetisch angehören, tragen übereinstimmende Indices. — Fig. II. Infloreszenzanlage. E = Endblüte der Hauptachse. Der Seitensproß I. Ordnung (E_1) bringt zwei Vorblätter (α_1, β_1) hervor

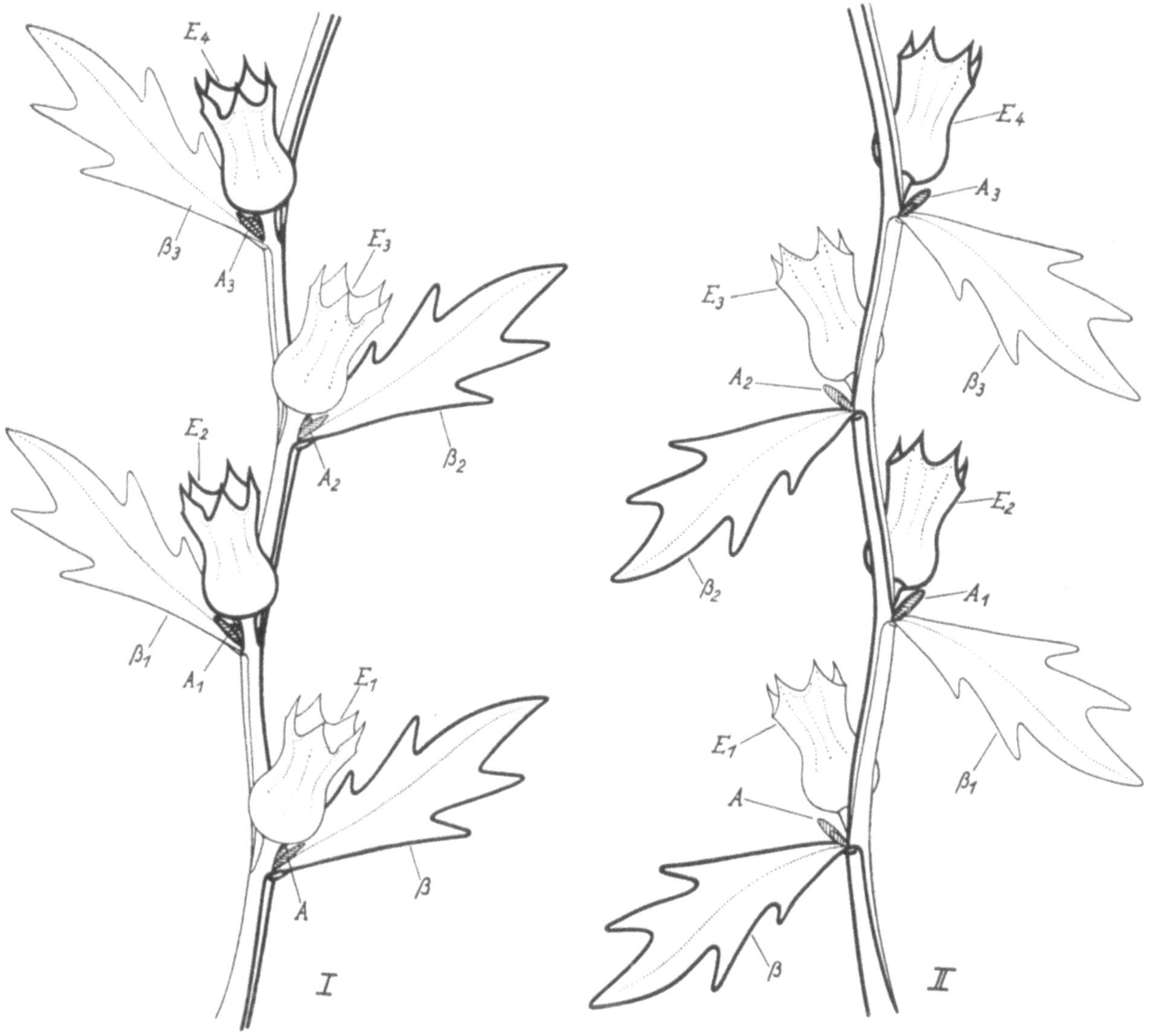

Abb. 26. *Hyoscyamus* L. Verzweigungsschema aus zwei verschiedenen Ansichten. Alle Teile eines Sympodialgliedes sind gleichartig konturiert. E = Endblüte, β = Vorblatt, A = Beiknospe. Die Zusammensetzung ist aus den Indices zu entnehmen

Abb. 27. *Withania somnifera* (L.) Pauq. L_{n-2} — L_n = die letzten Laubblätter der Hauptachse. I = endständiger Blütenstand

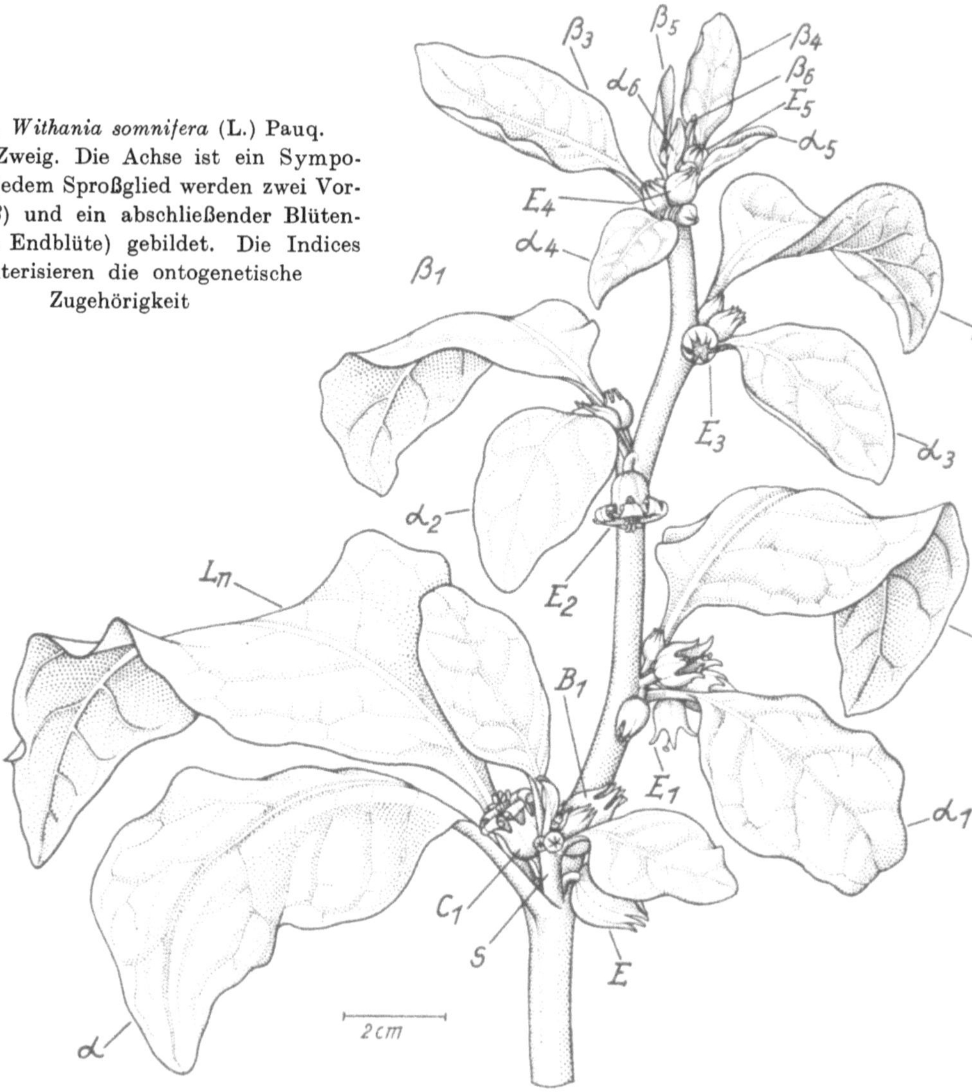

Abb. 28. *Withania somnifera* (L.) Pauq. Blühender Zweig. Die Achse ist ein Sympodium. An jedem Sproßglied werden zwei Vorblätter (α, β) und ein abschließender Blütenstand (E = Endblüte) gebildet. Die Indices charakterisieren die ontogenetische Zugehörigkeit

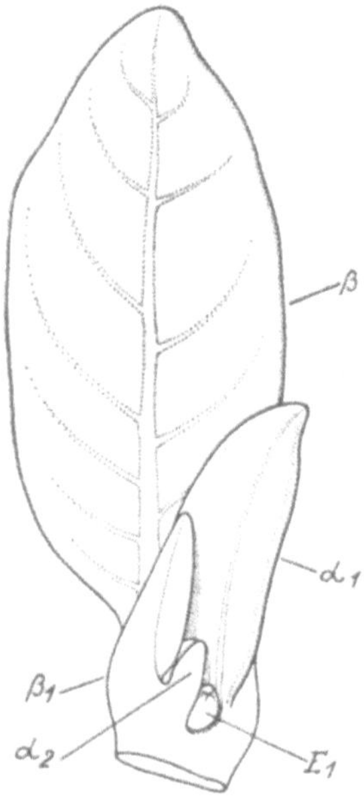

Abb. 29. *Withania somnifera* (L.) Pauq. Junge Sproßknospe. β = Tragblatt des mit E_1 endigenden Triebes. α_1 und β_1 = dessen Vorblätter. α_2 = Vorblatt des Fortsetzungstriebes aus β_1

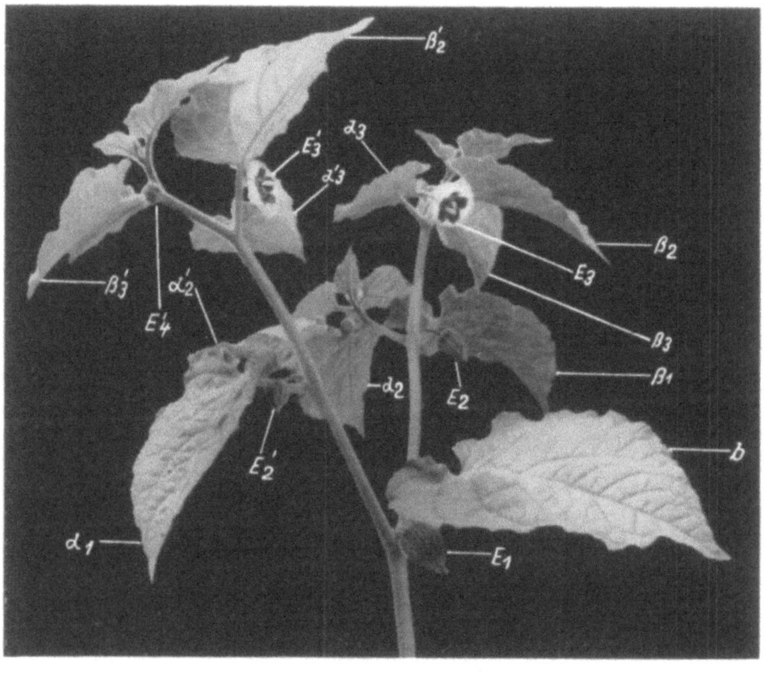

Abb. 30. *Physalis peruviana* L. Nach anfänglich dichasialer Verzweigung gehen die Achsen allmählich zu monochasialer Entwicklung über

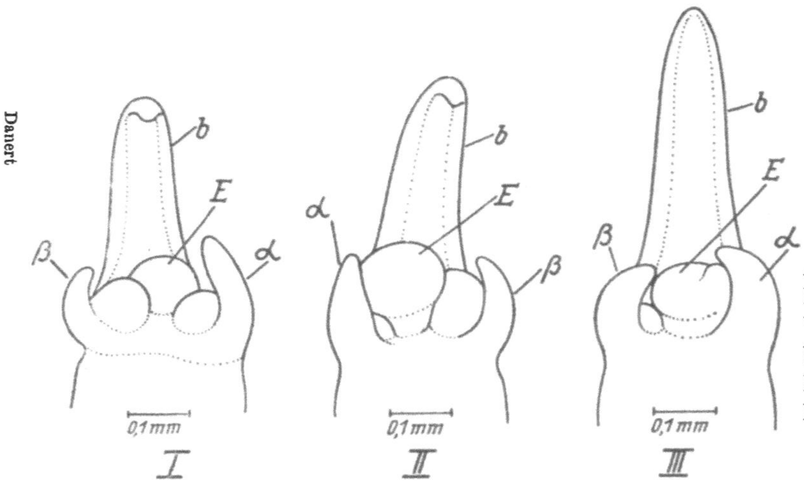

Abb. 31. *Physalis ixocarpa* Brot. Mit zunehmendem Verzweigungsgrad (Figg. I bis III) verzögert sich innerhalb eines Wirtels die Anlegung der Achselknospen

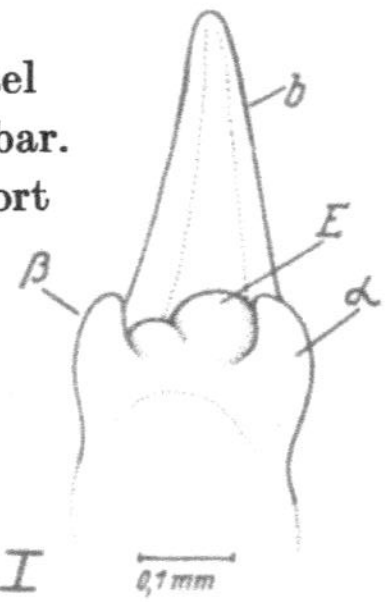

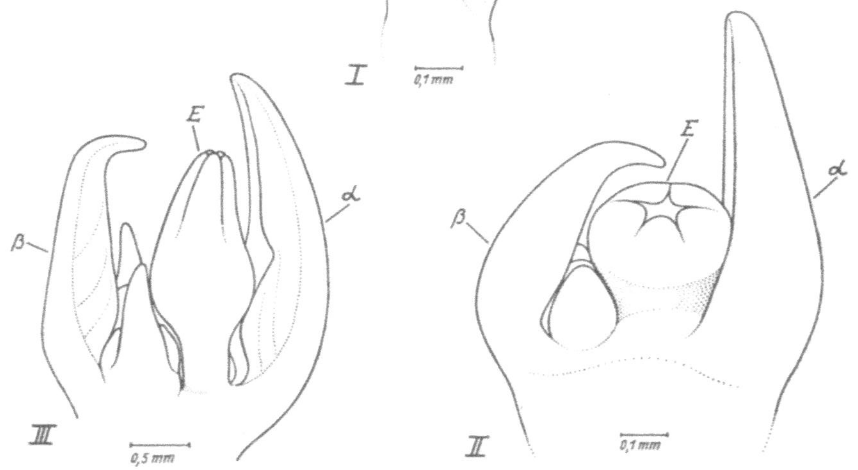

Abb. 32. *Physalis peruviana* L. Sympodialglieder höherer Ordnung. In der Achsel des α-Vorblattes ist noch keine Seitenknospe sichtbar. Derartige Triebe setzen sich später monochasial fort

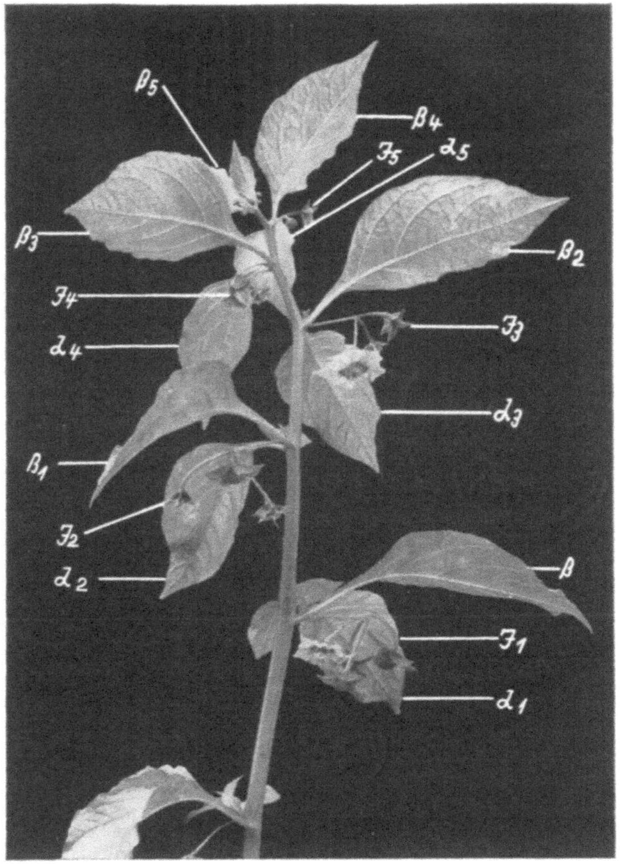

Abb. 33. *Saracha edulis* (Schlechtd.) Thell. Habitus. Die Sproßachse ist ein Sympodium. Jedes Sproßglied bildet zwei Vorblätter (α und β) aus und schließt mit einem Blütenstand (I) ab. Die Indices geben an, welche Vorblätter und Infloreszenzen zum selben sympodialen Abschnitt gehören

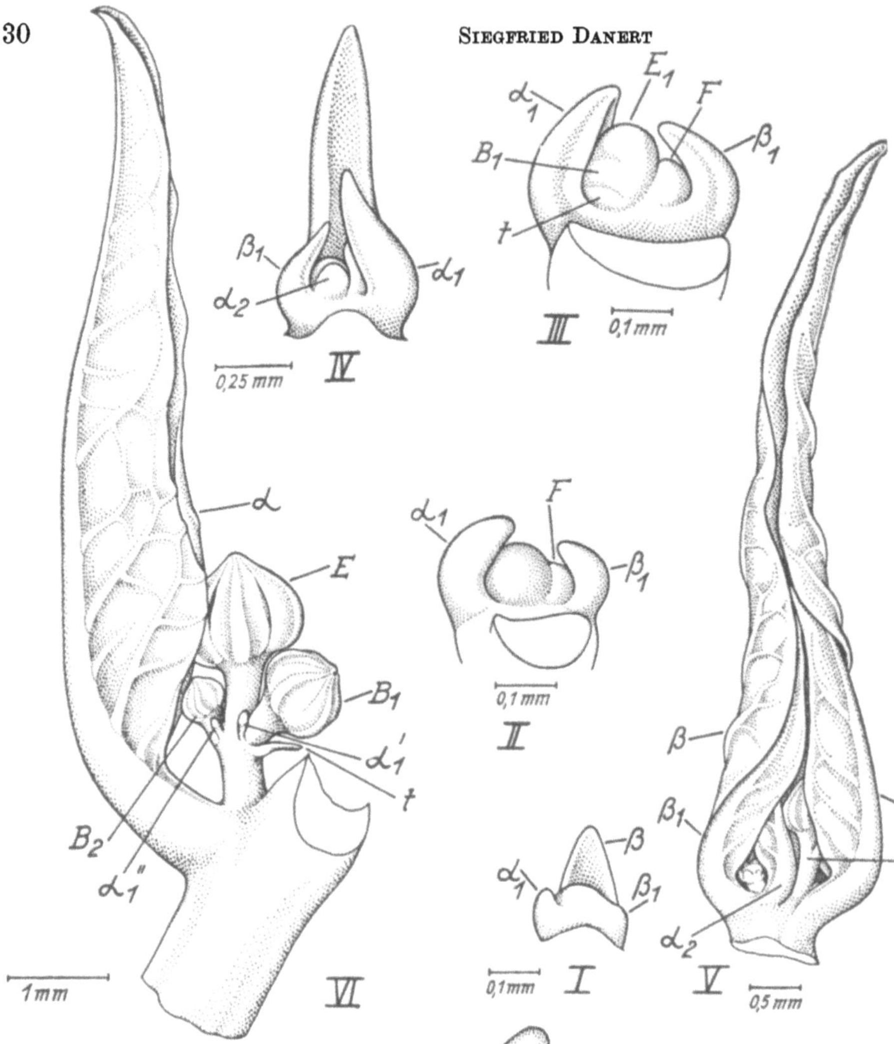

Abb. 34.
Saracha edulis
(Schlechtd.) Thell.
Entwicklungs-
geschichte

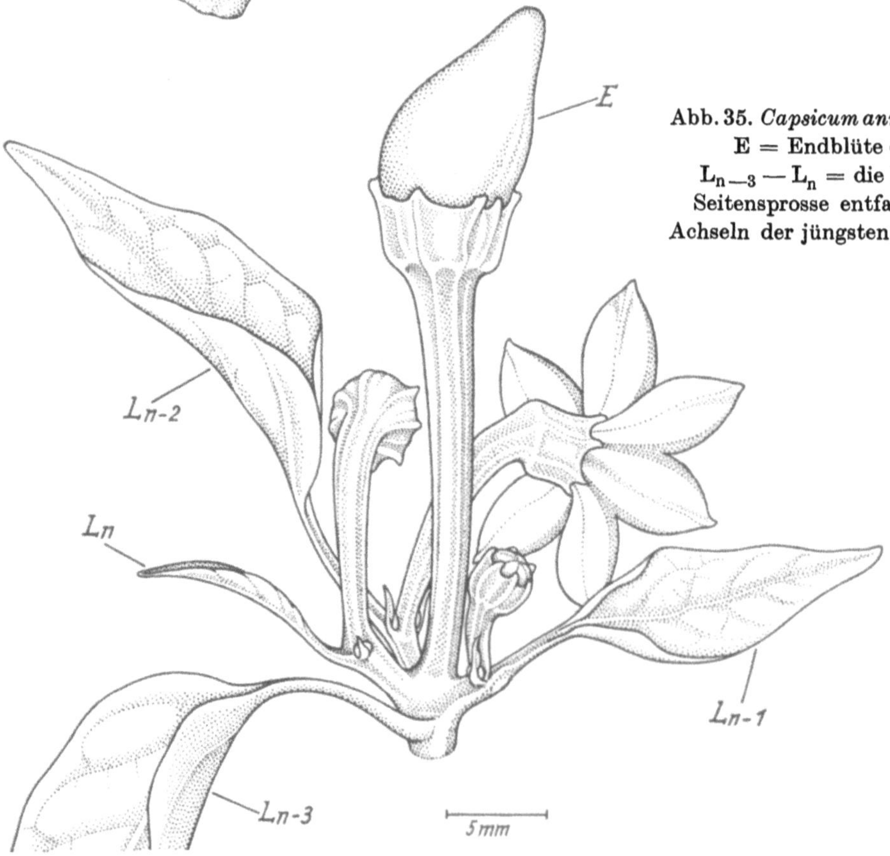

Abb. 35. *Capsicum annuum* L. Sproßaufbau.
E = Endblüte der Hauptachse.
L_{n-3} — L_n = die letzten Blattorgane.
Seitensprosse entfalten sich nur in den
Achseln der jüngsten Blätter (L_{n-2} — L_n)

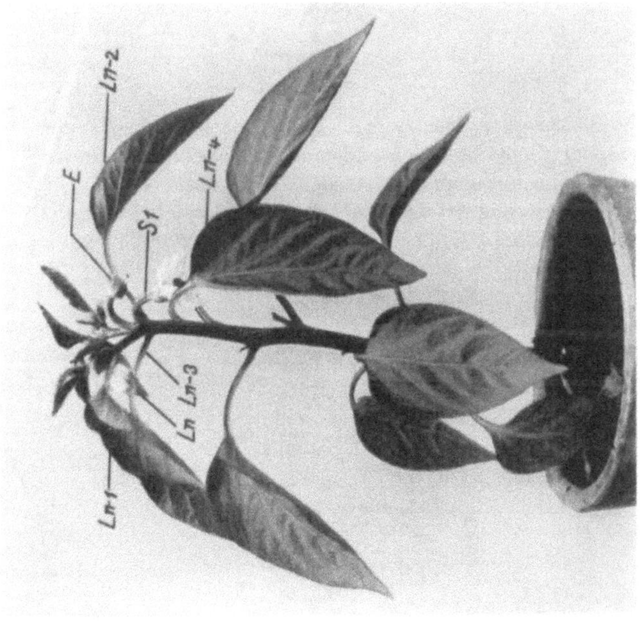

Abb. 36. *Capsicum annuum* L. Blühende Pflanze. Neben der Endblüte (E) entfaltet sich eine weitere Blüte (S_1). Sie entsteht tragblattlos

Abb. 37. *Brachistus diversifolius* (Klotsch) Miers. Habitus

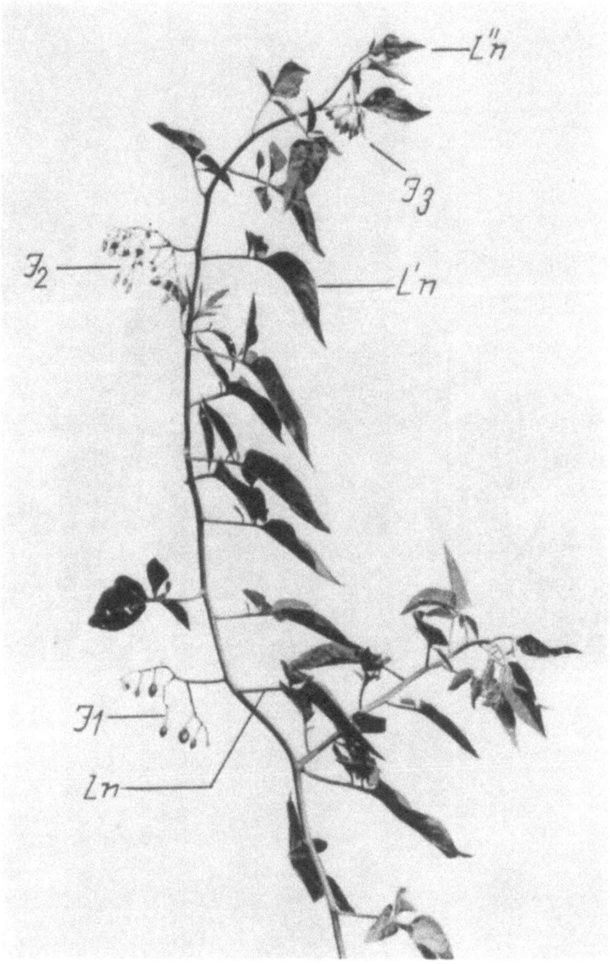

Abb. 38. *Solanum dulcamara* L. Die vegetative Achse ist ein Sympodium. Jeder Trieb endet nach Ausbildung mehrerer Laubblätter mit einem trichasialen Blütenstand (I_{1-3}). Die Sproßfortsetzung erfolgt aus der Achsel des letzten Laubblattes (L_n, L'_n, L''_n). Aus „Der Züchter" 27 (1957) 28

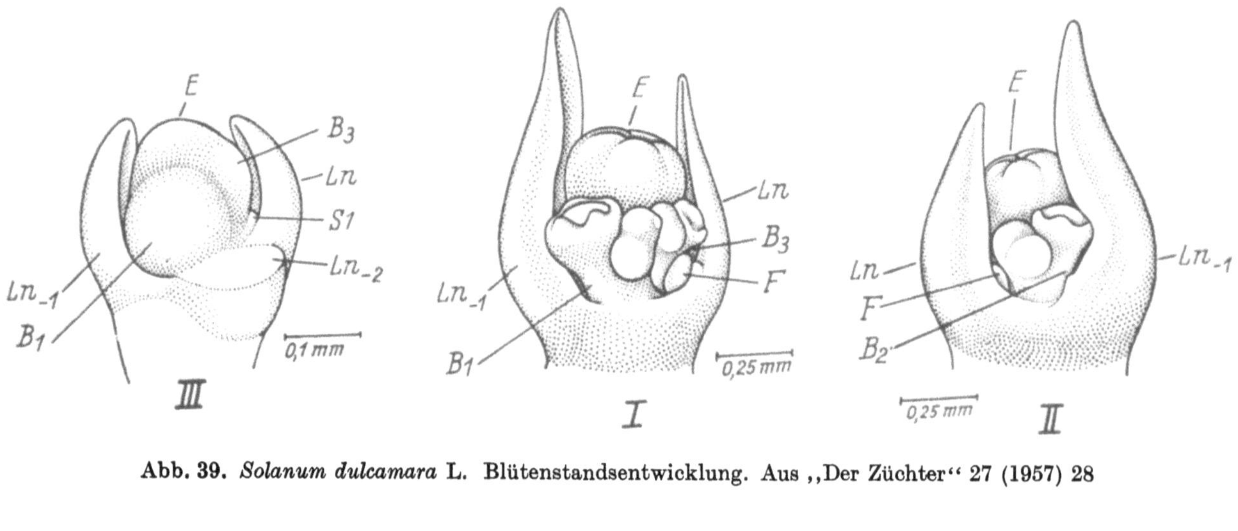

Abb. 39. *Solanum dulcamara* L. Blütenstandsentwicklung. Aus „Der Züchter" 27 (1957) 28

Abb. 40. *Solanum tuberosum* L. Oberer Abschnitt einer blühenden Pflanze. L_n = Tragblatt des vegetativen Fortsetzungstriebes, A = Beiknospe, L_{n+1} = Tragblatt eines Teilblütenstandes, A_n = dessen Beiknospe. Aus „Der Züchter“ 27 (1957) 23

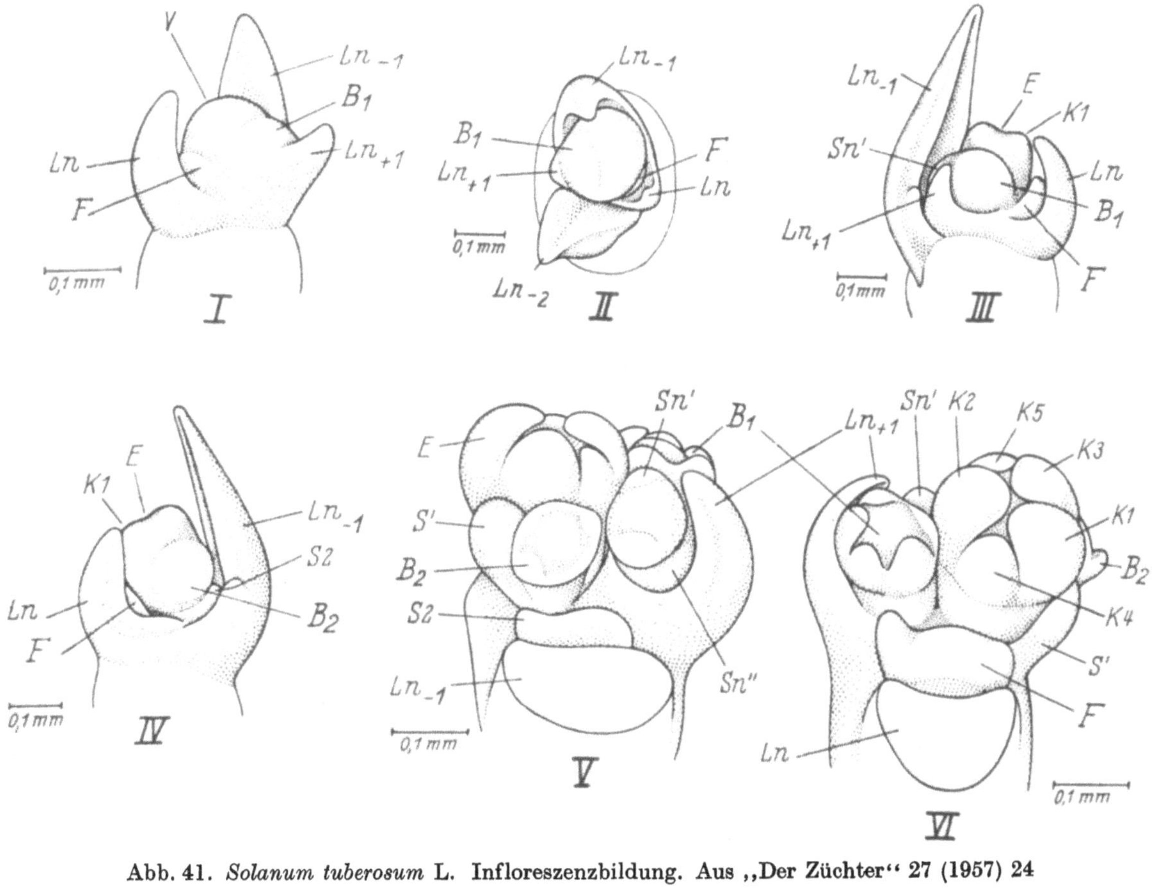

Abb. 41. *Solanum tuberosum* L. Infloreszenzbildung. Aus „Der Züchter“ 27 (1957) 24

Abb. 42. *Solanum tuberosum* L. Verzweigungsschema. Aufeinanderfolgende Sprosse sind verschieden konturiert. Beiknospen schraffiert. Aus „Der Züchter" 27 (1957) 25

Abb. 43. *Solanum tuberosum* L. Am Infloreszenzschaft kommen zwei laubblattartige Hochblätter zur Entfaltung. Sie sind Tragblätter von Teilblütenständen. Aus „Der Züchter" 27 (1957) 26

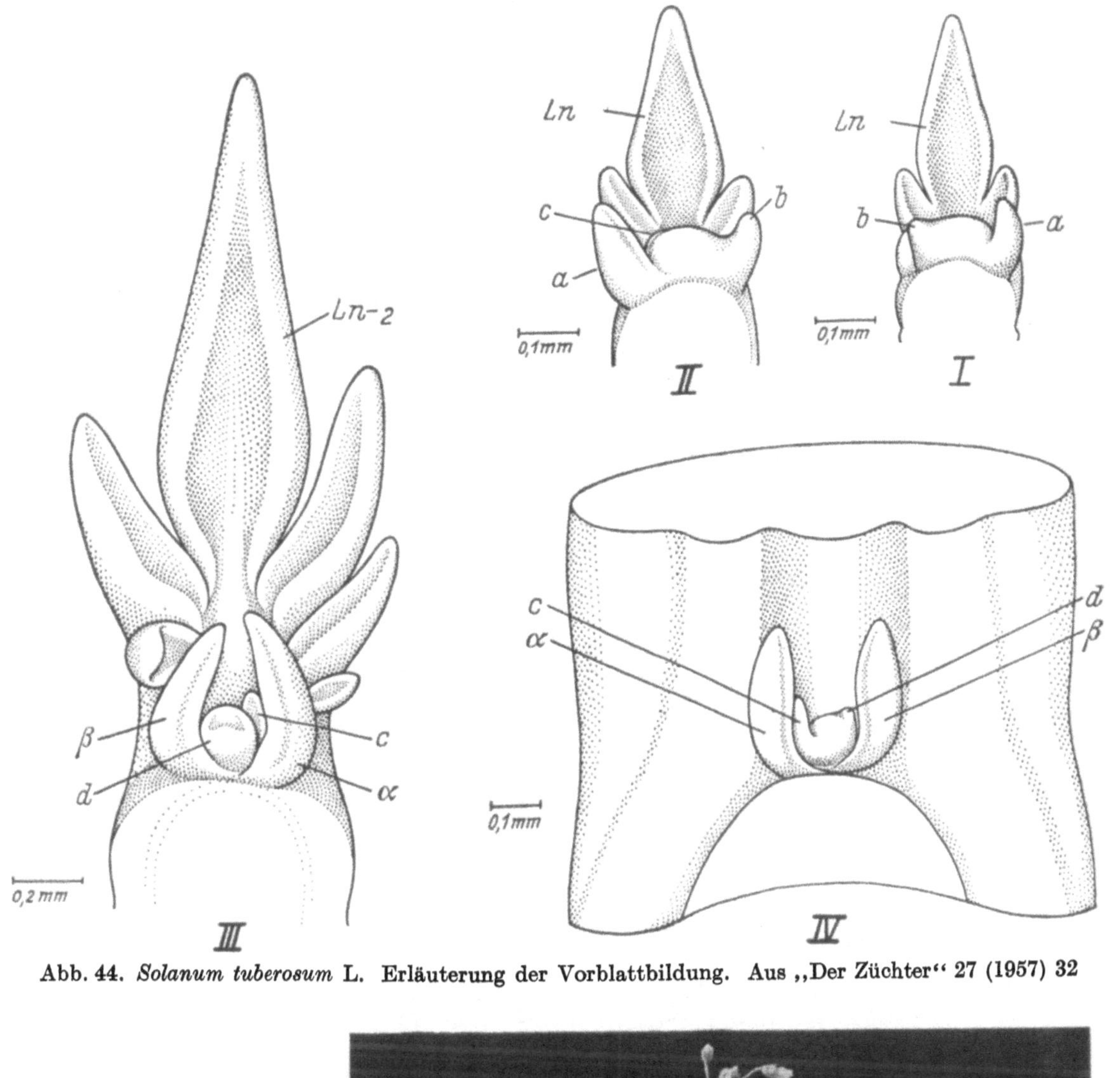

Abb. 44. *Solanum tuberosum* L. Erläuterung der Vorblattbildung. Aus „Der Züchter“ 27 (1957) 32

Abb. 45. *Solanum abutiloides* (Griseb.) Bitt. et Lillo. Habitus

Abb. 46. *Solanum sisymbriifolium* Lam. Die vegetative Achse ist sympodial zusammengesetzt. Jeder Fortsetzungstrieb bildet zwei Laubblätter (L_{n-1} und L_n) und endet mit einer Infloreszenz (I). Alle Teile, die zum selben Sympodialglied gehören, tragen gleiche Indices

Abb. 47. *Solanum nigrum* L. Habitus. Der die Hauptachse abschließende Blütenstand ist mit dem Achselsproß (F) des letzten Laubblattes (L_n) eine konkauleszente Verwachsung eingegangen

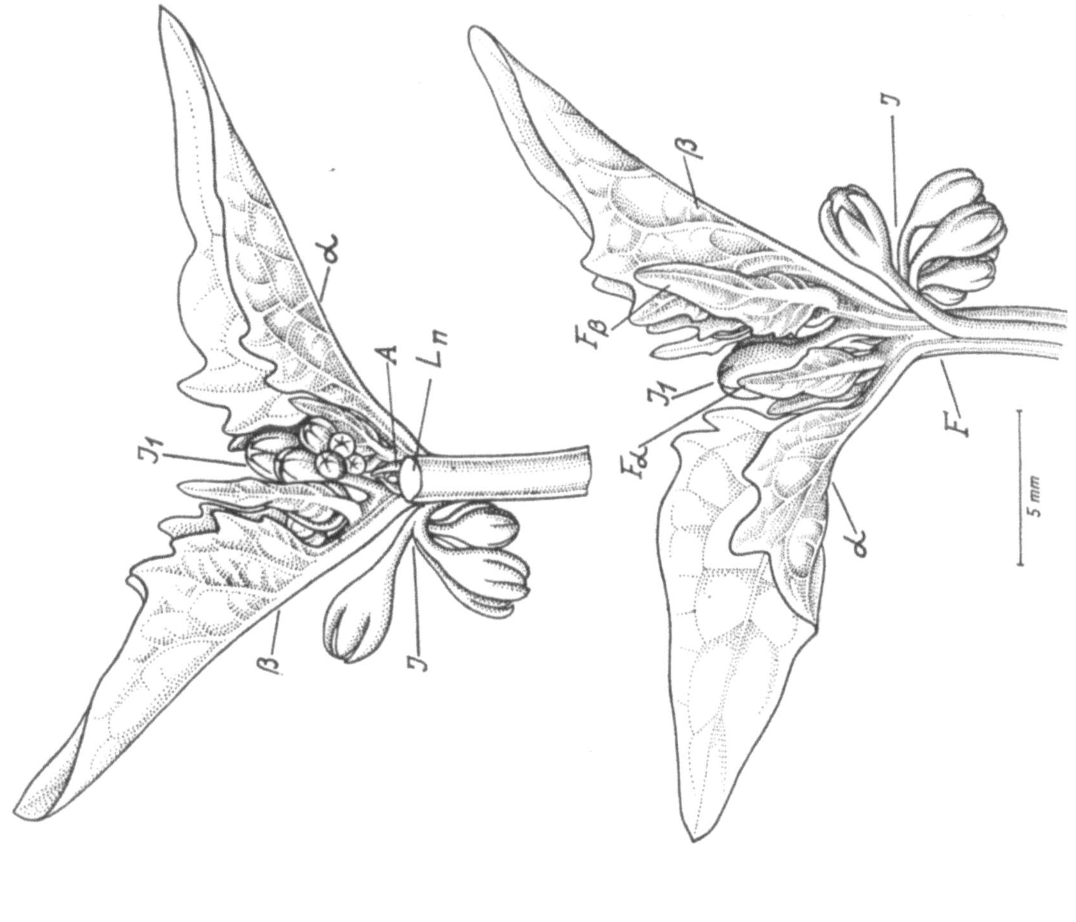

Abb. 48. *Solanum nigrum* L. Sproßknospe in zwei verschiedenen Ansichten, die Verzweigung zeigend

Abb. 49. *Solanum pringlei* Robins. et Greenm. Habitus

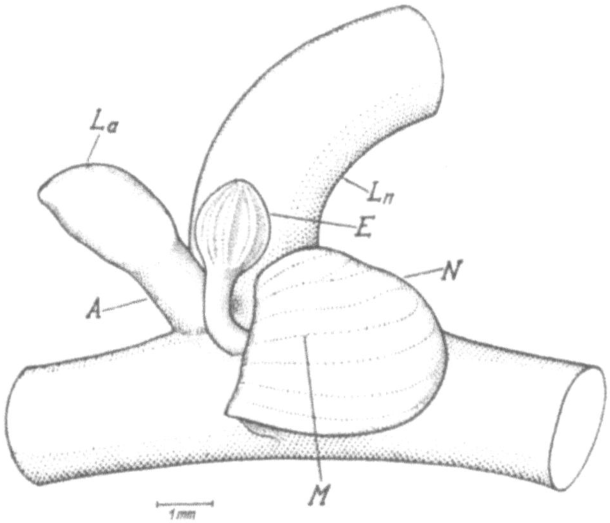

Abb. 50. *Solanum violifolium* Schott. Teil einer Sproßachse. N = Niederblatt, M = dessen Medianus, E = Blütenknospe, L_n = Laubblatt, A = Achselknospe von L_n (Beiknospe), L_a = deren Niederblatt

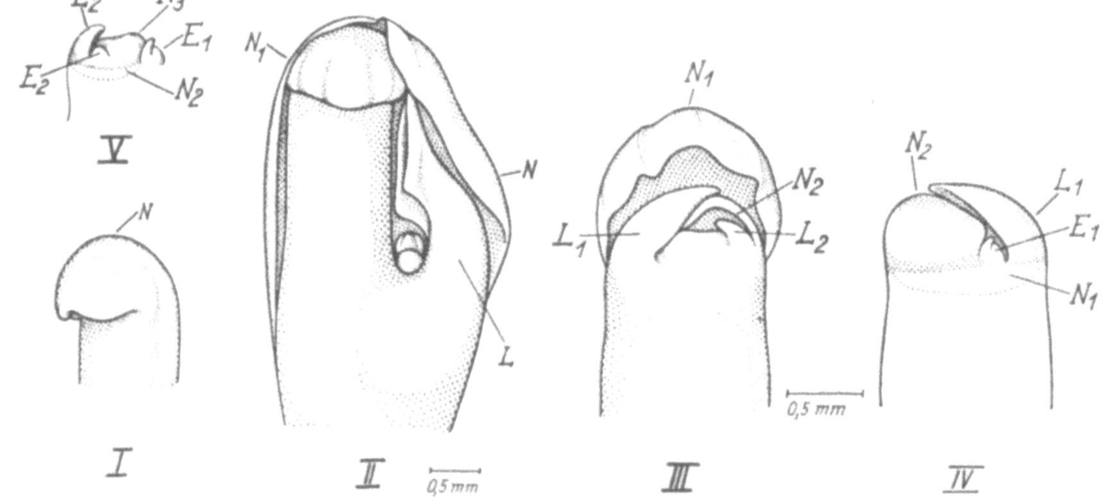

Abb. 51. *Solanum violifolium* Schott. Entwicklungsgeschichte

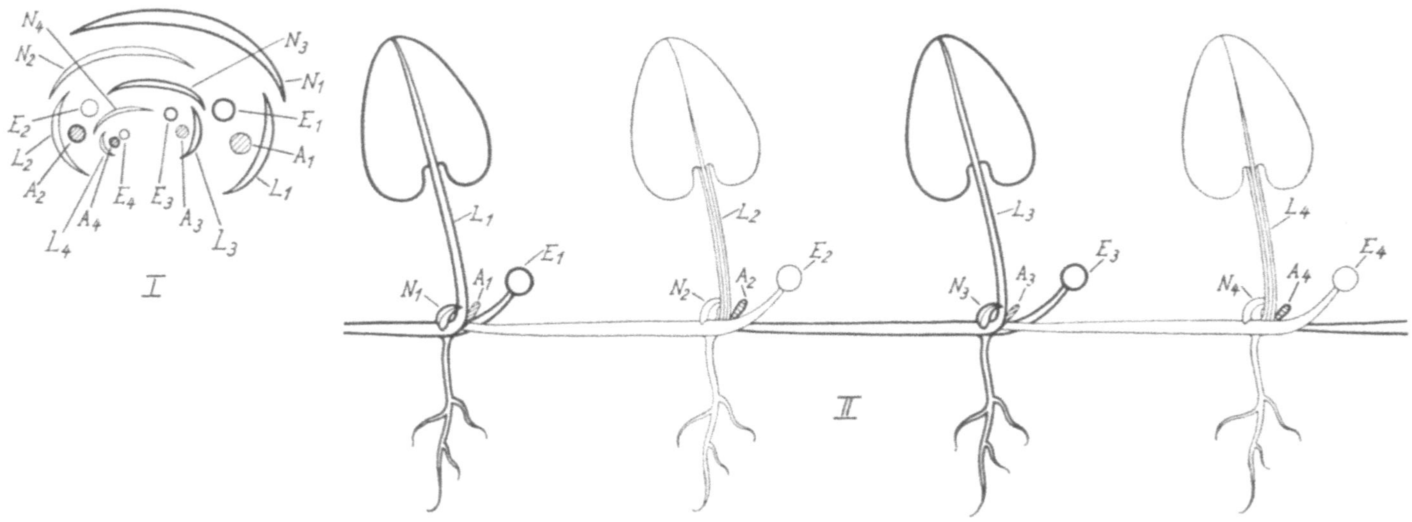

Abb. 52. *Solanum violifolium* Schott. Fig. I. Diagramm eines Sprosses. — Fig. II. Schema der Sproßverzweigung. N = Niederblatt, L = Laubblatt, E = Endblüte, A = Beiknospe (schraffiert). Aufeinanderfolgende Sympodialglieder sind verschieden konturiert. In beiden Figg. sind alle bezeichneten Teile eines Sproßgliedes mit gleichen Indices versehen

Abb. 53. *Solanum juciri* Mart. Der Blütenstand ist aus fünf Partialinfloreszenzen zusammengesetzt

Abb. 54. *Solanum seaforthianum* Dun. Die Synfloreszenz wird von mehreren dichasialen Teilblütenständen gebildet (Curtis' Bot. Mag. tab. 1982)

Abb. 55. Verzweigungsformen in der Gattung *Solanum* L.

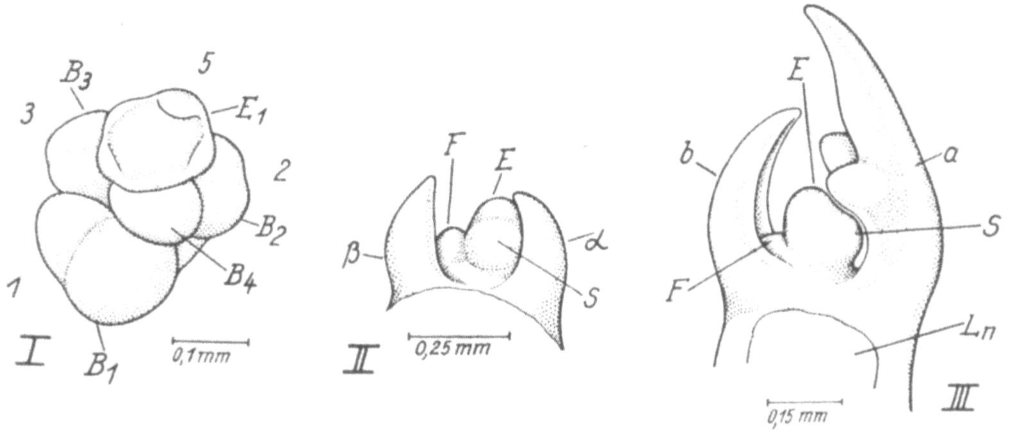

Abb. 56.

Fig. I. *Solanum dulcamara* L. Blütenstandsanlage in der Draufsicht. Die Partialinfloreszenzen (B_{1-4}) sind in $^2/_5$-Stellung an der Sproßachse angeordnet. Die Sepalen der Endblüte E_1, deren erstes unterhalb der Ziffer 5 steht, ordnet sich in die $^2/_5$-Spirale ein

Fig. II. *Solanum nigrum* L. Die konkauleszente Verwachsung zwischen Infloreszenz (E = Endblüte, S = seitlicher Blütentrieb) und vegetativem Fortsetzungstrieb (F) wird schon auf einem sehr frühen Entwicklungsstadium sichtbar. α und β = die beiden Vorblätter des Sympodialgliedes

Fig. III. *Solanum diphyllum* L. Junges Sympodialglied

Abb. 57. *Solanum jamaicense* Mill. Habitus

Abb. 58. *Cyphomandra betacea* (Cav.) Sendt. Die vegetative Achse ist ein Monochasium. Jeder Blütenstand beendet die Entwicklung eines Sympodialgliedes

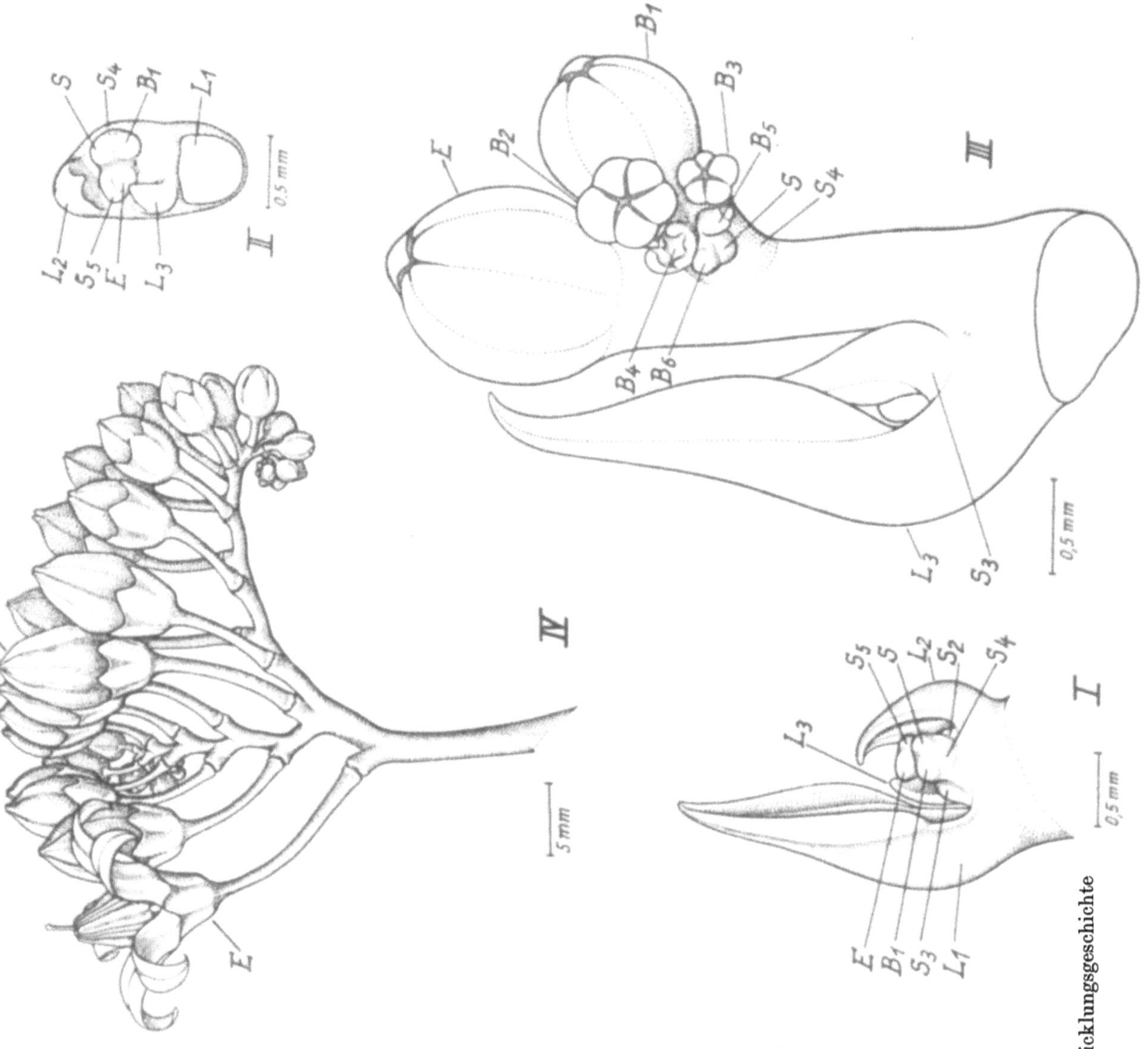

Abb. 59. *Cyphomandra betacea* (Cav.) Sendt. Entwicklungsgeschichte

Abb. 60. *Trechonaetes sativa* Miers. Blühender Trieb

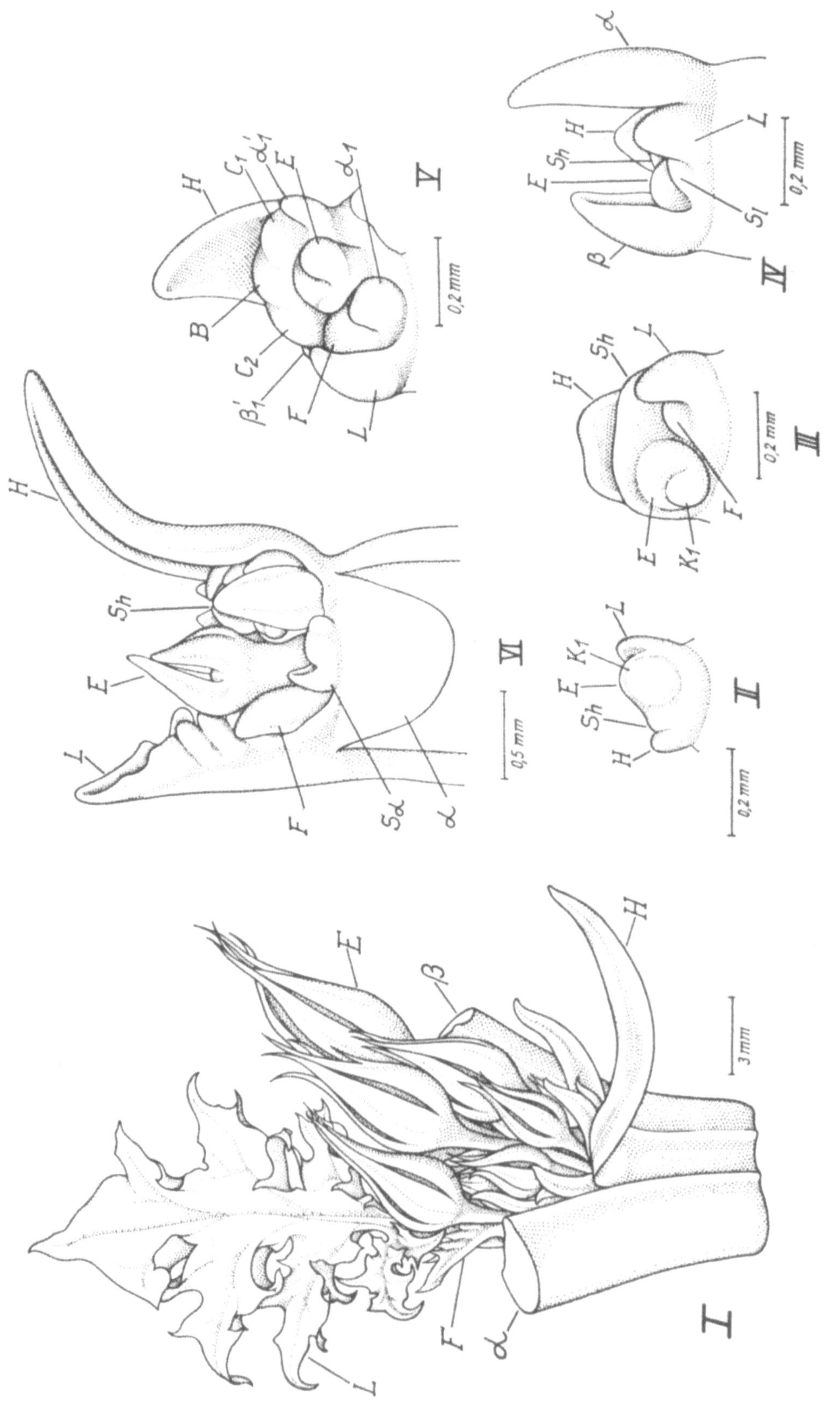

Abb. 61. ***Trechonaetes sativa*** **Miers. Entwicklungsgeschichte**

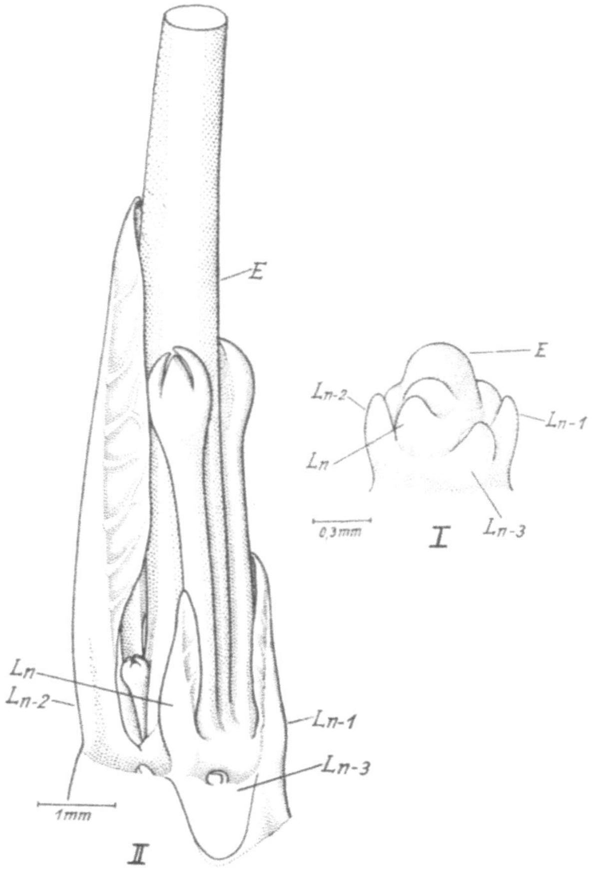

Abb. 62. *Mandragora officinarum* L. Fig. I. Blütenstandsanlage. Die Partialinfloreszenzen (aus L_{n-3} — L_n) entstehen basipetal. — Fig. II. Älteres Stadium. E = Endblüte. Die Blattstellung ist die gleiche wie in Fig. I

Abb. 63. *Datura innoxia* Mill. Die Verzweigung unterhalb der Endblüte (E) verläuft dichasial. Die beiden Tragblätter (α und β) werden von ihren Achselsprossen hochgeführt

Abb. 64. *Datura stramonium* L. Die beiden Seitensprosse eines Sympodialgliedes sind verschieden stark (aus α und β, α'_1 und β'_1)

Abb. 65. *Datura metel* L. Die Sproßachse entwickelt sich monochasial. Blüten (E) und Vorblätter (α, β), die ontogenetisch demselben Sympodialglied angehörten, tragen gleiche Indices

Abb. 66. *Datura candida* (Pers.) Saff. mit dichasialer Verzweigung

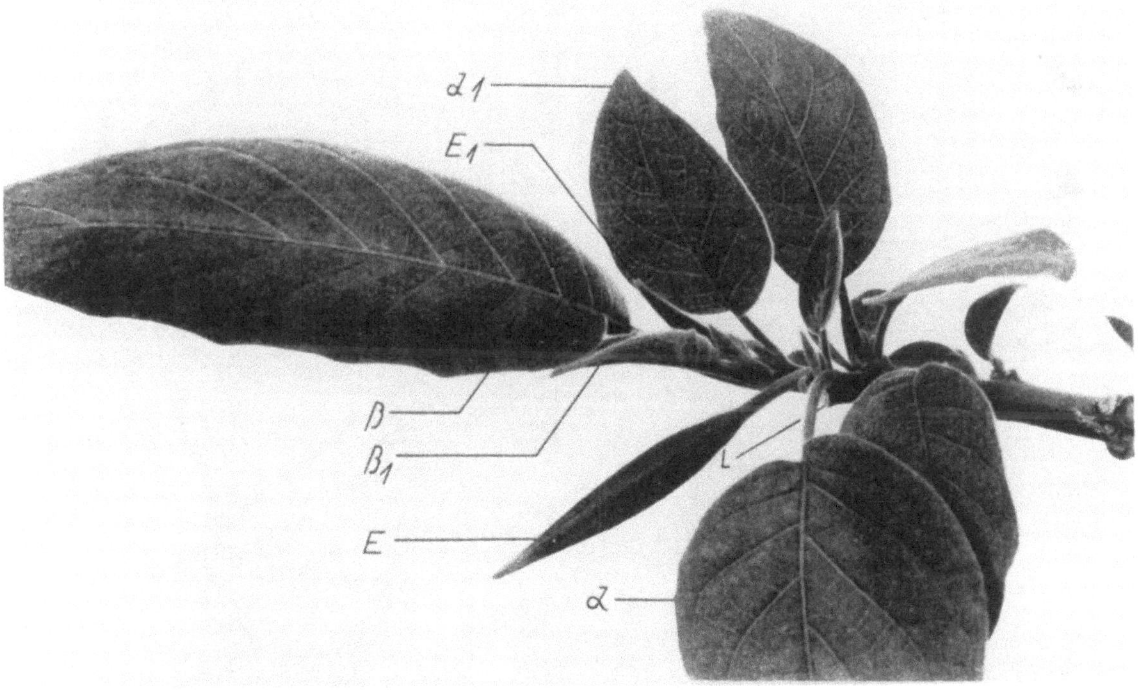

Abb. 67. *Datura candida* (Pers.) Saff. mit monochasialer Verzweigung

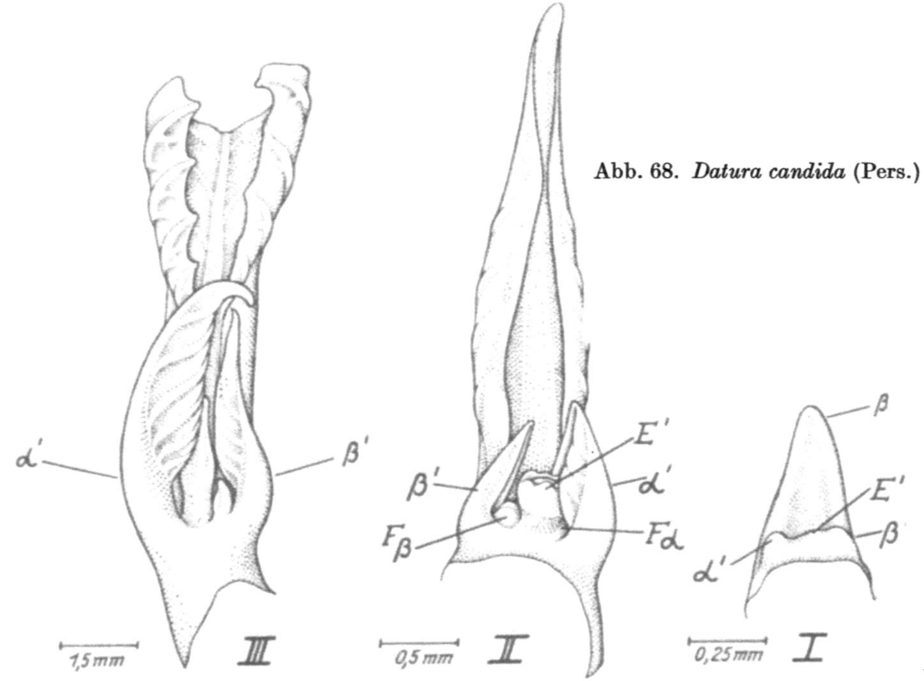

Abb. 68. *Datura candida* (Pers.) Saff. Entwicklungsgeschichte

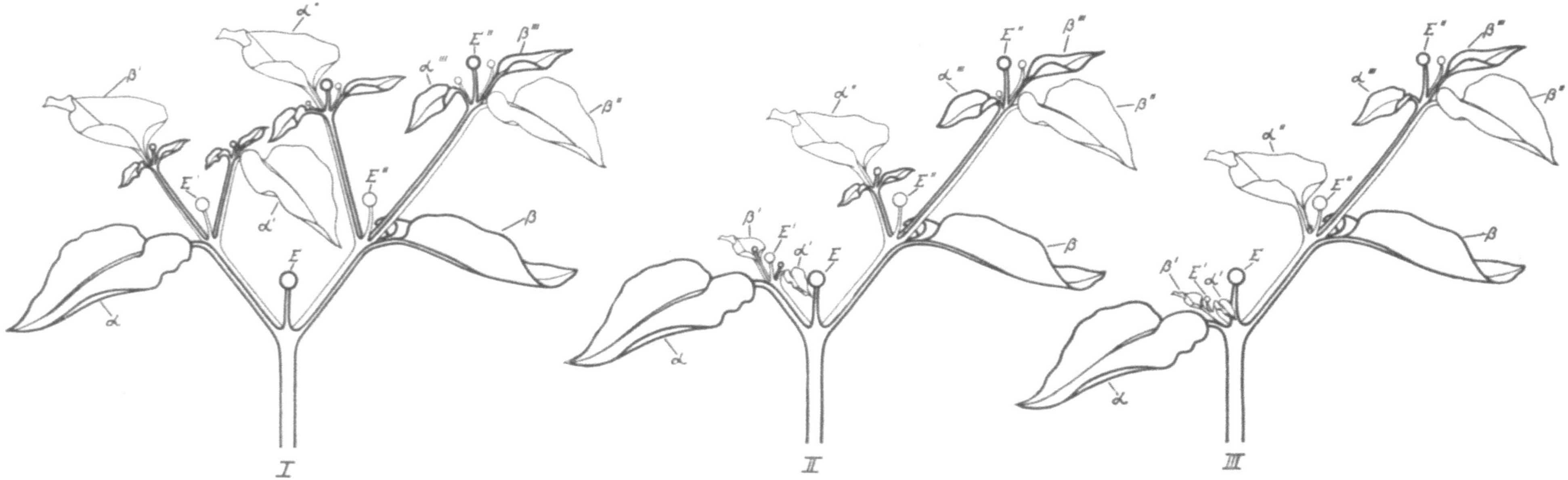

Abb. 69. *Datura* L. Verzweigungsformen

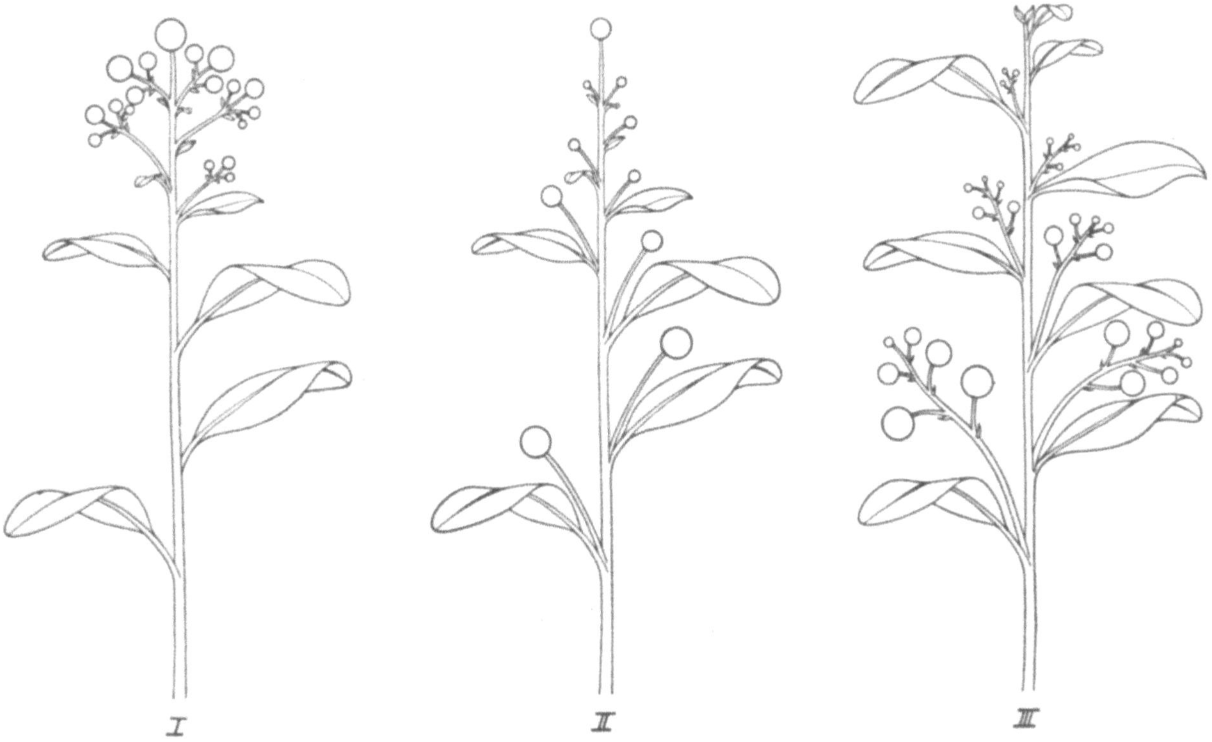

Abb. 70. *Cestrum* L. Verzweigungsformen. Die Blüten sind durch Kreise symbolisiert. Die Aufblühfolge ist aus der Kreisgröße zu entnehmen. Zuerst gelangen jene Blüten zur Anthese, die den größten Umfang aufweisen

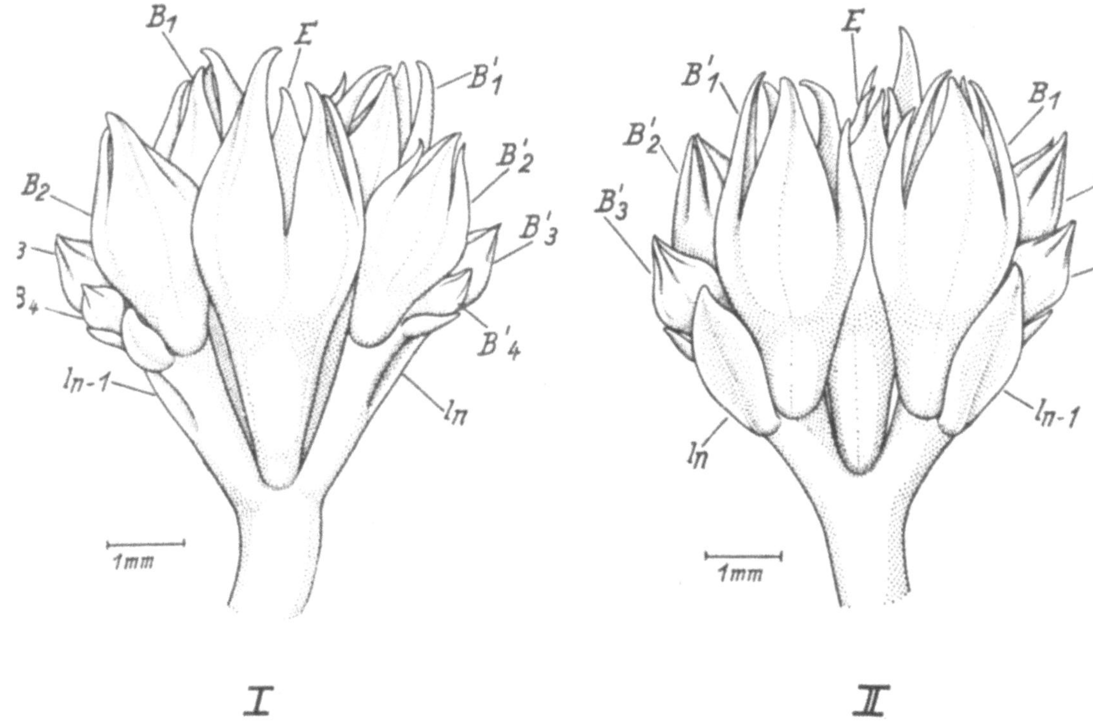

Abb. 71. *Cestrum elegans* (Scheidw.) Schlechtd. Infloreszenzknospen

Abb. 72. *Cestrum albo-tomentosum* U. Dammer

Abb. 73. *Cestrum bracteatum* Link et Otto

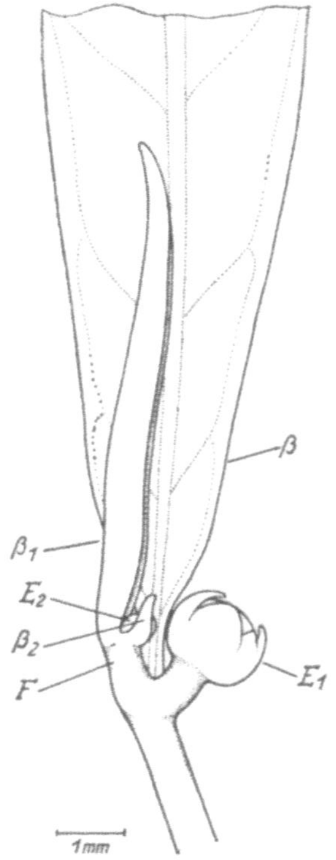

Abb. 74. *Coeloneurum ferrugineum* (Spreng.) Urb. An jedem Sympodialglied wird nur ein Vorblatt gebildet. β = Tragblatt des mit Blüte E_1 endenden Sprosses. Dessen Vorblatt (β_1) bringt den Fortsetzungstrieb hervor und wird vom eigenen Achselsproß hochgeführt

Abb. 75. *Sessea vestita* (Hook.) Miers.

Abb. 76. *Metternichia wercklei* Schumann

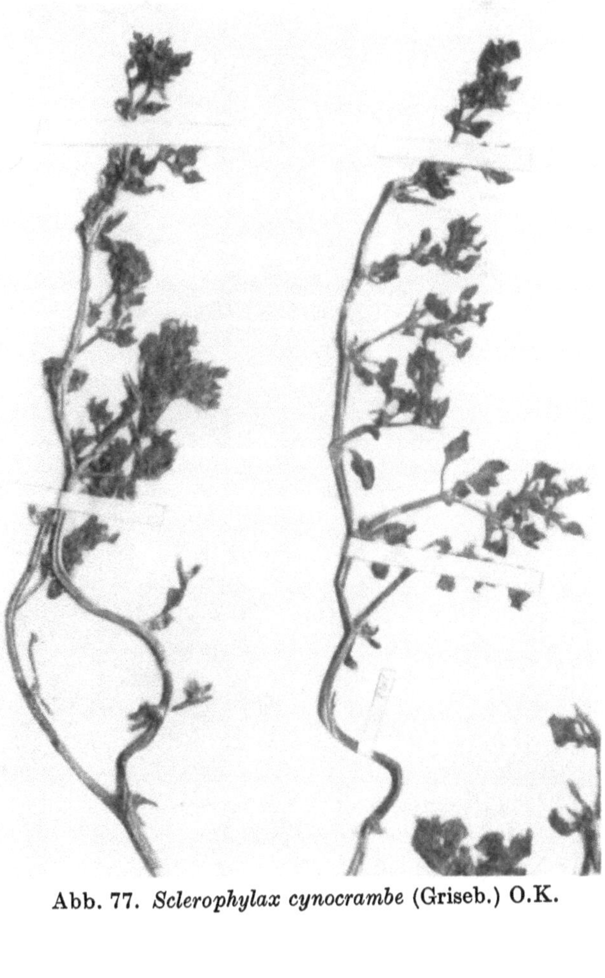

Abb. 77. *Sclerophylax cynocrambe* (Griseb.) O.K.

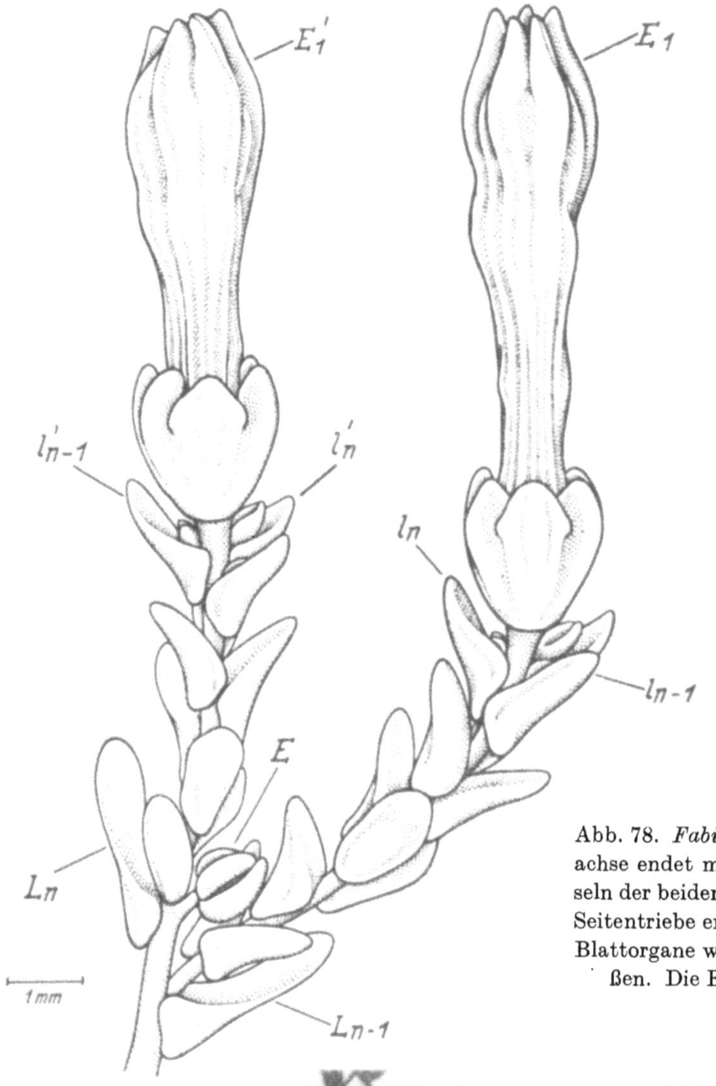

Abb. 78. *Fabiana imbricata* Ruiz et Pav. Die Hauptachse endet mit Blüte *E* (verkümmert). In den Achseln der beiden letzten Laubblätter (L_{n-1}, L_n) werden Seitentriebe entwickelt, die nach Ausbildung mehrerer Blattorgane wieder mit einer Blüte (E_1, E'_1) abschließen. Die Erneuerung erfolgt an gleicher Stelle (l_n, l_{n-1}; l'_n, l'_{n-1})

Abb. 79. *Fabiana densa* Remy

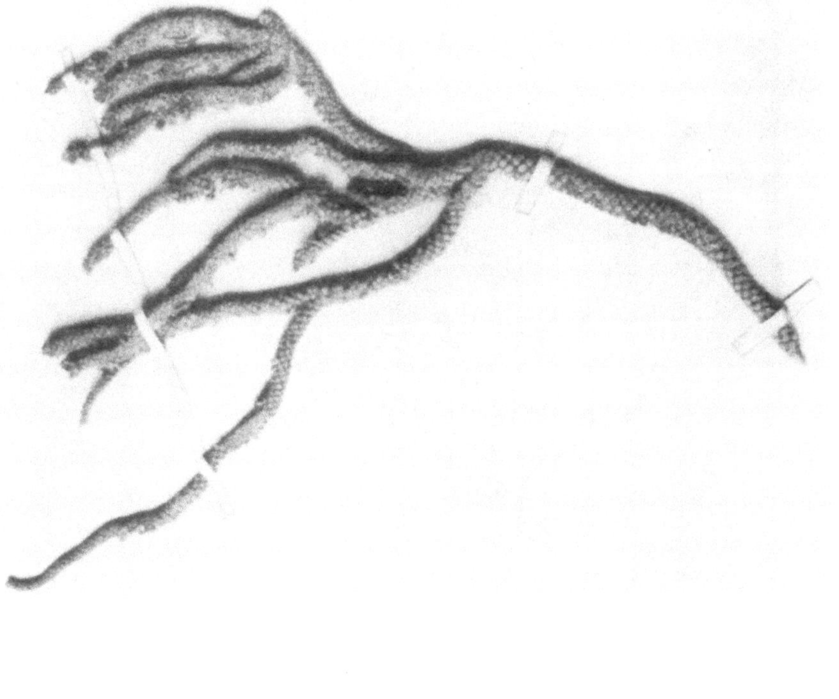

Abb. 80. *Fabiana bryoides* Phil.

Abb. 81. *Vestia foetida* (Ruiz et Pav.) Hoffmgg.

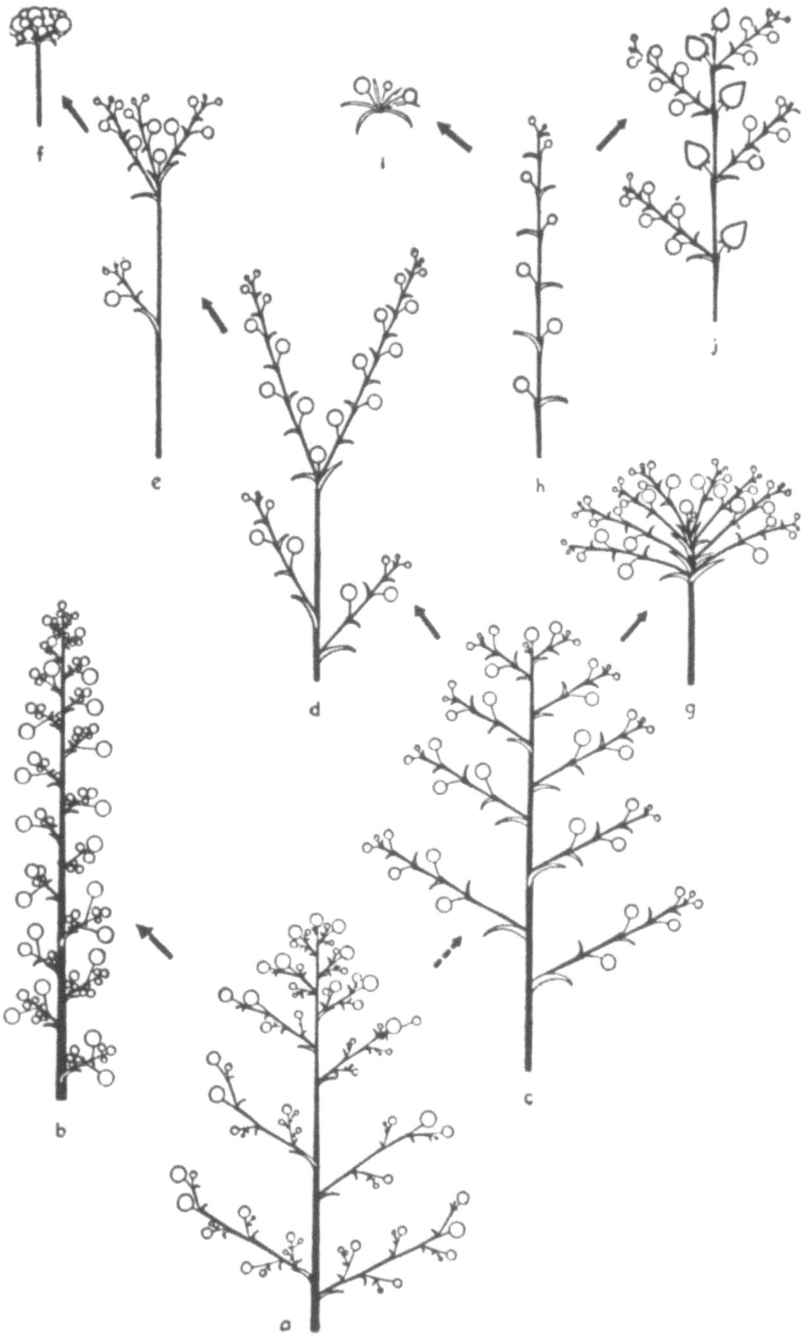

Abb. 82. *Nicotiana* L. Schema der Verzweigungsformen nach GOODSPEED (1954)

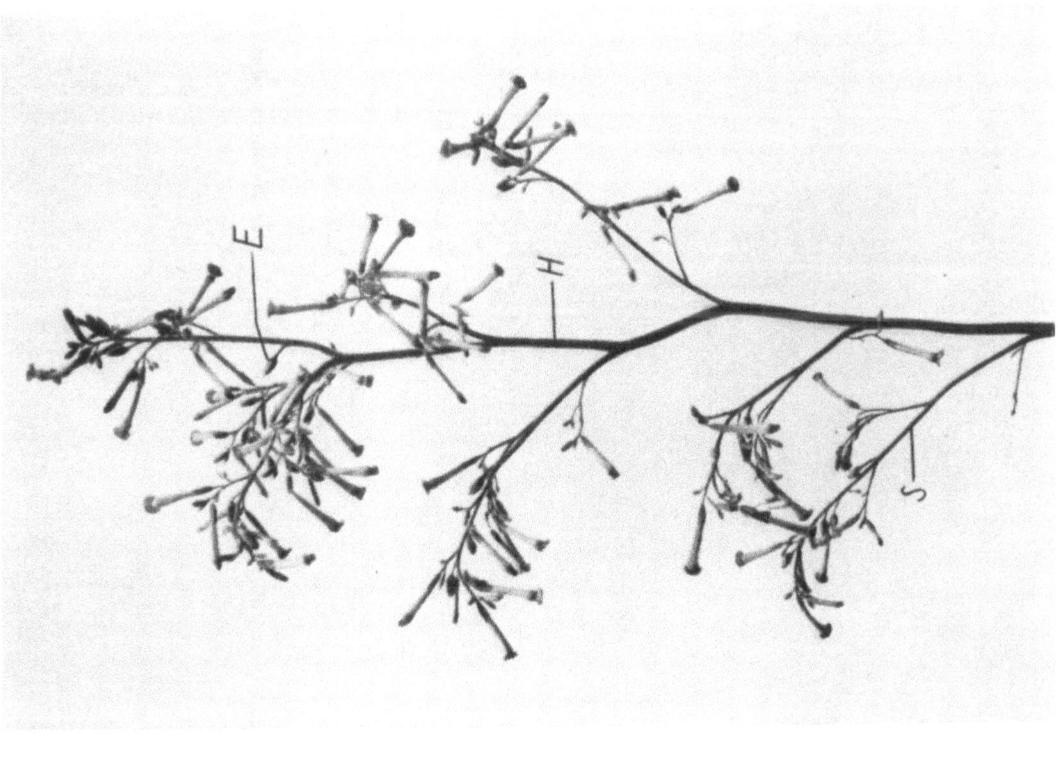

Abb. 83. *Nicotiana paniculata* L. Synfloreszenz. H = Hauptachse, E = Endblüte, S = der am weitesten basale Teilblütenstand

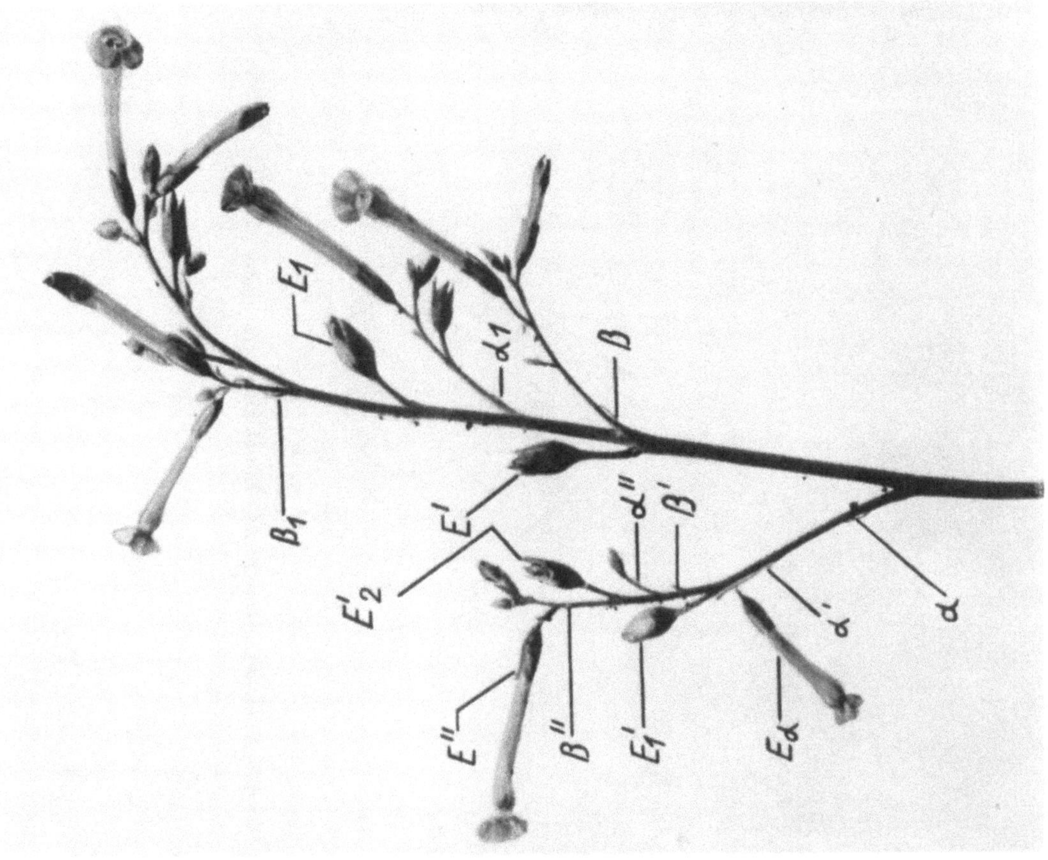

Abb. 84. *Nicotiana paniculata* L. Teilblütenstand (S in Abb. 83).

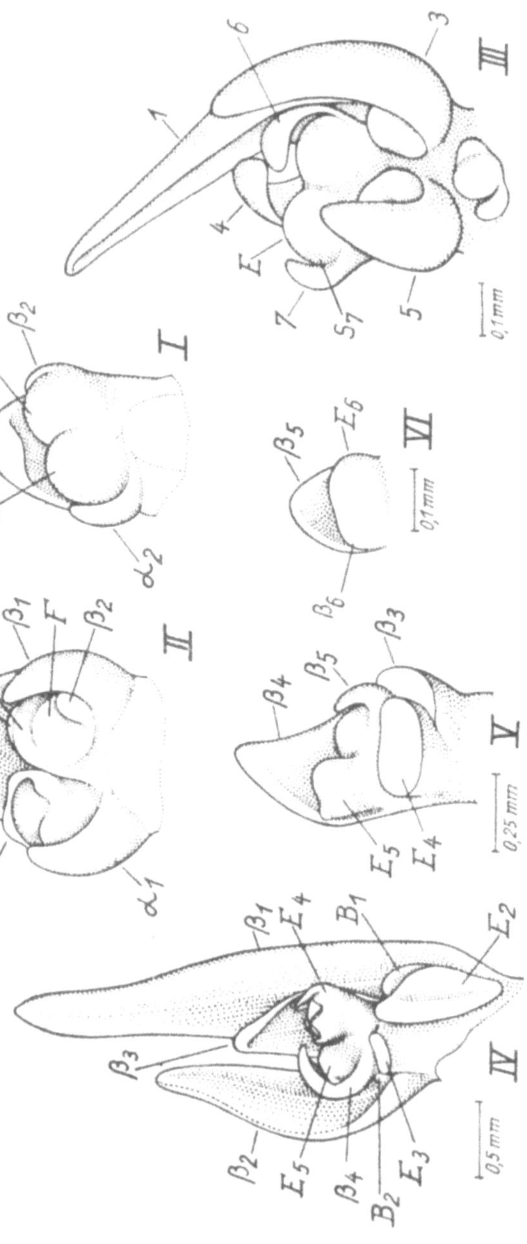

Abb. 85. Figg. I—III. *Nicotiana paniculata* L. Figg. IV—VI. *N. alata* Link et Otto. — Entwicklungsgeschichte

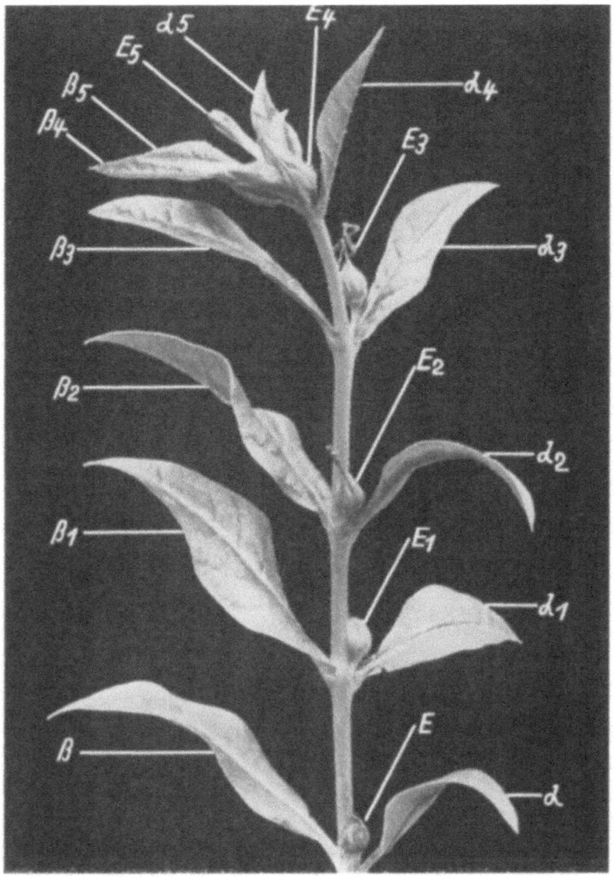

Abb. 86. *Nicotiana quadrivalvis* Pursh. Die vegetative Achse ist ein Sympodium. Vorblätter (α, β) und Endblüten (E) eines jeden monochasialen Abschnittes (vgl. Indices) entfalten sich in gleicher Höhe

Abb. 87. *Nicotiana quadrivalvis* Pursh. Bisweilen entfalten sich die Vorblätter (α_1, β_1) in verschiedener Höhe. B = Beiknospe; S = Seitenknopse; E, E_1 = Endblüten

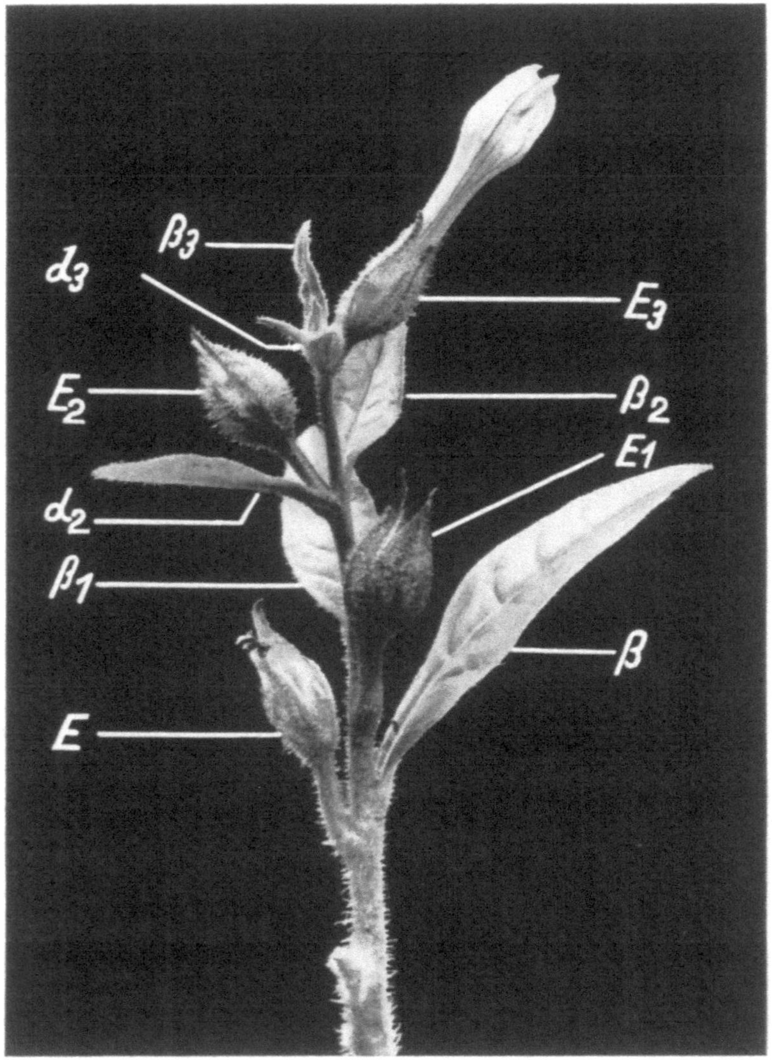

Abb. 88. *Nicotiana quadrivalvis* Pursh. An jedem Sympodialglied wird bisweilen nur ein Vorblatt entwickelt (β, E; β_1, E_1). Später können an gleichem Monochasium wieder zwei Vorblätter auftreten (α_2, β_2, E_2; α_3, β_3, E_3)

Abb. 89. *Nicotiana glutinosa* L. Die Laubblätter werden im reproduktiven Abschnitt allmählich zu Hochblättern

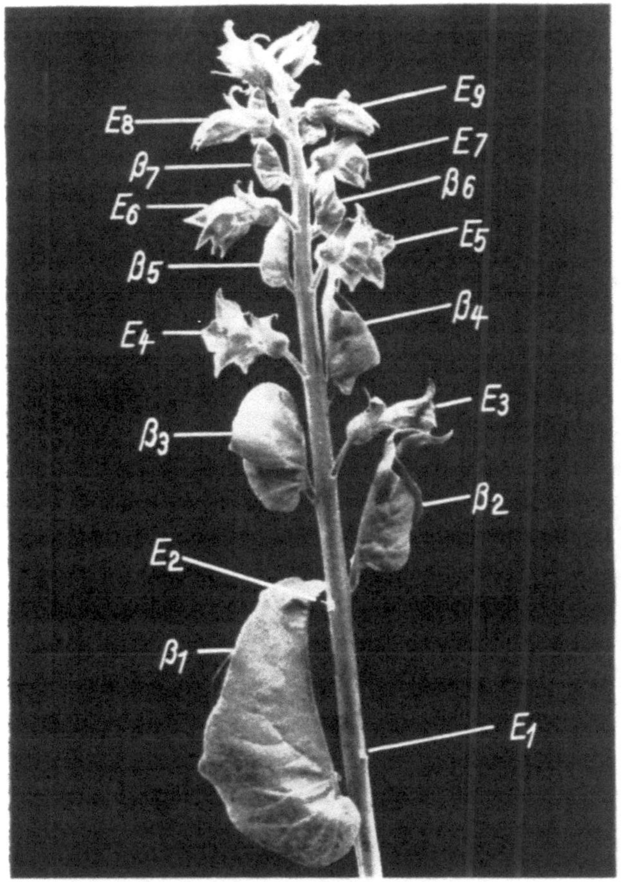

Abb. 90. *Nicotiana glutinosa* L. Endinfloreszenz. Der Blütenstand ist eine Wickel. Vorblätter und Blüten, die demselben Sympodialglied angehören, tragen gleiche Indices

Abb. 91. *Nicotiana tomentosa* Ruiz et Pav. Die Teilblütenstände der Synfloreszenz sind Wickel

Abb. 92. *Nicotiana palmeri* Gray. Die Achse ist ein Sympodium. Die laubblattartigen Vorblätter nehmen nach der Sproßknospe zu allmählich Hochblattcharakter an

Abb. 93. *Nicotiana acuminata* (Grah.) Hook. Junge Infloreszenz

Abb. 94. *Nicotiana paniculata* L. Topfpflanze. Dieses Exemplar befindet sich in gleicher Entwicklungshöhe wie die in Abb 93 dargestellte *N. acuminata* (Grah.) Hook. E = Endblüte, E_1 = Seitenblüte I. Ordnung, L_n = deren Tragblatt, L_{n-1} = laubblattartiges Hochblatt, dessen Achselsproß noch vegetativen Charakter besitzt

Abb. 95. *Nicotiana rotundifolia* Lindl. = Infloreszenz. Die Zentralachse ist ein Monochasium

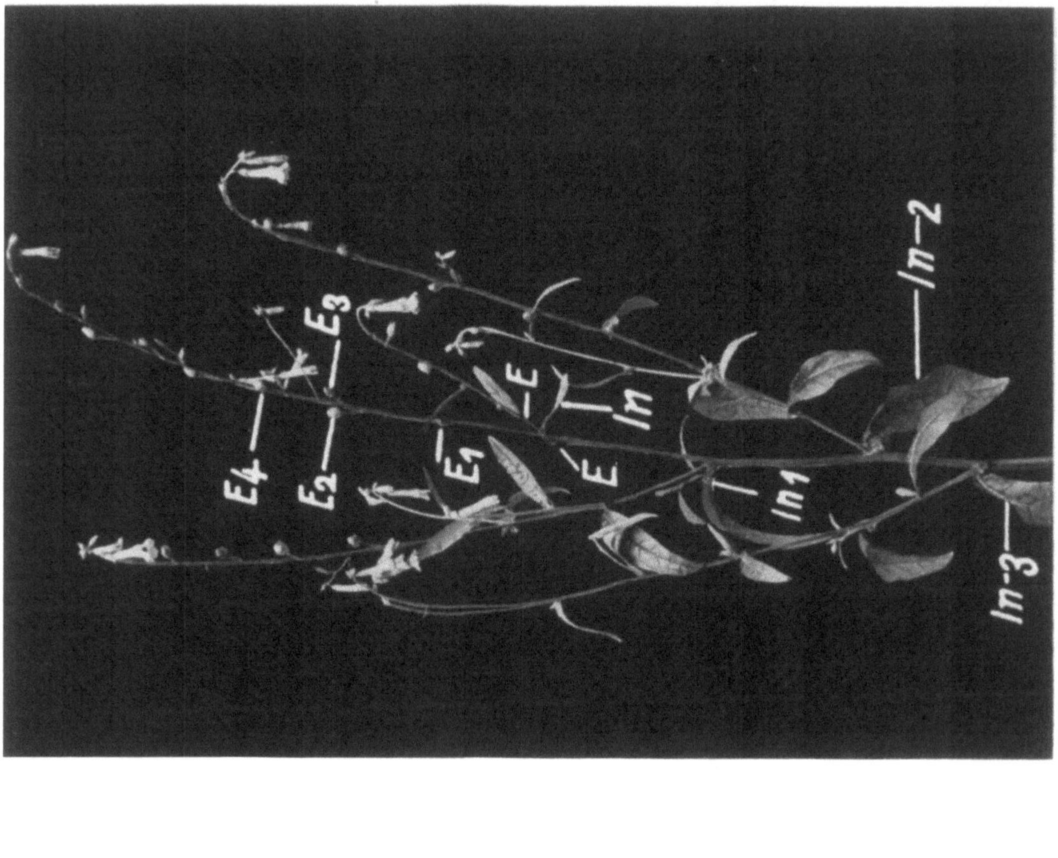

Abb. 96. *Nicotiana langsdorffii* Weinm. Endblütenstand

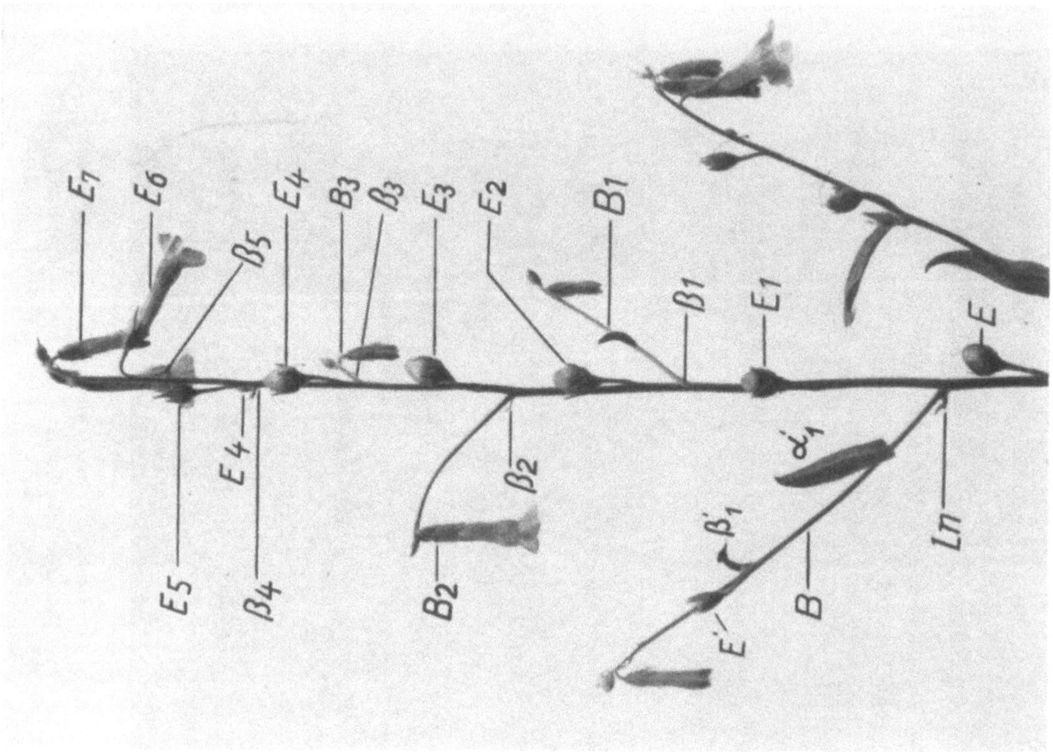

Abb. 97. *Nicotiana langsdorffii* Weinm. Partialinfloreszenz. Die Achse ist ein Monochasium. Endblüten (E), Vorblätter (β) und Beiknospen (B), die einem Sympodialglied ontogenetisch angehören, tragen gleiche Indices

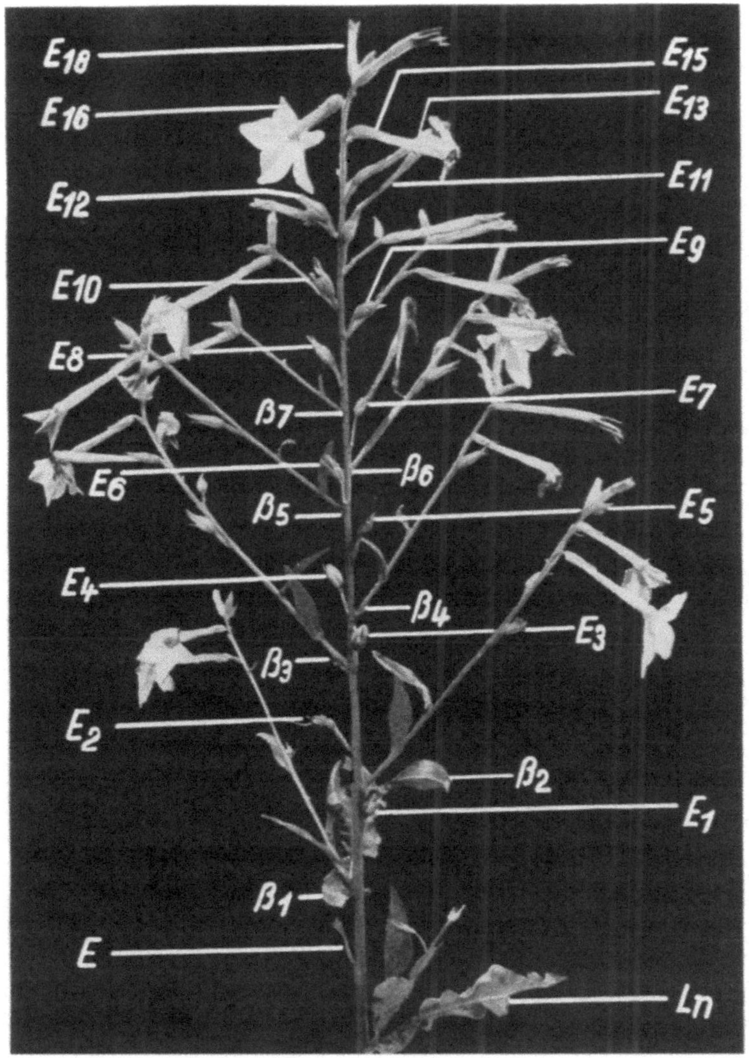

Abb. 98. *Nicotiana alata* Link et Otto. Blütenstand. Die Zentralachse ist ein Monochasium. Alle Blüten (E) und Vorblätter (β), die ontogenetisch demselben Sympodialglied angehören, tragen gleiche Indices. Die seitenständigen Triebe sind Beiknospen

Abb. 99. *Nicotiana alata* Link et Otto. Der Blütenstand ist eine Wickel. Beiknospen sind hier nicht sichtbar (vgl. Abb. 98)

Abb. 100. *Nicotiana sylvestris* Speg. et Com. Blütenstand zur Zeit der Anthese der Endblüte E. Die Internodien zwischen den einzelnen Partialinfloreszenzen sind nur wenig gestreckt

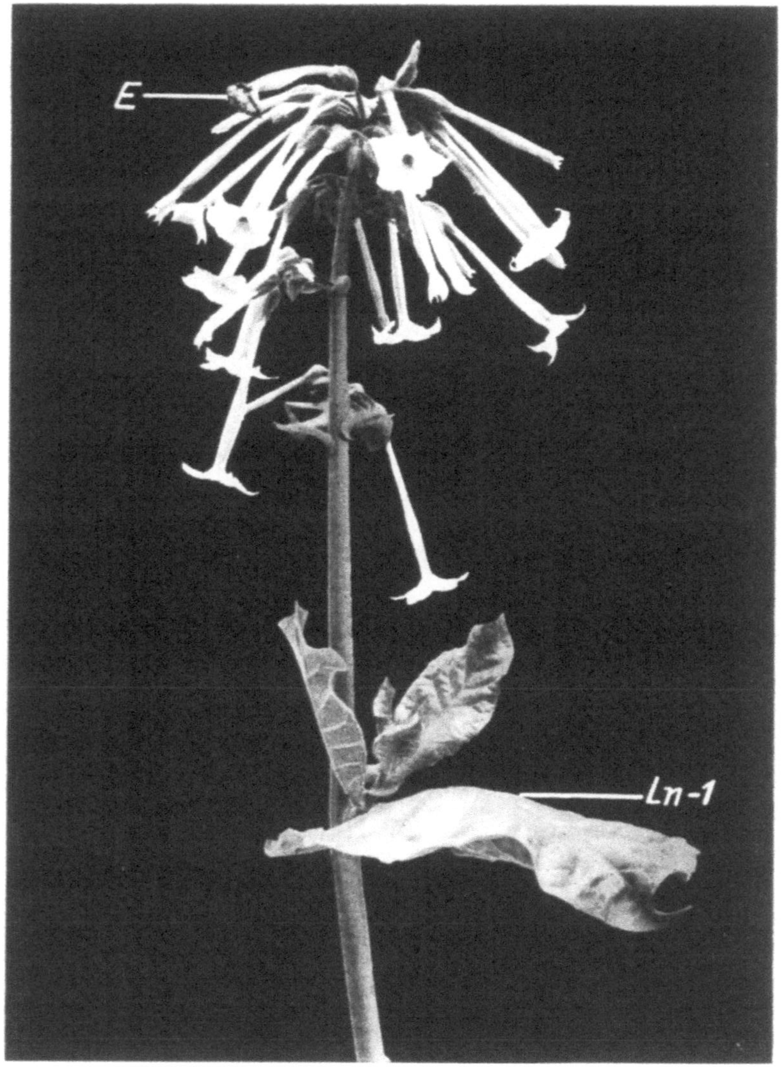

Abb. 101. *Nicotiana sylvestris* Speg. et Com. Blütenstand zur Zeit der Anthese der Seitenblüten I. Ordnung. Die Synfloreszenzachse ist jetzt stärker gestreckt

Abb. 102a. *Nicotiana tabacum* L. Blütenstand. Die Endblüte E ist in Postfloration, die Seitenblüten I. Ordnung sind in Anthese

Abb. 102b. *Nicotiana tabacum* L. Topfpflanze. An Hungerformen kommen nur sehr wenige Teilblütenstände unterhalb der Endblüte zur Ausbildung

Abb. 103. *Nicotiana rustica* L. var. *pumila* Schrank. Synfloreszenz. E = Endblüte. Die Hauptachse ist gestreckt

Abb. 104. *Nicotiana rustica* L. Eine Sorte mit stark gestauchter Synfloreszenzachse

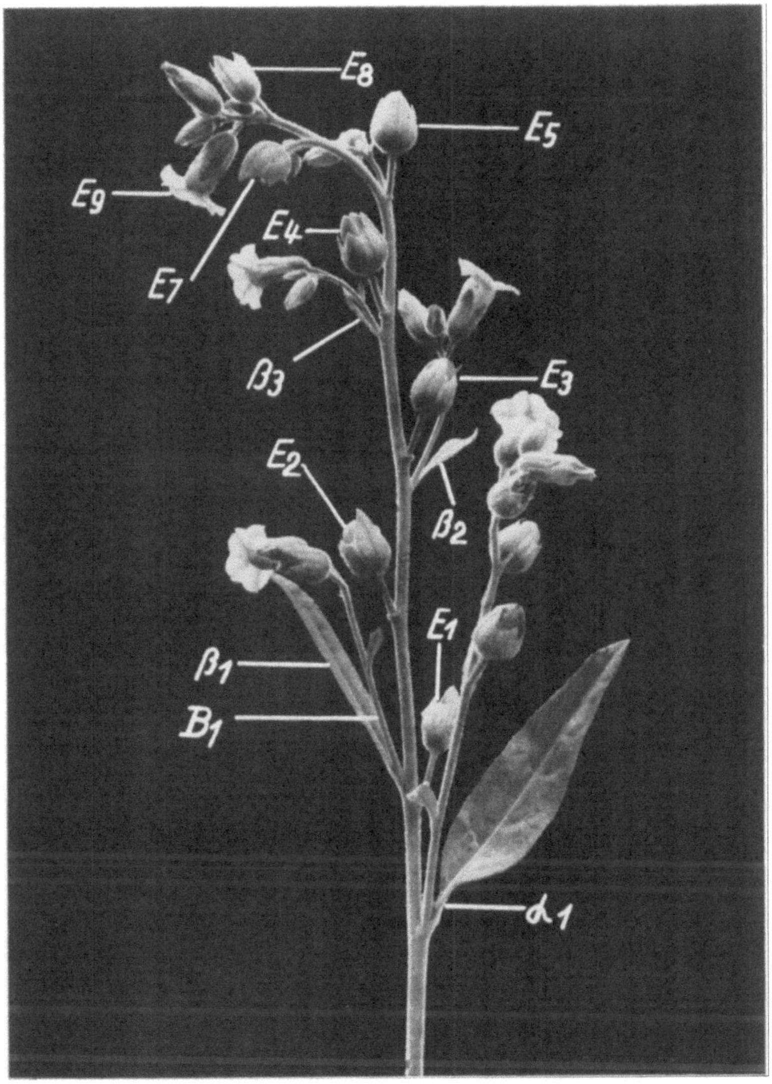

Abb. 105. *Nicotiana rustica* L. Teilblütenstand. Die Achse ist ein Monochasium. E_{1-9} = Endblüten der einzelnen Sympodialglieder; α, β = Vorblätter; B = Beiknospen

Abb. 106. Figg. I—III. *Nicotiana* L. Schema der Verzweigungsformen

Abb. 106. Figg. IV—VI. *Nicotiana* L. Schema der Verzweigungsformen

Abb. 107. *Nicotiana repanda* Willd. Junge Infloreszenz

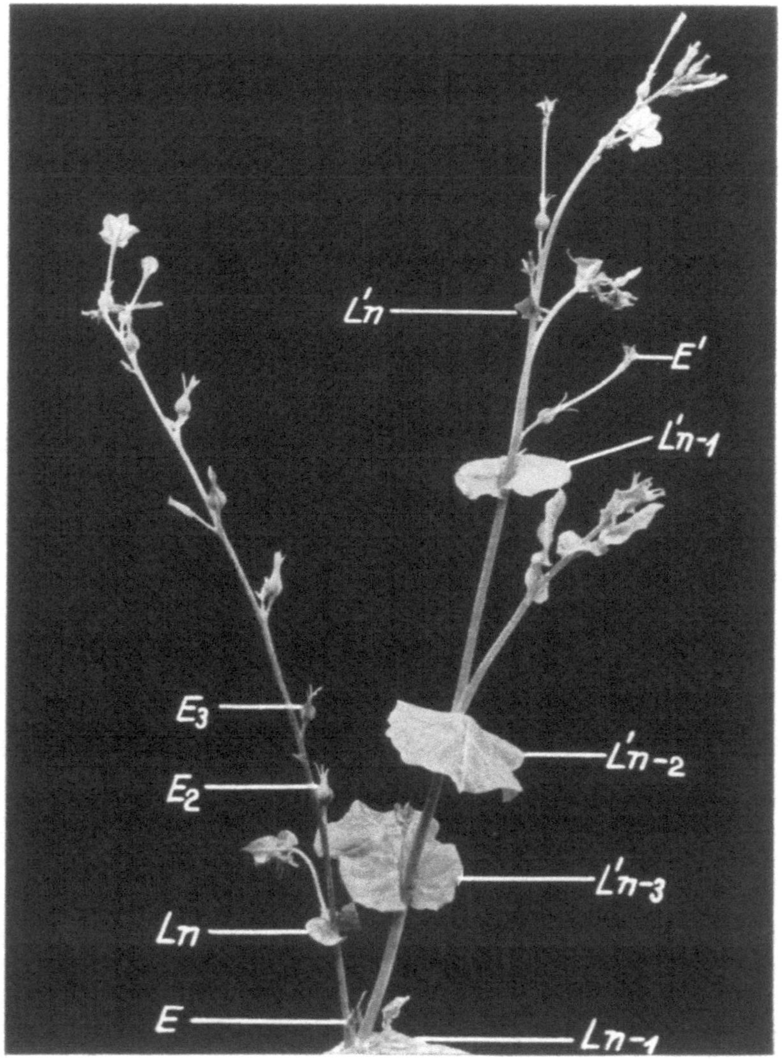

Abb. 108. *Nicotiana repanda* Willd. Der endständige Blütenstand wird durch den Seitentrieb aus der Achsel von L_{n-1} zur Seite gedrängt

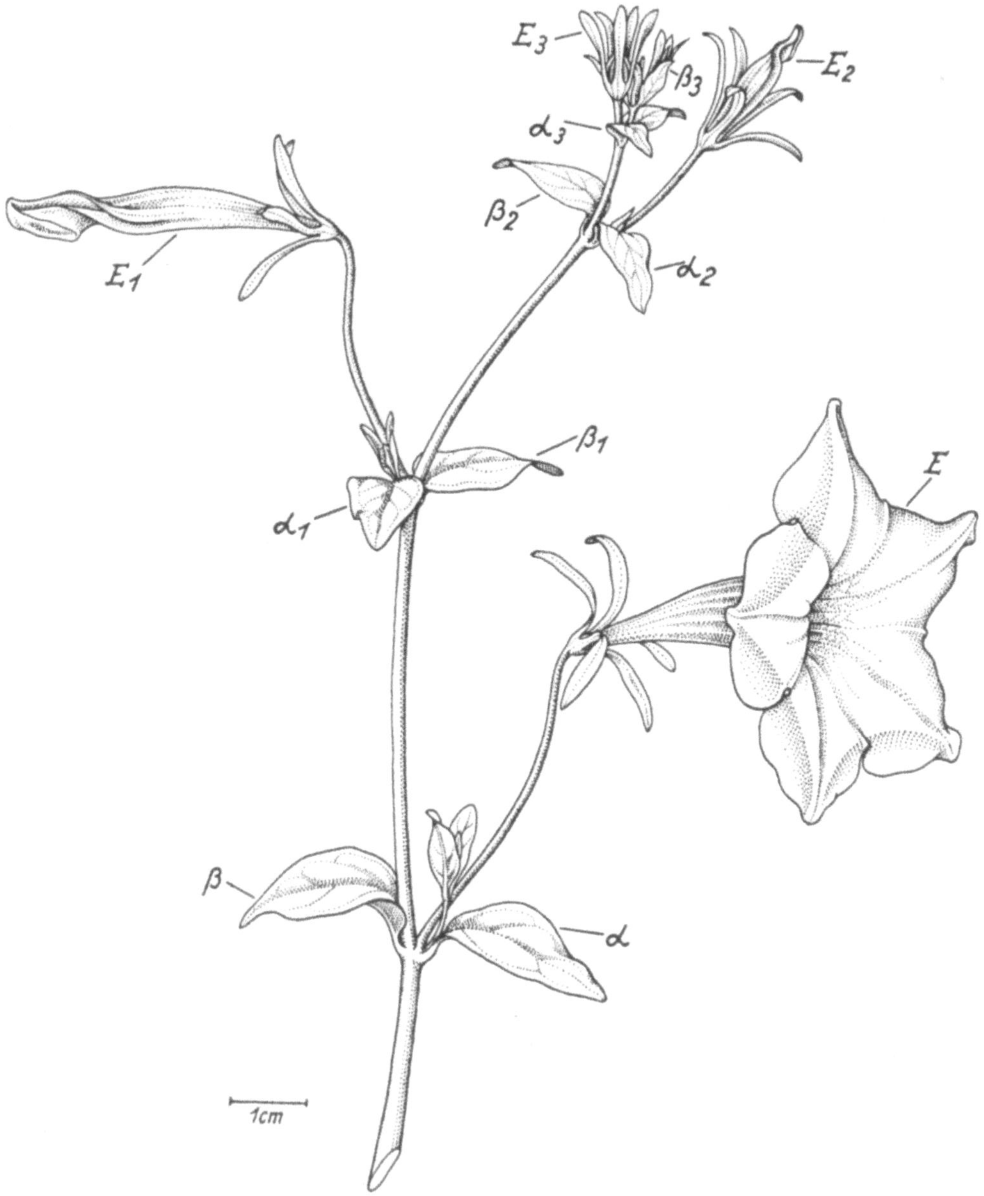

Abb. 109. *Petunia axillaris* (Lam.) B. S. P. Vorblätter (α, β) und Blüten (E) eines Sympodialgliedes (übereinstimmende Indices) entfalten sich in gleicher Höhe

Abb. 111. *Nierembergia frutescens* Dur. Primärachse mit Endblüte (E) und Seitenzweigen

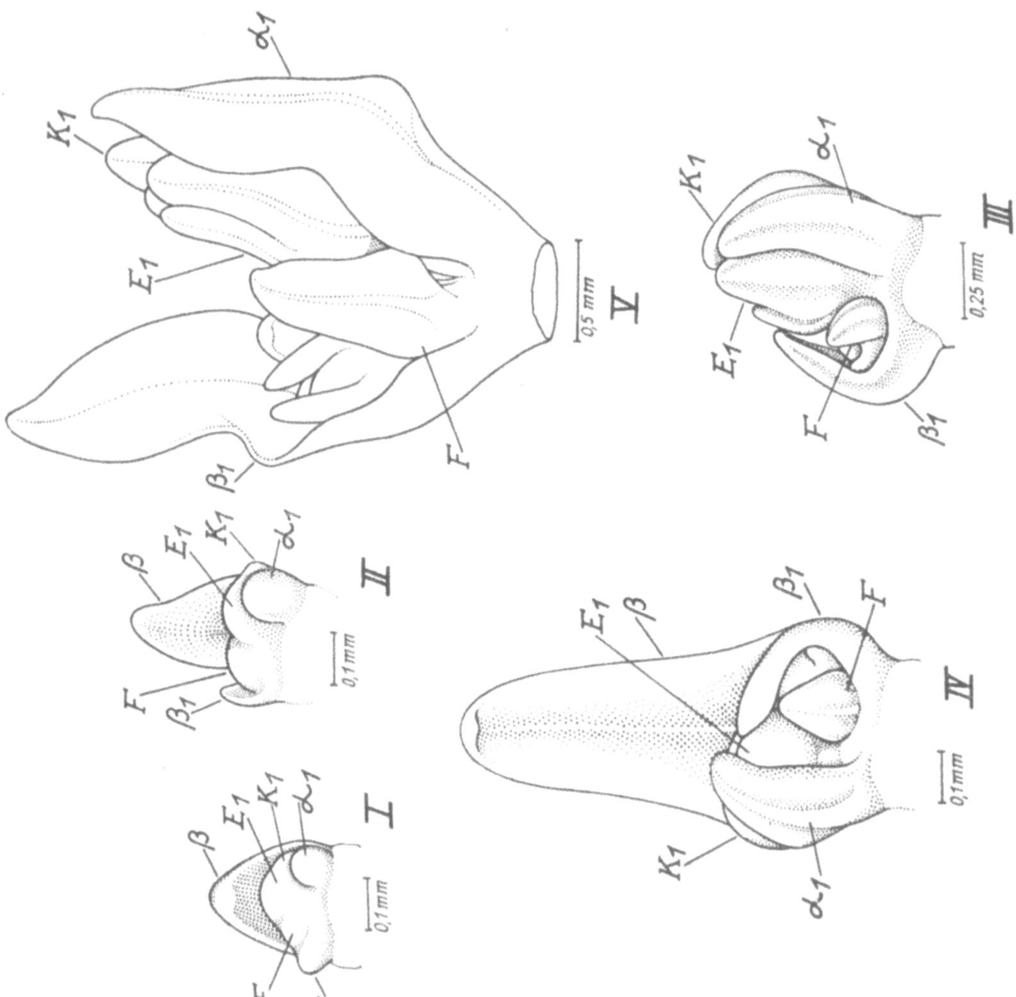

Abb. 110. *Petunia axillaris* (Lam.) B. S. P. Entwicklungsgeschichte

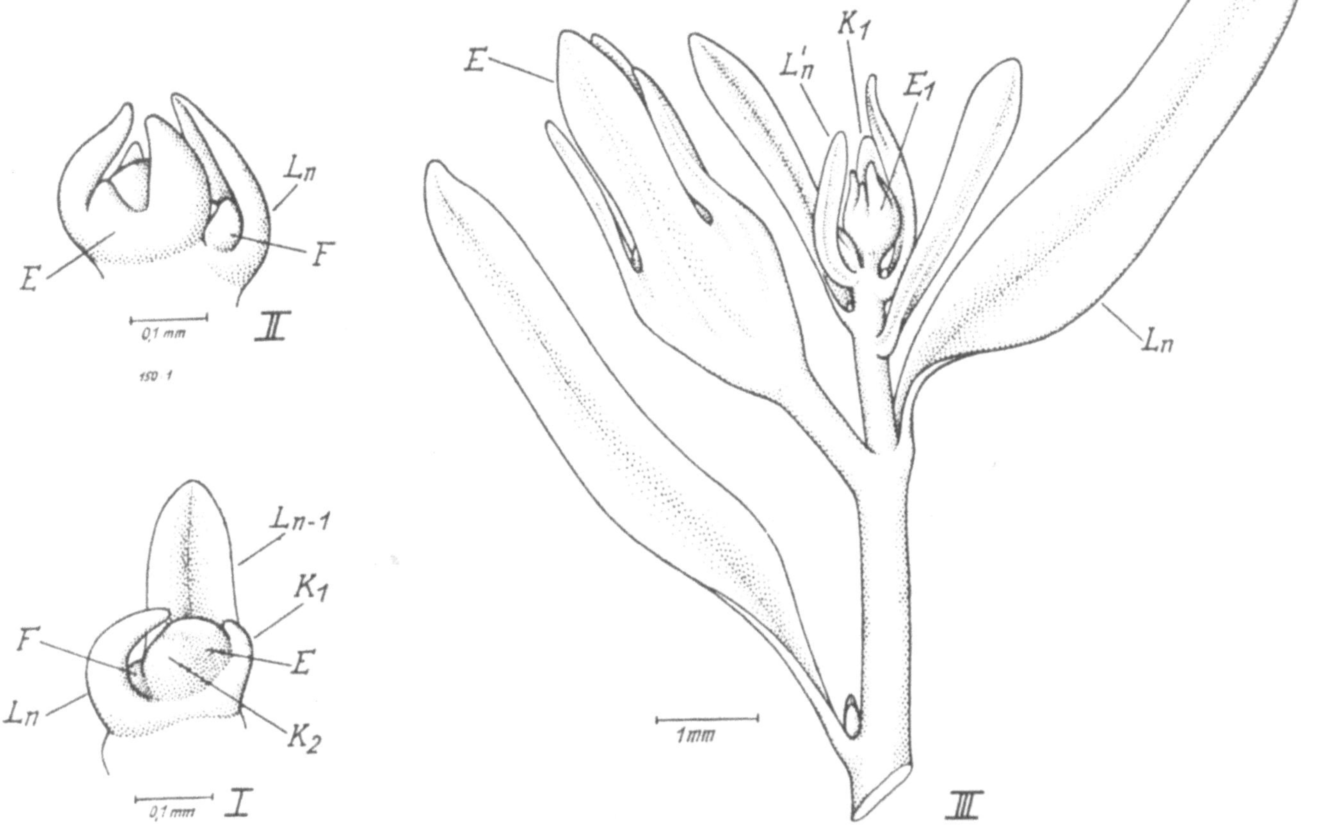

Abb. 112. *Nierembergia frutescens* Dur. Entwicklungsgeschichte

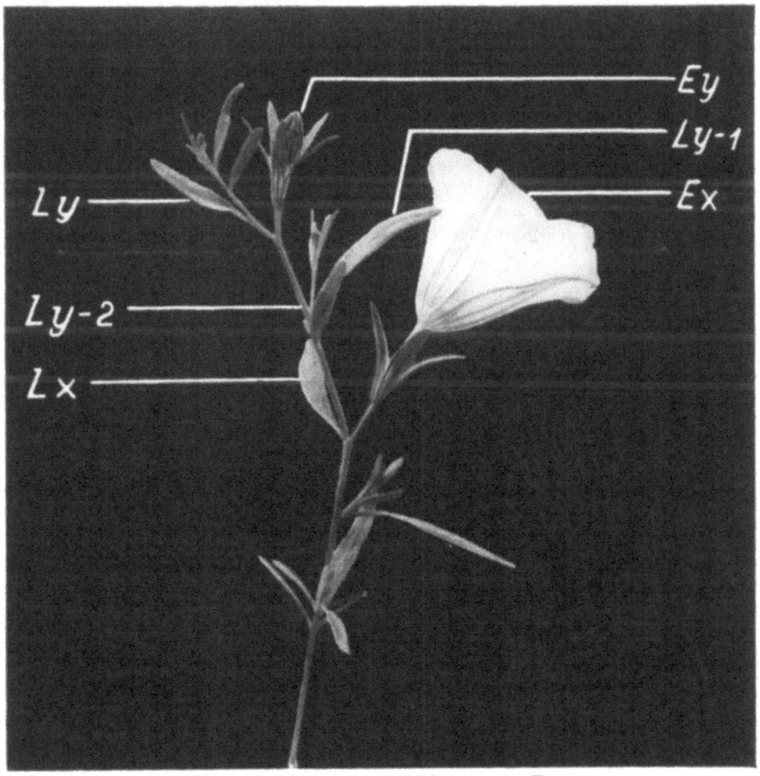

Abb. 113. *Nierembergia frutescens* Dur.

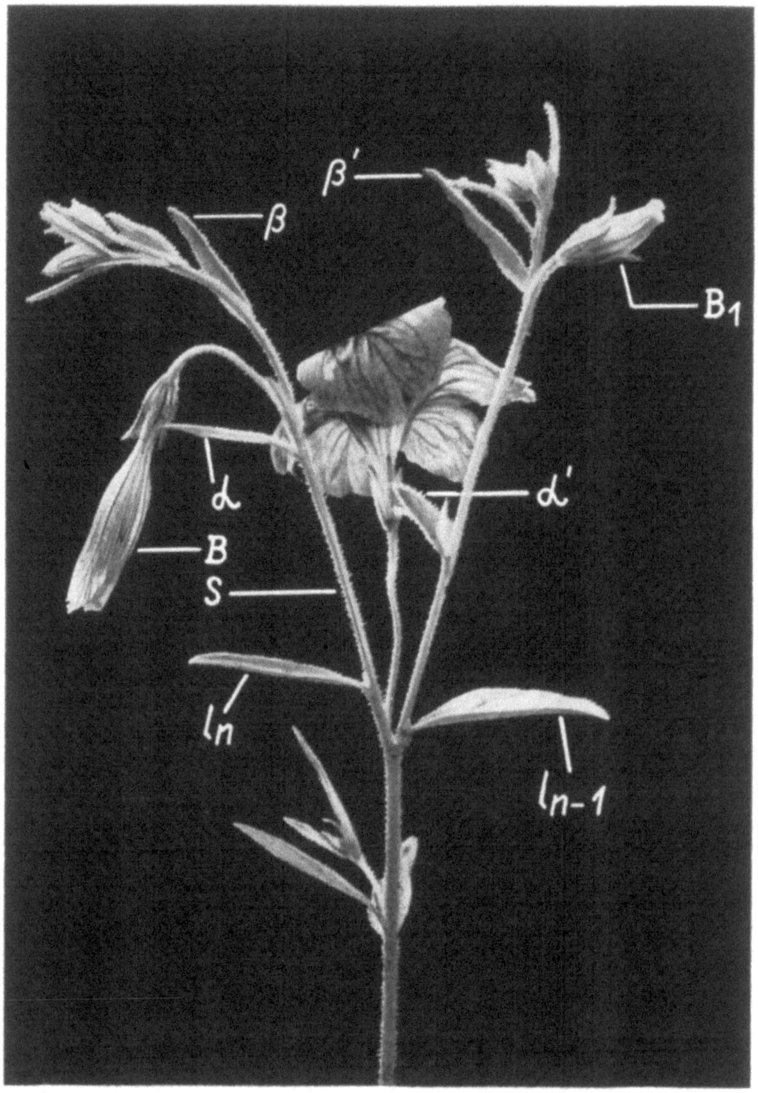

Abb. 114. *Salpiglossis sinuata* Ruiz et Pav. Endinfloreszenz

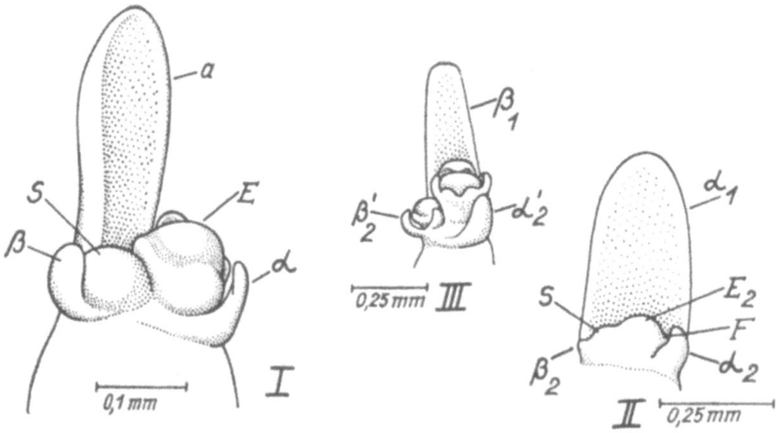

Abb. 115. Fig. I. *Salpiglossis sinuata* Ruiz et Pav. Entwicklungsgeschichte
Fig. II und III. *Schizanthus pinnatus* Ruiz et Pav. Entwicklungsgeschichte

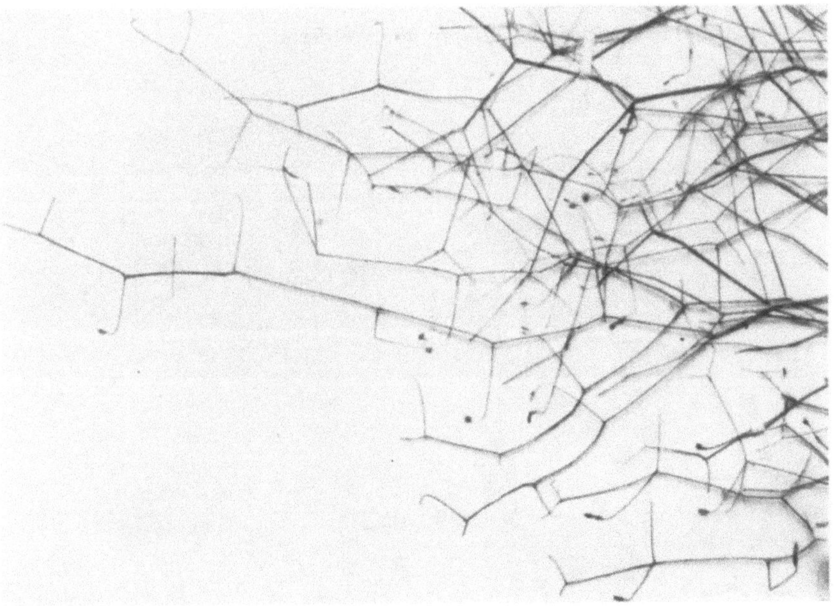

Abb. 116. *Salpiglossis chilensis* (Gay) Wettst. Habitus

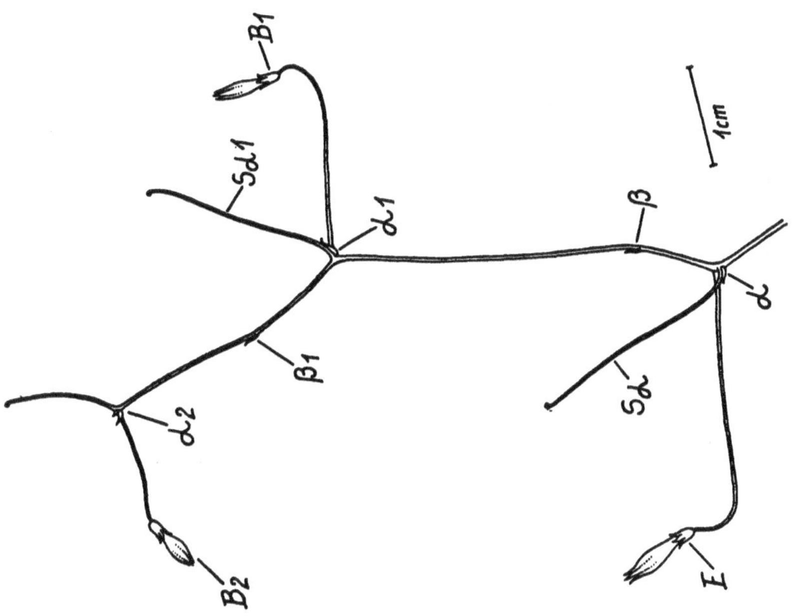

Abb. 117. *Salpiglossis chilensis* (Gay) Wettst. Einzeltrieb. Er ist monochasial zusammengesetzt

Abb. 118. *Salpiglossis juniperoides* Werderm

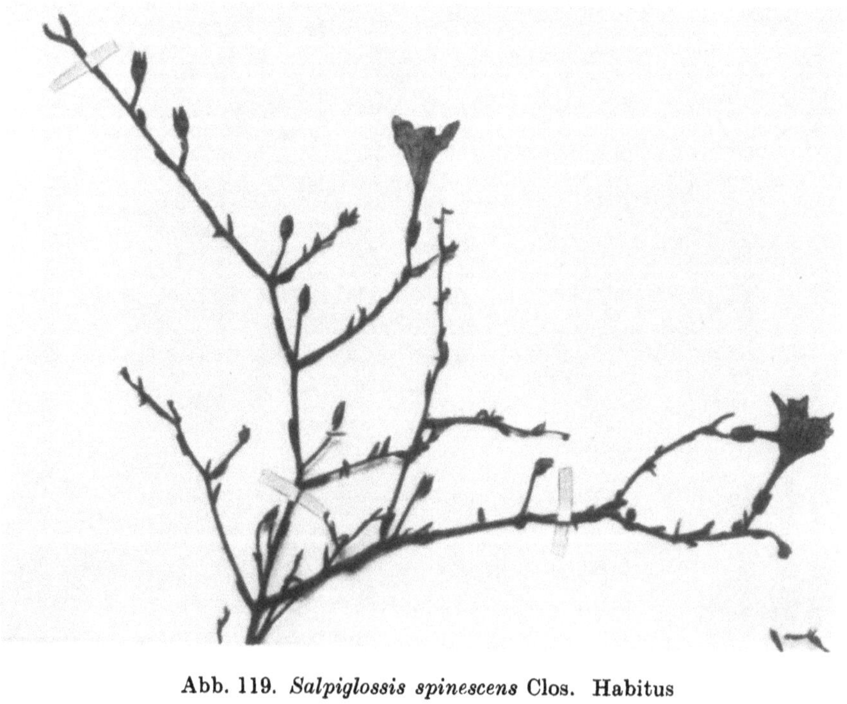

Abb. 119. *Salpiglossis spinescens* Clos. Habitus

Abb. 121. *Schizanthus pinnatus* Ruiz et Pav. Junger Blütenstand

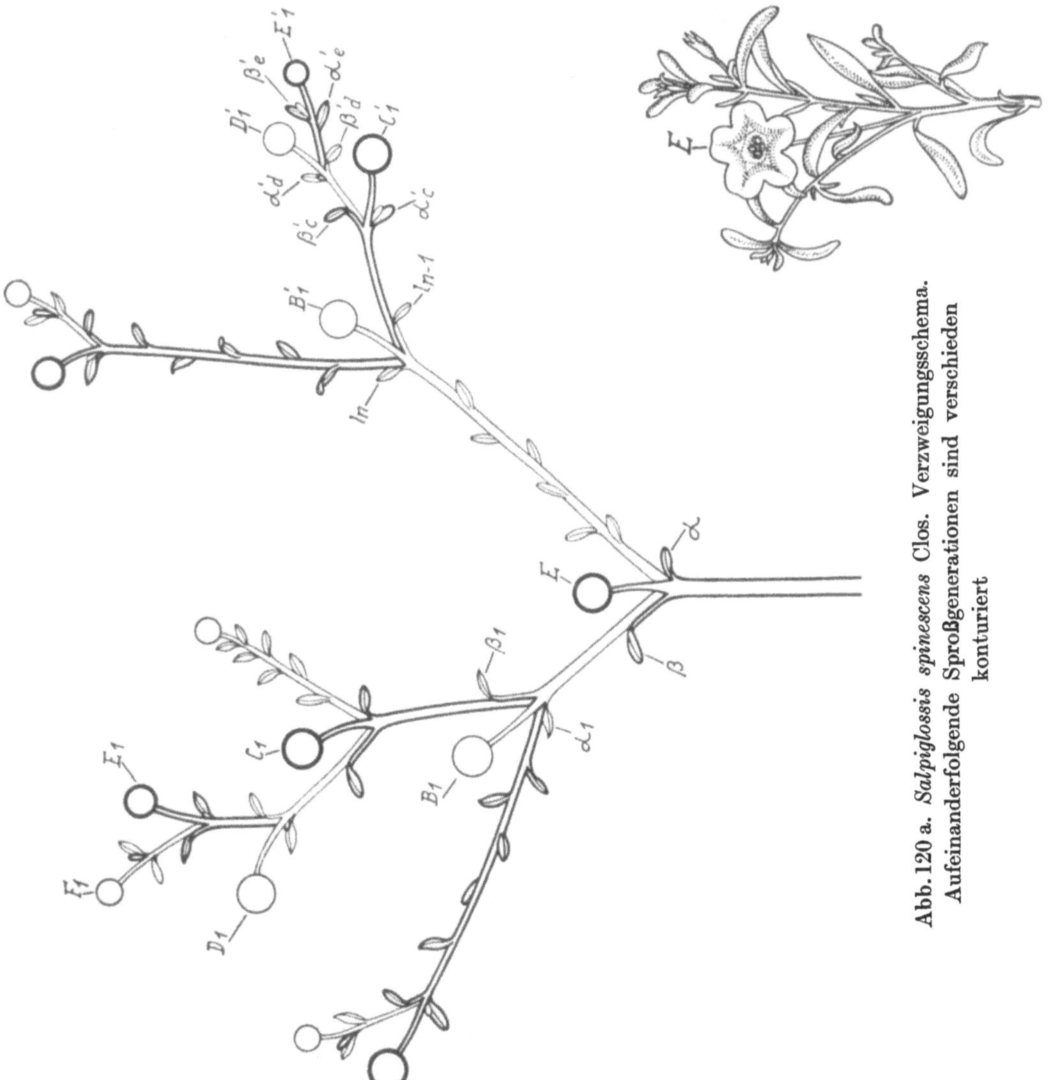

Abb. 120 a. *Salpiglossis spinescens* Clos. Verzweigungsschema. Aufeinanderfolgende Sproßgenerationen sind verschieden konturiert

Abb. 120 b. *Salpiglossis linearis* Hook. (Curtis' Bot. Mag., tab. 3256)

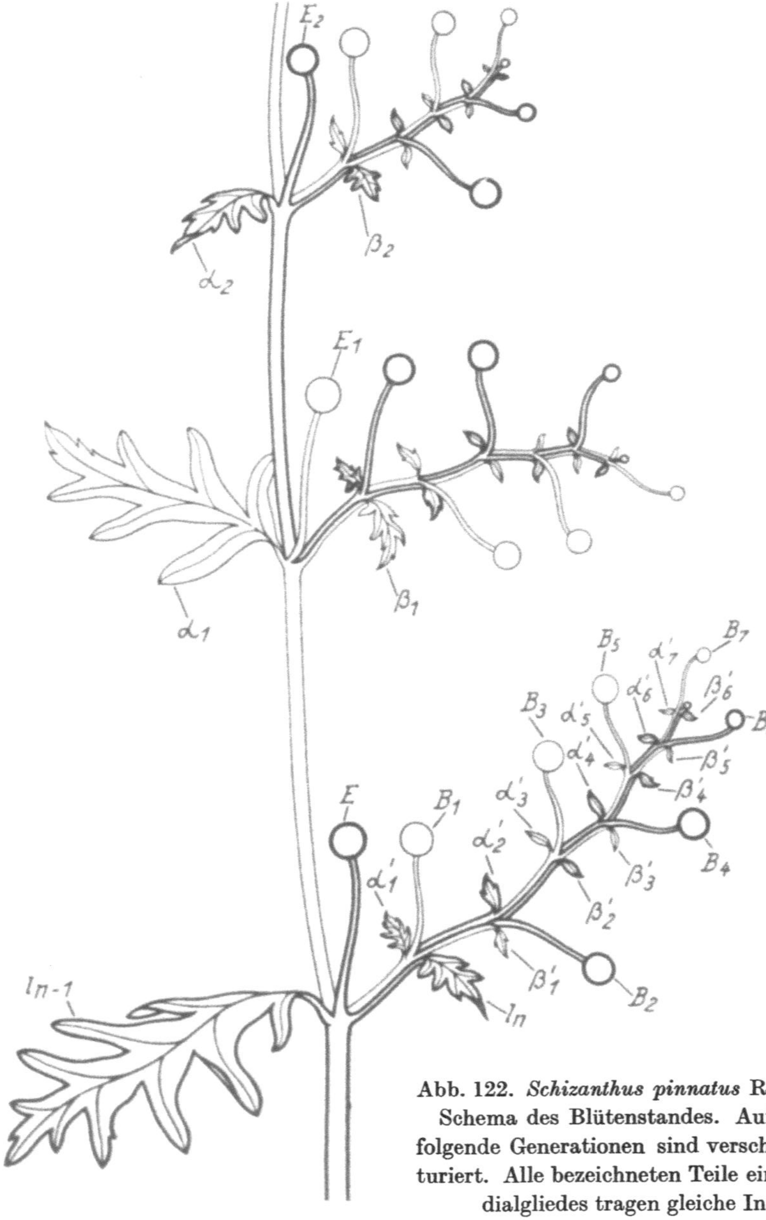

Abb. 122. *Schizanthus pinnatus* Ruiz et Pav. Schema des Blütenstandes. Aufeinanderfolgende Generationen sind verschieden konturiert. Alle bezeichneten Teile eines Sympodialgliedes tragen gleiche Indices

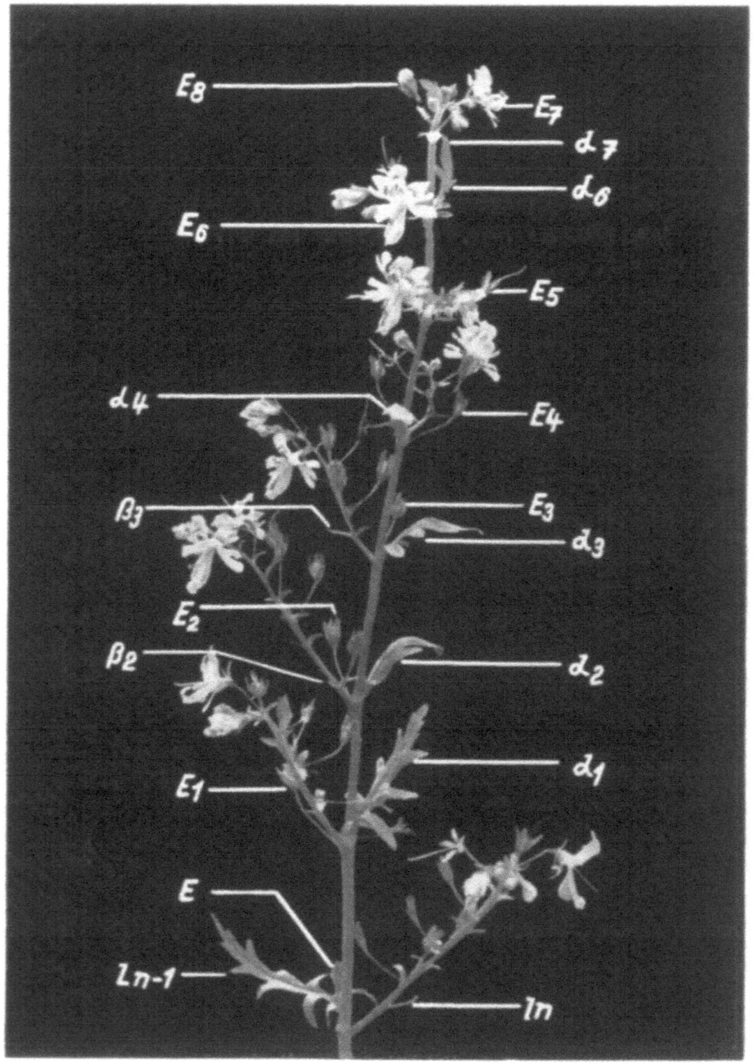

Abb. 123. *Schizanthus pinnatus* Ruiz et Pav. Älterer Blütenstand. Die Zentralachse ist monochasial zusammengesetzt. Vorblätter (α, β) und Blüten (E), die gleichem Sympodialglied angehören, sind durch gleiche Indices gekennzeichnet

Abb. 124. *Anthocercis viscosa* R. Br.

Abb. 125. *Schwenkia tweediana* Benth.

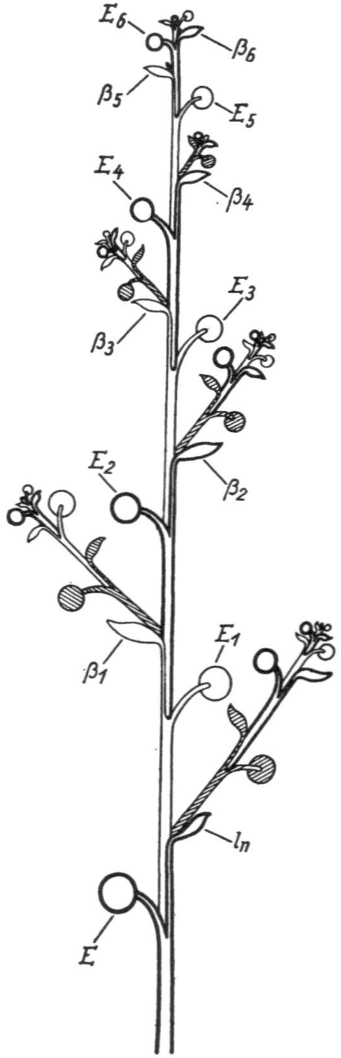

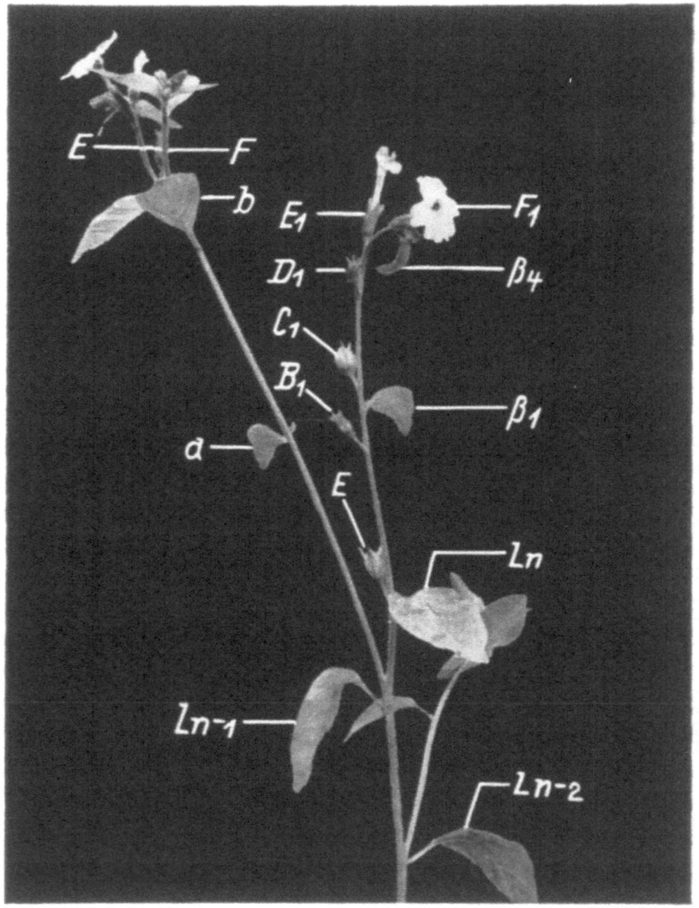

Abb. 127. *Browallia demissa* L. Der Seitensproß aus der Achsel von L_{n-1} übertrifft allmählich an Größe die endständige Infloreszenz

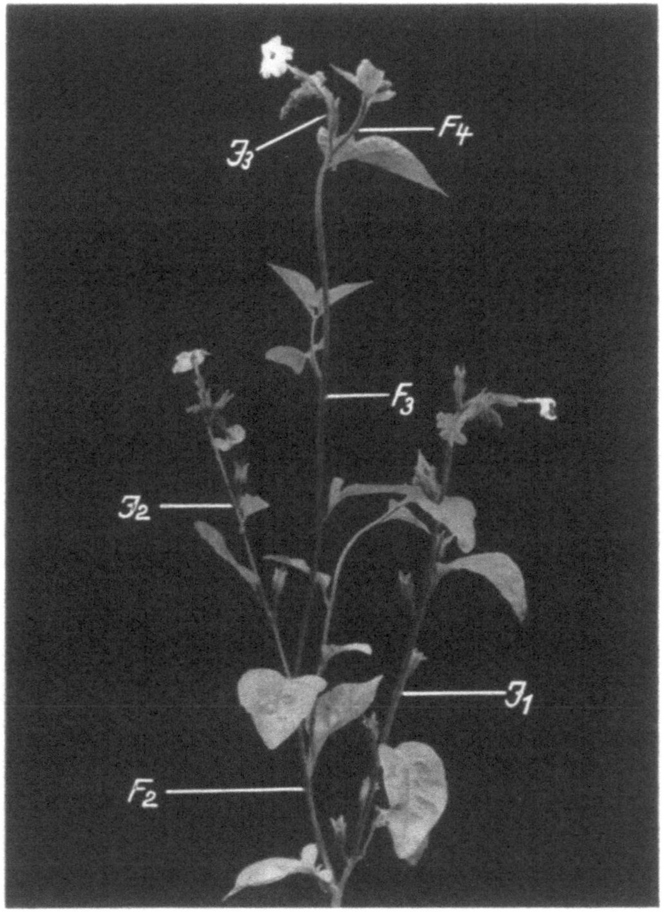

Abb. 128. *Browallia demissa* L. Jeder Fortsetzungstrieb (F) endet mit einem Blütenstand (I)

Abb. 126. *Schwenkia tweediana* Benth. Verzweigungsschema. Die Zentralachse ist monochasial zusammengesetzt. An jedem Sympodialglied wird ein Vorblatt (β) entwickelt ehe Blütenbildung (E) erfolgt. Die seitenständigen Triebe sind Beiknospen

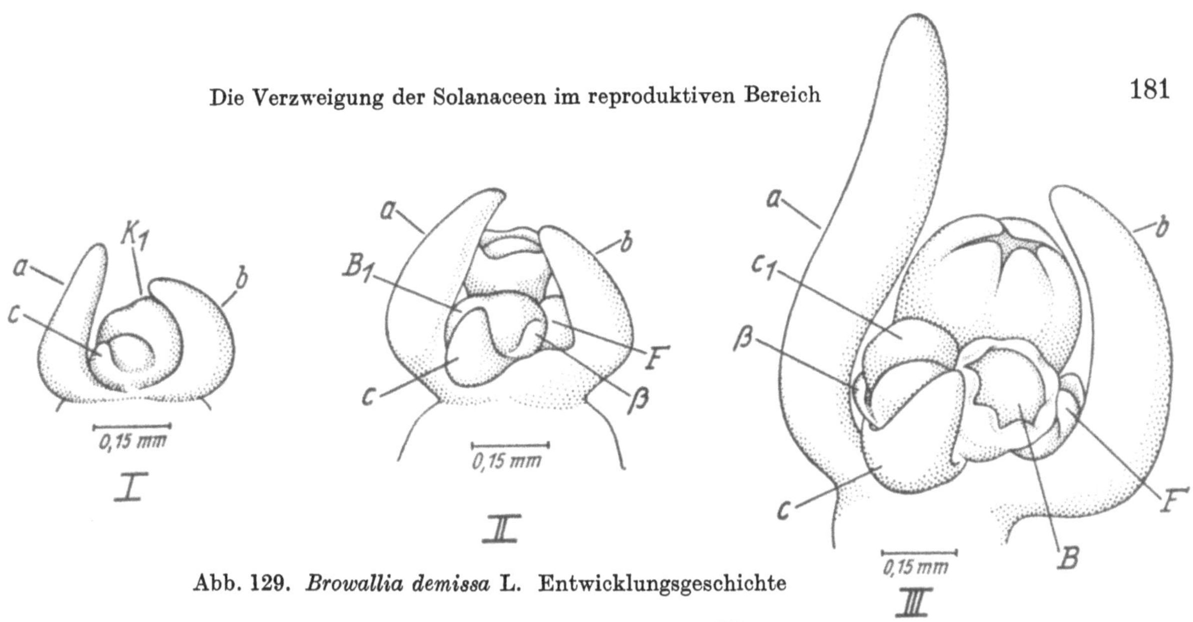

Abb. 129. *Browallia demissa* L. Entwicklungsgeschichte

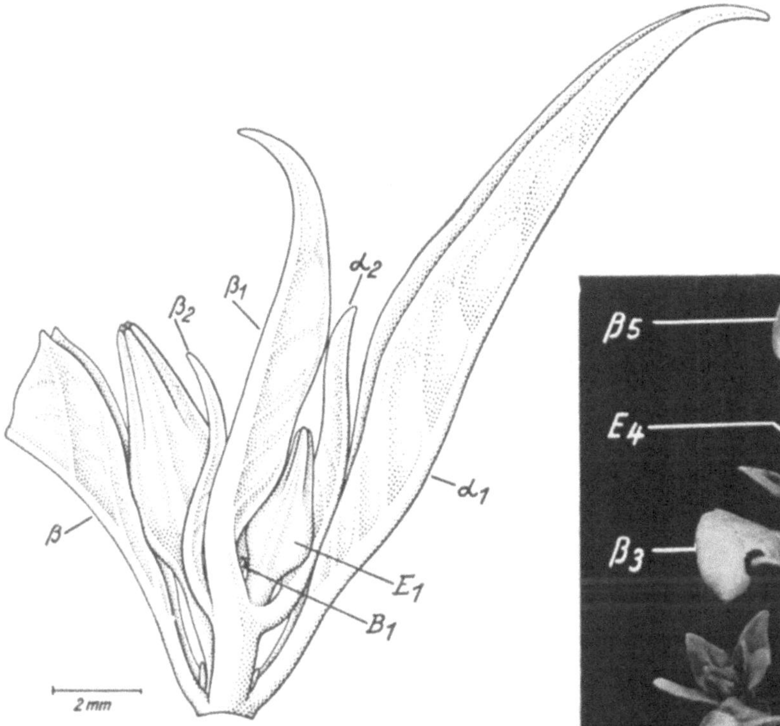

Abb. 130. *Browallia speciosa* Benth.

Abb. 131. *Nolana paradoxa* Lindl. Die vegetative Achse ist ein Sympodium. Vorblätter (α, β) und Blüten (E), die der selben Sproßgeneration angehören, tragen gleiche Indices

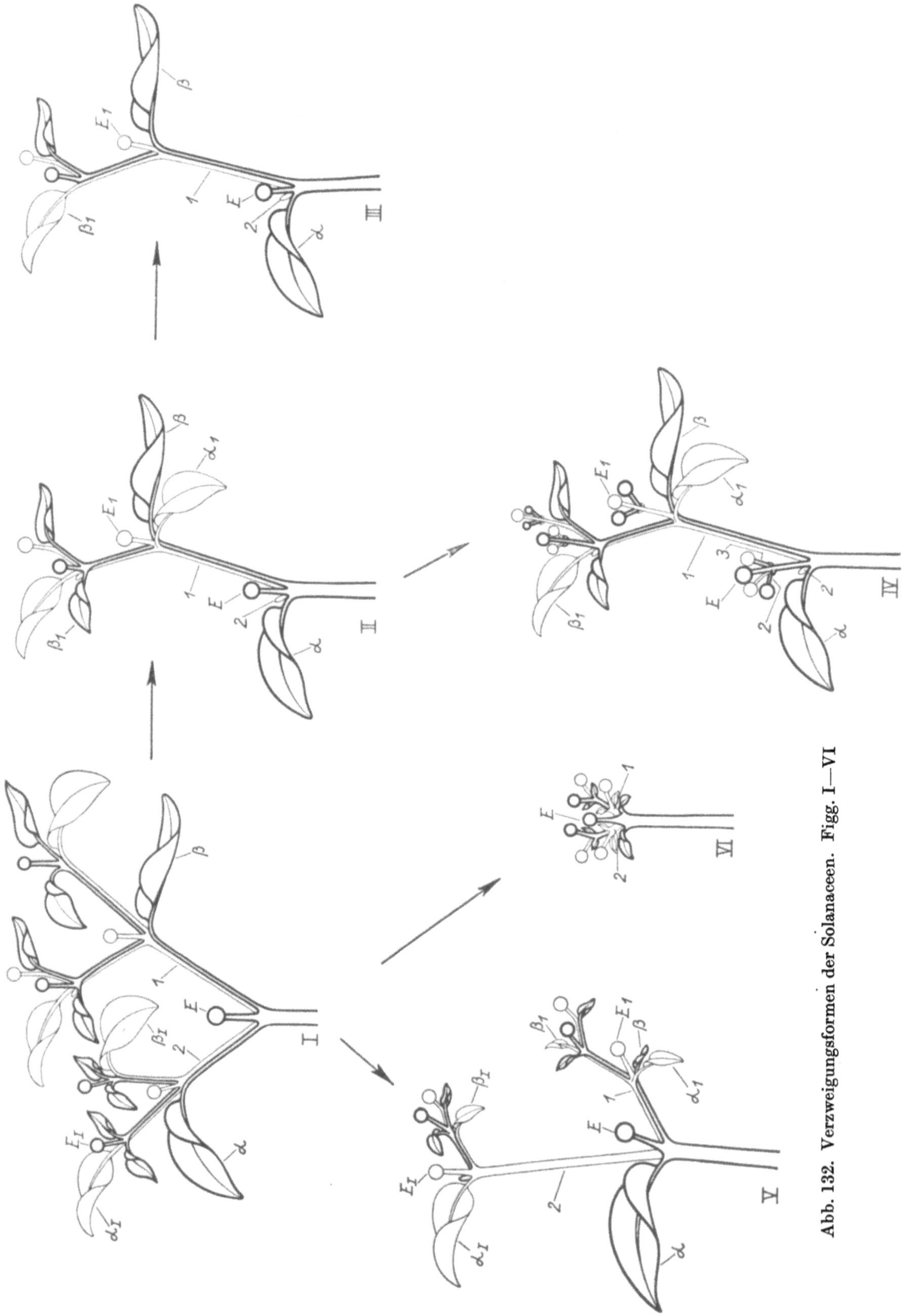

Abb. 132. Verzweigungsformen der Solanaceen. Figg. I—VI

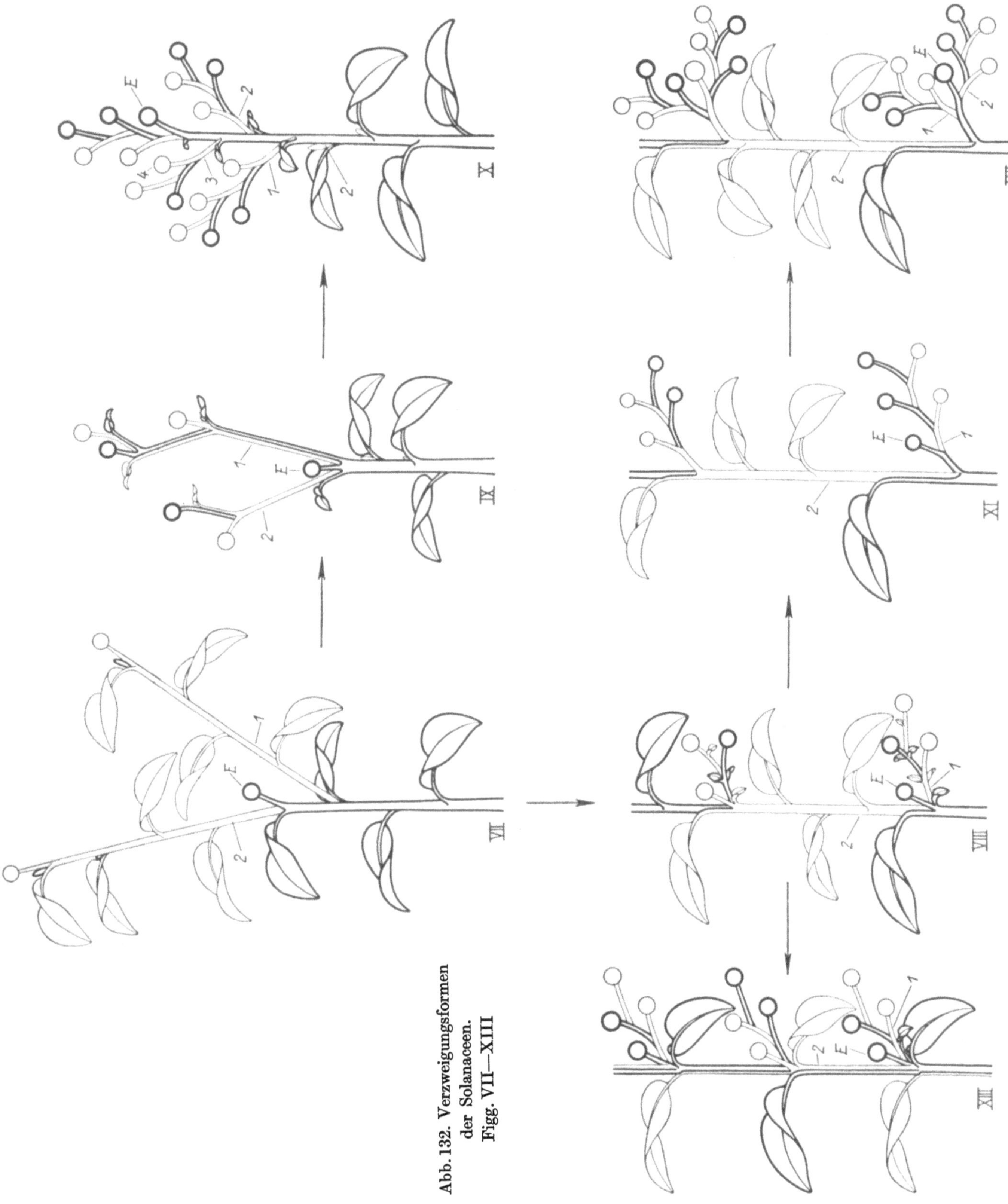

Abb. 132. Verzweigungsformen der Solanaceen. Figg. VII—XIII

FSC
www.fsc.org
MIX
Papier | Fördert
gute Waldnutzung
FSC® C083411

Kolibri 360 GmbH
Ferdinand-Jühlke-Straße 7
99095 Erfurt, Deutschland
produktsicherheit@kolibri360.de